教育部职业教育与成人教育司推荐教材
中等职业教育技能型紧缺人才培养培训系列教材

市政工程安全管理

（市政施工专业）

本教材编审委员会组织编写
主编　李世华
主审　陈桂德　汤建新

中国建筑工业出版社

图书在版编目（CIP）数据

市政工程安全管理/本教材编审委员会组织编写. —北京：中国建筑工业出版社，2006

教育部职业教育与成人教育司推荐教材

中等职业教育技能型紧缺人才培养培训系列教材

ISBN 978-7-112-08073-1

Ⅰ.市… Ⅱ.本… Ⅲ.市政工程-安全生产-生产管理-专业学校-教材 Ⅳ.TU99

中国版本图书馆 CIP 数据核字（2006）第 045432 号

教育部职业教育与成人教育司推荐教材

中等职业教育技能型紧缺人才培养培训系列教材

市政工程安全管理

（市政施工专业）

本教材编审委员会组织编写

主编　李世华

主审　陈桂德　汤建新

*

中国建筑工业出版社出版、发行（北京西郊百万庄）

各地新华书店、建筑书店经销

北京密云红光制版公司制版

廊坊市海涛印刷有限公司印刷

*

开本：787×1092毫米　1/16　印张：11¼　字数：265千字

2006年6月第一版　2015年11月第四次印刷

定价：**16.00**元

ISBN 978-7-112-08073-1

（14027）

本书是根据教育部、建设部关于中等职业教育技能型紧缺人才市政（施工）专业的教学培养方案编写，共分四单元。单元 1 为建设工程安全生产法规概论，主要讲述：建设工程安全生产法规的概念、作用，以及我国主要安全生产法规。单元 2 为安全生产责任管理，主要讲述：建设单位的安全责任，工程勘查、设计、监理及其他单位的安全责任，施工单位的安全责任，政府主管部门对建设工程的安全生产的监督管理，建设工程安全生产事故的应急救援与调查处理。单元 3 为现场施工安全技术管理，主要讲述：现场施工安全技术管理，文明施工，脚手架安全施工技术，土方工程安全施工技术，模板工程，施工机械的安全技术规程。单元 4 为市政施工安全科学管理，主要讲述：市政施工安全保证体系，市政施工安全的技术与措施保证，实现对市政施工安全工作的科学管理。

　　本书突出中等职业教育特色，实用性、针对性强，除可作为建筑类中职中专学校市政工程专业的教材外，也可作为从事市政工程工作的中等技术管理施工人员学习的参考书。

＊　　　＊　　　＊

　　责任编辑：朱首明　王美玲
　　责任设计：崔兰萍
　　责任校对：张树梅　刘　梅

本教材编审委员会名单
（市政施工专业）

主 任 委 员：陈思平

副主任委员：邵建民　胡兴福

委　　　员：（按姓氏笔画为序）

马　玫　　王智敏　韦帮森　白建国　邢　颖　刘文林

刘西南　刘映翀　汤建新　牟晓岩　杨玉衡　杨时秀

李世华　李海全　李爱华　张宝军　张国华　陈志绣

陈桂德　邵传忠　谷　峡　赵中良　胡清林　程和美

程　群　楼丽凤　戴安全

出 版 说 明

为深入贯彻落实《中共中央、国务院关于进一步加强人才工作的决定》精神，2004年10月，教育部、建设部联合印发了《关于实施职业院校建设行业技能型紧缺人才培养培训工程的通知》，确定在建筑（市政）施工、建筑装饰、建筑设备和建筑智能化四个专业领域实施中等职业学校技能型紧缺人才培养培训工程，全国有94所中等职业学校、702个主要合作企业被列为示范性培养培训基地，通过构建校企合作培养培训人才的机制，优化教学与实训过程，探索新的办学模式。这项培养培训工程的实施，充分体现了教育部、建设部大力推进职业教育改革和发展的办学理念，有利于职业学校从建设行业人才市场的实际需要出发，以素质为基础，以能力为本位，以就业为导向，加快培养建设行业一线迫切需要的技能型人才。

为配合技能型紧缺人才培养培训工程的实施，满足教学急需，中国建筑工业出版社在跟踪"中等职业教育建设行业技能型紧缺人才培养培训指导方案"（以下简称"方案"）的编审过程中，广泛征求有关专家对配套教材建设的意见，并与方案起草人以及建设部中等职业学校专业指导委员会共同组织编写了中等职业教育建筑（市政）施工、建筑装饰、建筑设备、建筑智能化四个专业的技能型紧缺人才培养培训系列教材。

在组织编写过程中我们始终坚持优质、适用的原则。首先强调编审人员的工程背景，在组织编审力量时不仅要求学校的编写人员要有工程经历，而且为每本教材选定的两位审稿专家中有一位来自企业，从而使得教材内容更为符合职业教育的要求。编写内容是按照"方案"要求，弱化理论阐述，重点介绍工程一线所需的知识和技能，内容精炼，符合建筑行业标准及职业技能的要求。同时采用项目教学法的编写形式，强化实训内容，以提高学生的技能水平。

我们希望这四个专业的系列教材对有关院校实施技能型紧缺人才的培养培训具有一定的指导作用。同时，也希望各校在使用本套教材的过程中，有何意见及建议及时反馈给我们，联系方式：中国建筑工业出版社教材中心（E-mail：jiaocai@cabp. com. cn）。

中国建筑工业出版社
2006 年 6 月

前　言

　　安全生产直接关系到国家经济建设的发展和社会的稳定，同时也标志着社会的进步和文明发展进程。中国约3500万建设大军是世界上最大的行业劳动群体，但目前他们的劳动环境和安全水平还不尽如人意。

　　市政施工产品固定和作业人员流动的特性，决定了它们的临时性、流动性、事故多发性和时效性的特点。同时市政施工往往要在有限的场地、空间集中大量的人员、设备、材料，进行多工种、多层次的主体交叉作业，不安全因素多。随着《建设工程安全生产管理条例》和《建筑工程安全检查标准》（JGJ59—1999）等法律法规在施工现场实施的不断深入和各种新材料、新工艺的应用，市政施工现场的各种安全硬件设施基本都能达到规范要求，但是由于现阶段安全资料不归档和被施工企业忽视等原因，使市政安全技术管理资料成为影响施工现场安全检查评分的重要因素之一。市政施工现场安全技术资料是施工企业按规定要求，在施工管理过程中所建立与形成的应当归档保存的资料。资料管理工作的科学化、标准化、规范化，保证了施工现场安全技术资料的原始性和真实性，可不断地推动现场施工安全管理向更高的层次和水平发展，使施工现场整体管理水平进一步得到提高。

　　为认真贯彻"安全第一，预防为主"的方针，依据《安全生产法》第二十条"建筑施工单位的主要负责人和安全生产管理人员，应当由有关主管部门对其安全生产知识和管理能力考核合格后方可任职"，《建设工程安全生产管理条例》第三十六条"施工单位的主要负责人、项目负责人、专职安全生产管理人员应当经建设行政主管部门或其他有关部门考核合格后方可任职"，我们组织编写《市政工程安全管理》，以规范施工企业主要负责人、项目负责人、专职安全生产管理人员的安全生产培训考核工作，提高各级安全生产管理人员及广大市政从业人员的安全素质和管理水平，保障市政施工企业的安全生产。

　　鉴于市政工程安全生产涉及面广、影响因素多、技术要求高，因此，本教材内容力求以点带面，解决施工项目安全管理的实践问题，并强调安全生产工作"以人为本"的理念。力求反映我国市政工程施工安全生产实践，并借鉴国外先进的安全管理成果，以达到学以致用的目的；文字上尽量做到深入浅出、通俗易懂。

　　本书由广州市市政建设学校李世华主编，徐州市土木建筑工程质量监督站陈桂德、上海市城市建设工程学校汤建新主审。本书编写过程中不仅得到了广州市政园林管理局、广州市政集团公司等单位的大力支持和热情帮助，而且参考了许多同行们的著作、资料，在此一并致以衷心的感谢。由于我们编写的时间仓促，水平有限，书中难免存在不少错误和不足之处，真诚希望读者能够提出宝贵意见，以便改正。

目　　录

前言

单元1　建设工程安全生产法规概论 ·· 1

　　课题1　概述 ··· 1

　　课题2　增强法制观念　强化安全管理 ·· 2

　　课题3　我国主要安全生产法规简介 ·· 5

　　复习思考题 ··· 26

单元2　安全生产责任管理 ·· 27

　　课题1　建设单位的安全责任 ·· 27

　　课题2　工程勘察、设计、监理及其他单位的安全责任 ··································· 29

　　课题3　施工单位的安全责任 ·· 34

　　课题4　政府主管部门对建设工程安全生产的监督管理 ··································· 40

　　课题5　建设工程安全生产事故的应急救援与调查处理 ··································· 45

　　复习思考题 ··· 53

单元3　现场施工安全技术管理 ·· 55

　　课题1　概述 ··· 55

　　课题2　文明施工 ·· 59

　　课题3　脚手架安全施工技术 ·· 63

　　课题4　土方工程安全施工技术 ·· 70

　　课题5　模板工程 ·· 80

　　课题6　施工机械的安全技术规程 ·· 94

　　复习思考题 ·· 139

单元4　市政施工安全科学管理 ·· 142

　　课题1　市政施工安全保证体系 ·· 142

　　课题2　市政施工安全的技术与措施保证 ·· 150

　　课题3　实现对市政施工安全工作的科学管理 ··· 160

　　复习思考题 ·· 168

主要参考文献 ·· 169

单元1　建设工程安全生产法规概论

课题1　概　　述

1.1　建设法规的概念

建设法规是指国家权力机关或其授权的行政机关制定的，由国家强制力保证实施的，旨在调整国家机关、社会机构和公民之间在建设活动中或建设行政管理活动中所发生的各种社会关系的法律规范的总称。建设活动是人类基本生产活动之一，是指土木建筑工程、管线工程和设备安装工程的新建、扩建和改建活动及建筑装饰装修活动。

建设法规是调整建设活动各方面关系的法律、法规、部门规章和地方性法规等规范性法律文件。建设法规在国家法律体系中占有重要地位，是国家现行法律体系中不可缺少的重要组成部分。建设法规覆盖面广，涉及到国民经济各个行业的基本建设活动领域，运用综合的手段对行政的、经济的、民事的社会关系加以规范调整，其主要的法律规范性质多数属于行政法或经济法的范围。

1.2　安全生产法规的概念

安全生产法规是指国家关于改善劳动条件，实现安全生产，为保护劳动者在生产过程中的安全和健康而制定的各种法律、法规、规章和规范性文件的总和，是必须执行的法律规范。法律规范一般可分为技术规范和社会规范两大类。

（1）技术规范，是指人们关于合理利用自然力、生产工具、交通工具和劳动对象的行为准则。例如：操作规程、标准、规程等。

（2）社会规范，是指调整人与人之间社会关系的行为准则。体现统治阶级利益与意志，具有鲜明的阶级性。

安全技术规范是强制性的标准。因为违反规范、规程而造成事故，往往会给个人和社会带来严重危害，为了有利于维护社会秩序、企业生产秩序和工作秩序，把遵守安全技术规范确定为法律义务，有时把它直接规定在法律文件中，使之具有法律规范性质。例如：国家标准《安全标志》、《高处作业分级》、《中华人民共和国建筑法》、《中华人民共和国安全生产法》、《建设工程安全生产管理条例》等。

建筑企业的规章制度是为了保证国家的法律实施和加强企业内部管理、进行正常而有秩序的生产和经营活动而制定的措施和办法。企业的规章制度有两个特点：一是制定时必须服从国家的法律；二是本企业职工必须遵守。

1.3　安全生产法规的作用

（1）安全生产法规是国家法律规范中的一个组成部分，是生产实践中的经验总结和对自然规律的认识和运用，其主要任务是调整社会主义建设过程中人与人之间和人与自然之间的关系，保障职工在生产过程中的安全和健康，提高企业经济效益，促进生产发展。

（2）安全生产法规是通过法律形式规定了人们在生产过程中的行为规范，具有普遍的约束力和强制性。每个单位（机关、企业）和每个人都必须严格遵守，认真执行。企业单位领导必须按照安全法规，改善劳动条件，采取行之有效的措施，创造安全生产条件，履行对劳动者应尽的义务，保证劳动者的安全和健康。每个劳动者也必须遵守劳动纪律，自觉执行安全生产规章制度和操作规程，进行安全生产。只有这样才能维护正常的生产秩序，防止伤亡事故的发生，特别是在当今现代化的施工生产中，由于新技术、新工艺、新机械的普遍应用以及新的产业和新企业的产生，使树立安全法制观念，加强安全法规的实施，显得尤为重要。

安全法规的作用可以归纳为：

1）安全法规是适应我国建设工程安全生产的形势和发展要求，"以人为本"的思想和"安全第一、预防为主"的原则，与加强建设工程安全生产立法相配套的原则；

2）安全法规是贯彻我国安全生产方针、政策的有效保障；

3）安全法规是保护劳动者安全和健康的重要手段；

4）安全法规是实现安全生产的技术保证和安全生产管理的法制化措施。

课题 2 增强法制观念 强化安全管理

2.1 法治是强化安全管理的重要内容

法律是上层建筑的组成部分，为其赖以建立的经济基础服务。实践证明，在安全生产工作中，加强法制建设，增强法制观念，依法治理安全，是极其必要的。建国以来，我国安全生产工作有了很大改善，取得了显著成绩。但是，当前也还存在着不少问题，安全生产还不稳定，伤亡事故还没有得到有效的控制。建设工程安全生产形势在总体上仍然比较严峻、事故一直居高不下，仅次于采矿业，在各产业系统中居第二位，严重地危及建筑从业人员人身和工程以及其他财产的安全。根据统计，1998 年全国发生建筑施工安全事故 1013 起，死亡 1180 人、重伤 416 人；1999 年发生 923 起，死亡 1092 人、重伤 299 人；2000 年发生 846 起，死亡 987 人、重伤 296 人；2001 发生 1004 起，死亡 1045 人、重伤 296 人；2002 年发生 1208 起，死亡 1292 人，事故发生率和死亡率分别比 2001 年上升 20.32% 和 23.64%；2003 年 1~10 月（截止到 10 月 17 日），发生 895 起，死亡 1047 人。百亿元产值的死亡率（人/百亿产值）：1998 年为 11.73；1999 年为 9.84；2000 年为 7.89；2001 年为 6.8；2002 年为 6.97；2003 年 1~6 月为 6.73。虽百亿元产值的死亡率趋于稳定，但群死群伤事故上升，2003 年截止 10 月 17 日，共发生一次死亡 3 人以上事故 36 起，死亡 174 人，平均每次事故死亡 4.83 人。与 2002 年同期相比，虽事故数下降了 14.28%，但死亡人数却上升了 12.26%。2002 年一次死亡 10 人以上的事故只有 3 起，2003 年则已发生了 3 起（2 月 13 日的杭州事故死亡 13 人，重伤 2 人；7 月 24 日的黑龙江北安事故死亡 16 人、重伤 6 人和 10 月 7 日广东江门事故死亡 16 人）。从有关资料可以看出：

（1）各种因坍塌、倒塌、坠落引起的事故占一次死亡3人以上重大事故的83%，其余17%则为由中毒、触电、火灾和爆炸引起。

（2）坑槽边壁塌方、拆除工程坍塌、墙体和房屋倒塌、脚手架和模板支架坍塌、起重机械倾倒和吊笼坠落是五类多发的坍塌事故，其中尤以模板支架坍塌与墙体和房屋坍塌造成的后果最为严重。

（3）在引发重大事故的原因中，有两个方面值得特别注意：一是非（违）法（章）设计、施工，承包单位领导和员工不懂或无安全知识的问题很多，而且相当严重，都是以落后的操作法和"经验"去施工；二是对于需要有严格技术和安全保障设计的工程，施工中任意改变施工方法和工艺的情况也很常见，由此而酿成许多重大事故。

（4）没有认真实行依法治理，安全法制观念淡薄。主要表现：

1）有法不依，以权代法，以言代法，无视安全法规。由于安全的相对性、复杂性和负经济效益性等特性，因此在生产活动中忽视安全的实例并不罕见。如有的强调生产忙、任务急，无暇抓安全；有的为追求产值、利润、抢进度、拼体力、拼设备，安全制度得不到落实，安全生产没有切实的保障；有的搞安全防护怕花钱，在隐患面前态度消极，甚至将侥幸当作"经验"，还有的对违章指挥、违章作业不以为然。甚至拍着胸作赌注："没关系，出了事故我负责"等等。有法不依，有章不循是酿成事故的祸根；

2）违法不究、执法不严。事故发生后有的"花钱消灾"；有的是大事化小、小事化了，草率处理了事；也有的以种种借口久拖不理；也有的发生事故后紧张一阵子，开大会、发通报、作检讨。但对追查责任者时，却姑息宽容，甚至"分担责任"。因为有些人总认为生产中发生事故是有情可原的，是一般性的失误，说什么"不是故意的嘛"，"为了生产，本意是好的嘛"等；

3）经营承包、租赁，只求短期效益，不顾安全。有些企业的承包、租赁合同中，没有安全生产内容；或仅有笼统性的伤亡指标，没有安全生产措施。这样必然出现拼设备、拼体力，以包代管，放松安全管理，恶化安全生产。还有的总、分包合同中写有"发生一切事故由分包方自理，总包方概不负责"内容。这种"生死合同"是违反国家法律、法规和政策的。

根据我国《经济合同法》的规定，这种不合法的合同，是无效合同，从订立的时候起，就没有法律的约束力。由此可见，大力加强安全法制建设，实行以法治安全，是强化安全管理的一项重要内容。

2.2　明确安全责任、加强监督管理

明确安全责任、加强管理监督和依法处理事故，已成为加强建设工程安全生产立法、确保施工安全的关键环节。虽然《建筑法》针对建筑业安全生产的特点，规定了设立安全生产责任制度、安全技术措施制度、安全生产教育培训制度、政府安全监督管理制度、安全事故报告制度、意外伤害保险制度以及安全报批等基本制度；《安全生产法》也规定了生产经营单位的安全生产保障、从业人员的权利和义务、安全生产的监督管理、生产安全事故的应急救援与调查处理等安全生产管理制度。但面对建筑企业成分的变化、承包机制的发展、市场竞争的影响、现代工程建设对安全管理要求的提高等不断变化的情况和仍然相当严峻的安全生产形势，需要在《建筑法》和《安全生产法》的基础上，进一步针对明

确安全责任、加强管理监督和依法处理事故的要求，加强并细化相应的立法。

人民群众的生命和财产安全，是人民群众的根本利益所在，直接关系到我国实现社会稳定和建设发展要求的大局。我们必须以高度的责任心、严格的管理和有力的法律保障，尽量避免或减少各种建筑工程生产安全事故的发生，尤其应杜绝造成群死群伤和重大经济损失的特大事故的发生。

在建设工程施工中，存在着各种可能导致安全事故发生的自然、技术和人为因素，如自然因素中的灾害天气、技术因素中的不完善和新情况、人为因素中的违规和其他不安全行为等，且并非都能够做到事先了解、周密考虑、准确把握和有效控制，因而事故的产生有其一定的意外性、偶然性和难控性；但事故的发生又有其内在的规律，它是相应存在的事故要素（即不安全状态、不安全行为、起因物、致害物和伤害方式）相互作用和发展的结果，因而事故又更多地表现出了常发性、必然性和可控性。就发生事故的有关涉及单位和人员来说，当其在相应的工作中未能按照安全要求事先或及时地认识、发现、消除、控制与制止安全隐患的存在及其发展，并也未能按要求对现场人员和财产采取可靠的保护措施时，就负有相应的责任，包括主要责任和次要责任、直接责任和间接责任、技术责任和管理责任、经济责任和法律责任等。只有事先明确责任，才能落实和负起责任，做好相应的生产安全工作，避免和减少安全事故的发生；而在事故出现后，也能较易地分清和承担相应的行政、法律和经济责任，接受处理或处罚，并从事故中吸取教训，改进今后的安全生产工作。因此，明确安全生产的责任，就成为加强建设工程生产安全立法工作中需要着重解决好的关键问题之一。

在明确安全责任之后，能否做到落实和负起责任，关键在于管理，包括企业和单位的生产安全管理和政府主管部门的监督管理。可以大致地说，政府的监督管理是主导（主导方针、政策、要求、机制），企业的管理是基础；政府的管理是压力，企业管理是动力；政府管理是服务（实现监督要求的服务型管理），企业管理是控制（控制住各个生产安全保证环节），在二者之间具有紧密衔接、相辅相成的共建（共同建立安全保证体系、实现安全生产要求）关系。这是继明确责任之后，需要在加强建筑工程生产安全立法工作中着重解决好的另一个关键问题。

2.3 依法处理事故

事故的发生，虽是安全工作存在问题的反映，但对事故进行严肃认真的处理（包括相应给予惩罚），则是安全工作中具有特殊作用的重要环节。我国过去在这方面已经积累了不少的管理经验，形成了一些很好的规定、要求和较为精辟的提法，如"三不放过"（对发生的伤亡事故找不出原因不放过；本人和群众受不到教育不放过；没有制订出防范措施不放过）和建筑安全行业管理的"五权"（监督检查权、安全生产否决权、考核发证权、表彰奖励权和处罚权）等，但大多并没有形成法规，在对安全责任的规定不够明确和细致的情况下，也常常不能达到与责任挂钩、依法处理的要求。因此，它也成为在加强建筑工程安全立法工作中应需解决的重要问题。

明确安全责任、加强管理监督和依法处理事故，就成为《建筑安全生产监督管理条例》内容的三个基本点。而对安全责任的规定是《建筑安全生产监督管理条例》的核心内容，它既决定了监督的要求，也决定了应予承担的法律责任。

2.4 加强法制宣传教育是强化安全管理的重要环节

要采取各种有效形式，加强安全法制宣传教育，提高国家工作人员和广大职工的安全法制意识，使他们认识安全与法制的关系，懂得有关安全法规和国家颁发的各种行政、经济法规一样具有法律约束力，违反安全方面法规的行为就是违法行为。对安全法规和安全知识必须年年讲、月月讲、天天讲、时时讲，做到人人学法、知法、懂法、守法，确保安全生产。

2.5 有法必依，执法必严，违法必究，是强化安全管理的关键

执法的根本特点，就在于它的严肃性和强制性，执法不严，等于有法不依，法规就等于一句空话。严肃认真地执行安全法规，就是对劳动者的安全健康和国家财产负责，也是为保障社会主义建设顺利进行的重要措施。据有关部门统计资料，全国因违章作业、劳动纪律松弛而造成的死亡事故占 60% 左右，其中农民工死亡占 77.7%。而农民工的显著特点就是法制观念淡薄、安全意识差，对学习安全知识不够重视。所以坚持"有法必依，执法必严，违法必究"是强化市政施工企业安全管理的关键。《建设工程安全生产管理条例》第六十六明文规定：

(1) 施工单位的主要负责人、项目负责人未履行安全生产管理职责的，责令限期改正；逾期未改正的，责令施工单位停业整顿；造成重大安全事故、重大伤亡事故或者其他严重后果，构成犯罪的，依照刑法有关规定追究刑事责任。

(2) 作业人员不服管理、违反规章制度和操作规程冒险作业造成重大伤亡事故或者其他严重后果，构成犯罪的，依照刑法有关规定追究刑事责任。

(3) 施工单位的主要负责人、项目负责人有前款违法行为，尚不够刑事处罚的，处 2 万元以上 20 万元以下的罚款或者按照管理权限给予撤职处分；自刑罚执行完毕或者受处分之日起，5 年内不得担任任何施工单位的主要负责人、项目负责人。

课题 3 我国主要安全生产法规简介

安全生产事关人民群众生命财产安全，事关改革发展和社会稳定大局。随着社会经济活动日趋活跃和复杂，特别是经济成分、组织形式日益多样化，我国的安全生产问题越来越突出。加强安全立法，对强化安全生产监督管理，规范生产经营单位和从业人员的安全生产行为，遏制重大事故，维护人民群众的生命安全，保障生产经营活动顺利进行，促进经济发展和保持社会稳定，具有重大而深远的意义。

针对我国安全生产的相关法律与法规，现摘录一些和施工企业、监理企业密切相关的内容，以供参考。

3.1 《中华人民共和国宪法》【2004】

第四十二条 中华人民共和国公民有劳动的权利和义务。

国家通过各种途径，创造劳动就业条件，加强劳动保护，改善劳动条件，并在发展生产的基础上，提高劳动报酬和福利待遇。

劳动是一切有劳动能力的公民的光荣职责。国有企业和城乡集体经济组织的劳动者都应当以国家主人翁的态度对待自己的劳动。国家提倡社会主义劳动竞赛，奖励劳动模范和先进工作者。国家提倡公民从事义务劳动。

国家对就业前的公民进行必要的就业训练。

第四十三条　中华人民共和国劳动者有休息的权利。国家发展劳动者休息和休养设施，规定职工的工作时间和休假制度。

3.2 《中华人民共和国建筑法》【中华人民共和国主席令（1997）第91号】

第三十六条　建筑工程安全生产管理必须坚持安全第一、预防为主的方针，建立健全安全生产的责任制度和群防群治制度。

第三十七条　建筑工程设计应当符合按照国家规定制定的建筑安全规程和技术规范，保证工程的安全性能。

第三十八条　建筑施工企业在编制施工组织设计时，应当根据建筑工程的特点制定相应的安全技术措施；对专业性较强的工程项目，应当编制专项安全施工组织设计，并采取安全技术措施。

第三十九条　建筑施工企业应当在施工现场采取维护安全、防范危险、预防火灾等措施；有条件的，应当对施工现场实行封闭管理。

施工现场对毗邻的建筑物、构筑物和特殊作业环境可能造成损害的，建筑施工企业应当采取安全防护措施。

第四十条　建设单位应当向建筑施工企业提供与施工现场相关的地下管线资料，建筑施工企业应当采取措施加以保护。

第四十一条　建筑施工企业应当遵守有关环境保护和安全生产的法律、法规的规定，采取控制和处理施工现场的各种粉尘、废气、废水、固体废物以及噪声、振动对环境的污染和危害的措施。

第四十二条　有下列情形之一的，建设单位应当按照国家有关规定办理申请批准手续：

（一）需要临时占用规划批准范围以外场地的；

（二）可能损坏道路、管线、电力、邮电通信等公共设施的；

（三）需要临时停水、停电、中断道路交通的；

（四）需要进行爆破作业的；

（五）法律、法规规定需要办理报批手续的其他情形。

第四十三条　建设行政主管部门负责建筑安全生产的管理，并依法接受劳动行政主管部门对建筑安全生产的指导和监督。

第四十四条　建筑施工企业必须依法加强对建筑安全生产的管理，执行安全生产责任制度，采取有效措施，防止伤亡和其他安全生产事故的发生。

建筑施工企业的法定代表人对本企业的安全生产负责。

第四十五条　施工现场安全由建筑施工企业负责。实行施工总承包的，由总承包单位负责。分包单位向总承包单位负责，服从总承包单位对施工现场的安全生产管理。

第四十六条　建筑施工企业应当建立健全劳动安全生产教育培训制度，加强对职工安全生产的教育培训；未经安全生产教育培训的人员，不得上岗作业。

第四十七条 建筑施工企业和作业人员在施工过程中，应当遵守有关安全生产的法律、法规和建筑行业安全规章、规程，不得违章指挥或者违章作业。作业人员有权对影响人身健康的作业程序和作业条件提出改进意见，有权获得安全生产所需的防护用品。作业人员对危及生命安全和人身健康的行为有权提出批评、检举和控告。

第四十八条 建筑施工企业必须为从事危险作业的职工办理意外伤害保险，支付保险费。

第四十九条 涉及建筑主体和承重结构变动的装修工程，建设单位应当在施工前委托原设计单位或者具有相应资质条件的设计单位提出设计方案；没有设计方案的，不得施工。

第五十条 房屋拆除应当由具备保证安全条件的建筑施工单位承担，由建筑施工单位负责人对安全负责。

第五十一条 施工中发生事故时，建筑施工企业应当采取紧急措施减少人员伤亡和事故损失，并按照国家有关规定及时向有关部门报告。

3.3 《中华人民共和国安全生产法》【中华人民共和国主席令（2002）第70号】

3.3.1 生产企业的安全生产保证

第十六条 生产经营单位应当具备本法和有关法律、行政法规和国家标准或者行业标准规定的安全生产条件；不具备安全生产条件的，不得从事生产经营活动。

第十七条 生产经营单位的主要负责人对本单位安全生产工作负有下列职责：

（一）建立、健全本单位安全生产责任制；

（二）组织制定本单位安全生产规章制度和操作规程；

（三）保证本单位安全生产投入的有效实施；

（四）督促、检查本单位的安全生产工作，及时消除生产安全事故隐患；

（五）组织制定并实施本单位的生产安全事故应急救援预案；

（六）及时、如实报告生产安全事故。

第十八条 生产经营单位应当具备的安全生产条件所必需的资金投入，由生产经营单位的决策机构、主要负责人或者个人经营的投资人予以保证，并对由于安全生产所必需的资金投入不足导致的后果承担责任。

第十九条 矿山、建筑施工单位和危险物品的生产、经营、储存单位，应当设置安全生产管理机构或者配备专职安全生产管理人员。

前款规定以外的其他生产经营单位，从业人员超过300人的，应当设置安全生产管理机构或者配备专职安全生产管理人员；从业人员在300人以下的，应当配备专职或者兼职的安全生产管理人员，或者委托具有国家规定的相关专业技术资格的工程技术人员提供安全生产管理服务。

生产经营单位依照前款规定委托工程技术人员提供安全生产管理服务的，保证安全生产的责任仍由本单位负责。

第二十条 生产经营单位的主要负责人和安全生产管理人员必须具备与本单位所从事的生产经营活动相应的安全生产知识和管理能力。

危险物品的生产、经营、储存单位以及矿山、建筑施工单位的主要负责人和安全生产管理人员，应当由有关主管部门对其安全生产知识和管理能力考核合格后方可任职。考核不得收费。

　　第二十一条　生产经营单位应当对从业人员进行安全生产教育和培训，保证从业人员具备必要的安全生产知识，熟悉有关的安全生产规章制度和安全操作规程，掌握本岗位的安全操作技能。未经安全生产教育和培训合格的从业人员，不得上岗作业。

　　第二十二条　生产经营单位采用新工艺、新技术、新材料或者使用新设备，必须了解、掌握其安全技术特性，采取有效的安全防护措施，并对从业人员进行专门的安全生产教育和培训。

　　第二十三条　生产经营单位的特种作业人员必须按照国家有关规定经专门的安全作业培训，取得特种作业操作资格证书，方可上岗作业。特种作业人员的范围由国务院负责安全生产监督管理的部门会同国务院有关部门确定。

　　第二十四条　生产经营单位新建、改建、扩建工程项目（以下统称建设项目）的安全设施，必须与主体工程同时设计、同时施工、同时投入生产和使用。安全设施投资应当纳入建设项目概算。

　　第二十五条　矿山建设项目和用于生产、储存危险物品的建设项目，应当分别按照国家有关规定进行安全条件论证和安全评价。

　　第二十六条　建设项目安全设施的设计人、设计单位应当对安全设施设计负责。

　　矿山建设项目和用于生产、储存危险物品的建设项目的安全设施设计应当按照国家有关规定报经有关部门审查，审查部门及其负责审查的人员对审查结果负责。

　　第二十七条　矿山建设项目和用于生产、储存危险物品的建设项目的施工单位必须按照批准的安全设施设计施工，并对安全设施的工程质量负责。

　　矿山建设项目和用于生产、储存危险物品的建设项目竣工投入生产或者使用前，必须依照有关法律、行政法规的规定对安全设施进行验收；验收合格后，方可投入生产和使用。验收部门及其验收人员对验收结果负责。

　　第二十八条　生产经营单位应当在有较大危险因素的生产经营场所和有关设施、设备上，设置明显的安全警示标志。

　　第二十九条　安全设备的设计、制造、安装、使用、检测、维修、改造和报废，应当符合国家标准或者行业标准。

　　生产经营单位必须对安全设备进行经常性维护、保养，并定期检测，保证正常运转。维护、保养、检测应当做好记录，并由有关人员签字。

　　第三十条　生产经营单位使用的涉及生命安全、危险性较大的特种设备，以及危险物品的容器、运输工具，必须按照国家有关规定，由专业生产单位生产，并经取得专业资质的检测、检验机构检测、检验合格，取得安全使用证或者安全标志，方可投入使用。检测、检验机构对检测、检验结果负责。

　　涉及生命安全、危险性较大的特种设备的目录由国务院负责特种设备安全监督管理的部门制定，报国务院批准后执行。

　　第三十一条　国家对严重危及生产安全的工艺、设备实行淘汰制度。

　　生产经营单位不得使用国家明令淘汰、禁止使用的危及生产安全的工艺、设备。

第三十二条　生产、经营、运输、储存、使用危险物品或者处置废弃危险品的，由有关主管部门依照有关法律、法规的规定和国家标准或者行业标准审批并实施监督管理。

生产经营单位生产、经营、运输、储存、使用危险物品或者处置废弃危险物品，必须执行有关法律、法规和国家标准或者行业标准，建立专门的安全管理制度，采取可靠的安全措施，接受有关主管部门依法实施的监督管理。

第三十三条　生产经营单位对重大危险源应当登记建档，进行定期检测、评估、监控，并制定应急预案，告知从业人员和相关人员在紧急情况下应当采取的应急措施。

生产经营单位应当按照国家有关规定将本单位重大危险源及有关安全措施、应急措施报有关地方人民政府负责安全生产监督管理的部门和有关部门备案。

第三十四条　生产、经营、储存、使用危险物品的车间、商店、仓库不得与员工宿舍在同一座建筑物内，并应当与员工宿舍保持安全距离。

生产经营场所和员工宿舍应当设有符合紧急疏散要求、标志明显、保持畅通的出口。禁止封闭、堵塞生产经营场所或者员工宿舍的出口。

第三十五条　生产经营单位进行爆破、吊装等危险作业，应当安排专门人员进行现场安全管理，确保操作规程的遵守和安全措施的落实。

第三十六条　生产经营单位应当教育和督促从业人员严格执行本单位的安全生产规章制度和安全操作规程；并向从业人员如实告知作业场所和工作岗位存在的危险因素、防范措施以及事故应急措施。

第三十七条　生产经营单位必须为从业人员提供符合国家标准或者行业标准的劳动防护用品，并监督、教育从业人员按照使用规则佩戴、使用。

第三十八条　生产经营单位的安全生产管理人员应当根据本单位的生产经营特点，对安全生产状况进行经常性检查；对检查中发现的安全问题，应当立即处理；不能处理的，应当及时报告本单位有关负责人。检查及处理情况应当记录在案。

第三十九条　生产经营单位应当安排用于配备劳动防护用品、进行安全生产培训的经费。

第四十条　两个以上生产经营单位在同一作业区域内进行生产经营活动，可能危及对方生产安全的，应当签订安全生产管理协议，明确各自的安全生产管理职责和应当采取的安全措施，并指定专职安全生产管理人员进行安全检查与协调。

第四十一条　生产经营单位不得将生产经营项目、场所、设备发包或者出租给不具备安全生产条件或者相应资质的单位或者个人。

生产经营项目、场所有多个承包单位、承租单位的，生产经营单位应当与承包单位、承租单位签订专门的安全生产管理协议，或者在承包合同、租赁合同中约定各自的安全生产管理职责；生产经营单位对承包单位、承租单位的安全生产工作统一协调、管理。

第四十二条　生产经营单位发生重大生产安全事故时，单位的主要负责人应当立即组织抢救，并不得在事故调查处理期间擅离职守。

第四十三条　生产经营单位必须依法参加工伤社会保险，为从业人员缴纳保险费。

3.3.2　从业人员的权利和义务

第四十四条　生产经营单位与从业人员订立的劳动合同，应当载明有关保障从业人员劳动安全、防止职业危害的事项，以及依法为从业人员办理工伤社会保险的事项。

生产经营单位不得以任何形式与从业人员订立协议，免除或者减轻其对从业人员因生产安全事故伤亡依法应承担的责任。

第四十五条 生产经营单位的从业人员有权了解其作业场所和工作岗位存在的危险因素、防范措施及事故应急措施，有权对本单位的安全生产工作提出建议。

第四十六条 从业人员有权对本单位安全生产工作中存在的问题提出批评、检举、控告；有权拒绝违章指挥和强令冒险作业。

生产经营单位不得因从业人员对本单位安全生产工作提出批评、检举、控告或者拒绝违章指挥、强令冒险作业而降低其工资、福利等待遇或者解除与其订立的劳动合同。

第四十七条 从业人员发现直接危及人身安全的紧急情况时，有权停止作业或者在采取可能的应急措施后撤离作业场所。

生产经营单位不得因从业人员在前款紧急情况下停止作业或者采取紧急撤离措施而降低其工资、福利等待遇或者解除与其订立的劳动合同。

第四十八条 因生产安全事故受到损害的从业人员，除依法享有工伤社会保险外，依照有关民事法律尚有获得赔偿的权利的，有权向本单位提出赔偿要求。

第四十九条 从业人员在作业过程中，应当严格遵守本单位的安全生产规章制度和操作规程，服从管理，正确佩戴和使用劳动防护用品。

第五十条 从业人员应当接受安全生产教育和培训，掌握本职工作所需的安全生产知识，提高安全生产技能，增强事故预防和应急处理能力。

第五十一条 从业人员发现事故隐患或者其他不安全因素，应当立即向现场安全生产管理人员或者本单位负责人报告；接到报告的人员应当及时予以处理。

第五十二条 工会有权对建设项目的安全设施与主体工程同时设计、同时施工、同时投入生产和使用进行监督，提出意见。

工会对生产经营单位违反安全生产法律、法规，侵犯从业人员合法权益的行为，有权要求纠正；发现生产经营单位违章指挥、强令冒险作业或者发现事故隐患时，有权提出解决的建议，生产经营单位应当及时研究答复；发现危及从业人员生命安全的情况时，有权向生产经营单位建议组织从业人员撤离危险场所，生产经营单位必须立即作出处理。

工会有权依法参加事故调查，向有关部门提出处理意见，并要求追究有关人员的责任。

3.3.3 安全生产的监督管理

第五十三条 县级以上地方各级人民政府应当根据本行政区域内的安全生产状况，组织有关部门按照职责分工，对本行政区域内容易发生重大生产安全事故的生产经营单位进行严格检查；发现事故隐患，应当及时处理。

第五十四条 依照本法第九条规定对安全生产负有监督管理职责的部门（以下统称负有安全生产监督管理职责的部门）依照有关法律、法规的规定，对涉及安全生产的事项需要审查批准（包括批准、核准、许可、注册、认证、颁发证照等，下同）或者验收的，必须严格依照有关法律、法规和国家标准或者行业标准规定的安全生产条件和程序进行审查；不符合有关法律、法规和国家标准或者行业标准规定的安全生产条件的，不得批准或者验收通过。对未依法取得批准或者验收合格的单位擅自从事有关活动的，负责行政审批的部门发现或者接到举报后应当立即予以取缔，并依法予以处理。对已经依法取得批准的单位，负责行政审批的部门发现其不再具备安全生产条件的，应当撤销原批准。

第五十五条 负有安全生产监督管理职责的部门对涉及安全生产的事项进行审查、验收，不得收取费用；不得要求接受审查、验收的单位购买其指定品牌或者指定生产、销售单位的安全设备、器材或者其他产品。

第五十六条 负有安全生产监督管理职责的部门依法对生产经营单位执行有关安全生产的法律、法规和国家标准或者行业标准的情况进行监督检查，行使以下职权：

（一）进入生产经营单位进行检查，调阅有关资料，向有关单位和人员了解情况；

（二）对检查中发现的安全生产违法行为，当场予以纠正或者要求限期改正；对依法应当给予行政处罚的行为，依照本法和其他有关法律、行政法规的规定作出行政处罚决定；

（三）对检查中发现的事故隐患，应当责令立即排除；重大事故隐患排除前或者排除过程中无法保证安全的，应当责令从危险区域内撤出作业人员，责令暂时停产停业或者停止使用；重大事故隐患排除后，经审查同意，方可恢复生产经营和使用；

（四）对有根据认为不符合保障安全生产的国家标准或者行业标准的设施、设备、器材予以查封或者扣押，并应当在 15 日内依法作出处理决定。

监督检查不得影响被检查单位的正常生产经营活动。

第五十七条 生产经营单位对负有安全生产监督管理职责的部门的监督检查人员（以下统称安全生产监督检查人员）依法履行监督检查职责，应当予以配合，不得拒绝、阻挠。

第五十八条 安全生产监督检查人员应当忠于职守，坚持原则，秉公执法。

安全生产监督检查人员执行监督检查任务时，必须出示有效的监督执法证件；对涉及被检查单位的技术秘密和业务秘密，应当为其保密。

第五十九条 安全生产监督检查人员应当将检查的时间、地点、内容、发现的问题及其处理情况，作出书面记录，并由检查人员和被检查单位的负责人签字；被检查单位的负责人拒绝签字的，检查人员应当将情况记录在案，并向负有安全生产监督管理职责的部门报告。

第六十条 负有安全生产监督管理职责的部门在监督检查中，应当互相配合，实行联合检查；确需分别进行检查的，应当互通情况，发现存在的安全问题应当由其他有关部门进行处理的，应当及时移送其他有关部门并形成记录备查，接受移送的部门应当及时进行处理。

第六十一条 监察机关依照行政监察法的规定，对负有安全生产监督管理职责的部门及其工作人员履行安全生产监督管理职责实施监察。

第六十二条 承担安全评价、认证、检测、检验的机构应当具备国家规定的资质条件，并对其作出的安全评价、认证、检测、检验的结果负责。

第六十三条 负有安全生产监督管理职责的部门应当建立举报制度，公开举报电话、信箱或者电子邮件地址，受理有关安全生产的举报；受理的举报事项经调查核实后，应当形成书面材料；需要落实整改措施的，报经有关负责人签字并督促落实。

第六十四条 任何单位或者个人对事故隐患或者安全生产违法行为，均有权向负有安全生产监督管理职责的部门报告或者举报。

第六十五条　居民委员会、村民委员会发现其所在区域内的生产经营单位存在事故隐患或者安全生产违法行为时，应当向当地人民政府或者有关部门报告。

第六十六条　县级以上各级人民政府及其有关部门对报告重大事故隐患或者举报安全生产违法行为的有功人员，给予奖励。具体奖励办法由国务院负责安全生产监督管理的部门会同国务院财政部门制定。

第六十七条　新闻、出版、广播、电影、电视等单位有进行安全生产宣传教育的义务，有对违反安全生产法律、法规的行为进行舆论监督的权利。

3.3.4　对生产安全事故的应急救援与调查处理

第六十八条　县级以上地方各级人民政府应当组织有关部门制定本行政区域内特大生产安全事故应急救援预案，建立应急救援体系。

第六十九条　危险物品的生产、经营、储存单位以及矿山、建筑施工单位应当建立应急救援组织；生产经营规模较小，可以不建立应急救援组织的，应当指定兼职的应急救援人员。

危险物品的生产、经营、储存单位以及矿山、建筑施工单位应当配备必要的应急救援器材、设备，并进行经常性维护、保养，保证正常运转。

第七十条　生产经营单位发生生产安全事故后，事故现场有关人员应当立即报告本单位负责人。

单位负责人接到事故报告后，应当迅速采取有效措施，组织抢救，防止事故扩大，减少人员伤亡和财产损失，并按照国家有关规定立即如实报告当地负有安全生产监督管理职责的部门，不得隐瞒不报、谎报或者拖延不报，不得故意破坏事故现场、毁灭有关证据。

第七十一条　负有安全生产监督管理职责的部门接到事故报告后，应当立即按照国家有关规定上报事故情况。负有安全生产监督管理职责的部门和有关地方人民政府对事故情况不得隐瞒不报、谎报或者拖延不报。

第七十二条　有关地方人民政府和负有安全生产监督管理职责的部门的负责人接到重大生产安全事故报告后，应当立即赶到事故现场，组织事故抢救。任何单位和个人都应当支持、配合事故抢救，并提供一切便利条件。

第七十三条　事故调查处理应当按照实事求是、尊重科学的原则，及时、准确地查清事故原因，查明事故性质和责任，总结事故教训，提出整改措施，并对事故责任者提出处理意见。事故调查和处理的具体办法由国务院制定。

第七十四条　生产经营单位发生生产安全事故，经调查确定为责任事故的，除了应当查明事故单位的责任并依法予以追究外，还应当查明对安全生产的有关事项负有审查批准和监督职责的行政部门的责任，对有失职、渎职行为的，依照本法第七十七条的规定追究法律责任。

第七十五条　任何单位和个人不得阻挠和干涉对事故的依法调查处理。

第七十六条　县级以上地方各级人民政府负责安全生产监督管理的部门应当定期统计分析本行政区域内发生生产安全事故的情况，并定期向社会公布。

3.3.5　所承担的法律责任

第七十七条　负有安全生产监督管理职责的部门的工作人员，有下列行为之一的，给予降级或者撤职的行政处分；构成犯罪的，依照刑法有关规定追究刑事责任：

（一）对不符合法定安全生产条件的涉及安全生产的事项予以批准或者验收通过的；

（二）发现未依法取得批准、验收的单位擅自从事有关活动或者接到举报后不予取缔或者不依法予以处理的；

（三）对已经依法取得批准的单位不履行监督管理职责，发现其不再具备安全生产条件而不撤销原批准或者发现安全生产违法行为不予查处的。

第七十八条　负有安全生产监督管理职责的部门，要求被审查、验收的单位购买其指定的安全设备、器材或者其他产品的，在对安全生产事项的审查、验收中收取费用的，由其上级机关或者监察机关责令改正，责令退还收取的费用；情节严重的，对直接负责的主管人员和其他直接责任人员依法给予行政处分。

第七十九条　承担安全评价、认证、检测、检验工作的机构，出具虚假证明，构成犯罪的，依照刑法有关规定追究刑事责任；尚不够刑事处罚的，没收违法所得，违法所得在五千元以上的，并处违法所得二倍以上五倍以下的罚款，没有违法所得或者违法所得不足五千元的，单处或者并处五千元以上二万元以下的罚款，对其直接负责的主管人员和其他直接责任人员处五千元以上五万元以下的罚款；给他人造成损害的，与生产经营单位承担连带赔偿责任。

对有前款违法行为的机构，撤销其相应资格。

第八十条　生产经营单位的决策机构、主要负责人、个人经营的投资人不依照本法规定保证安全生产所必需的资金投入，致使生产经营单位不具备安全生产条件的，责令限期改正，提供必需的资金；逾期未改正的，责令生产经营单位停产停业整顿。

有前款违法行为，导致发生生产安全事故，构成犯罪的，依照刑法有关规定追究刑事责任；尚不够刑事处罚的，对生产经营单位的主要负责人给予撤职处分，对个人经营的投资人处二万元以上二十万元以下的罚款。

第八十一条　生产经营单位的主要负责人未履行本法规定的安全生产管理职责的，责令限期改正；逾期未改正的，责令生产经营单位停产停业整顿。

生产经营单位的主要负责人有前款违法行为，导致发生生产安全事故，构成犯罪的，依照刑法有关规定追究刑事责任；尚不够刑事处罚的，给予撤职处分或者处二万元以上二十万元以下的罚款。

生产经营单位的主要负责人依照前款规定受刑事处罚或者撤职处分的，自刑罚执行完毕或者受处分之日起，五年内不得担任任何生产经营单位的主要负责人。

第八十二条　生产经营单位有下列行为之一的，责令限期改正；逾期未改正的，责令停产停业整顿，可以并处二万元以下的罚款：

（一）未按照规定设立安全生产管理机构或者配备安全生产管理人员的；

（二）危险物品的生产、经营、储存单位以及矿山、建筑施工单位的主要负责人和安全生产管理人员未按照规定经考核合格的；

（三）未按照本法第二十一条、第二十二条的规定对从业人员进行安全生产教育和培训，或者未按照本法第三十六条的规定如实告知从业人员有关的安全生产事项的；

（四）特种作业人员未按照规定经专门的安全作业培训并取得特种作业操作资格证书，上岗作业的。

第八十三条　生产经营单位有下列行为之一的，责令限期改正；逾期未改正的，责令停止建设或者停产停业整顿，可以并处五万元以下的罚款；造成严重后果，构成犯罪的，依照刑法有关规定追究刑事责任：

（一）矿山建设项目或者用于生产、储存危险物品的建设项目没有安全设施设计或者安全设施设计未按照规定报经有关部门审查同意的；

（二）矿山建设项目或者用于生产、储存危险物品的建设项目的施工单位未按照批准的安全设施设计施工的；

（三）矿山建设项目或者用于生产、储存危险物品的建设项目竣工投入生产或者使用前，安全设施未经验收合格的；

（四）未在有较大危险因素的生产经营场所和有关设施、设备上设置明显的安全警示标志的；

（五）安全设备的安装、使用、检测、改造和报废不符合国家标准或者行业标准的；

（六）未对安全设备进行经常性维护、保养和定期检测的；

（七）未为从业人员提供符合国家标准或者行业标准的劳动防护用品的；

（八）特种设备以及危险物品的容器、运输工具未经取得专业资质的机构检测、检验合格，取得安全使用证或者安全标志，投入使用的；

（九）使用国家明令淘汰、禁止使用的危及生产安全的工艺、设备的。

第八十四条　未经依法批准，擅自生产、经营、储存危险物品的，责令停止违法行为或者予以关闭，没收违法所得，违法所得十万元以上的，并处违法所得一倍以上五倍以下的罚款，没有违法所得或者违法所得不足十万元的，单处或者并处二万元以上十万元以下的罚款；造成严重后果，构成犯罪的，依照刑法有关规定追究刑事责任。

第八十五条　生产经营单位有下列行为之一的，责令限期改正；逾期未改正的，责令停产停业整顿，可以并处二万元以上十万元以下的罚款；造成严重后果，构成犯罪的，依照刑法有关规定追究刑事责任：

（一）生产、经营、储存、使用危险物品，未建立专门安全管理制度、未采取可靠的安全措施或者不接受有关主管部门依法实施的监督管理的；

（二）对重大危险源未登记建档，或者未进行评估、监控，或者未制定应急预案的；

（三）进行爆破、吊装等危险作业，未安排专门管理人员进行现场安全管理的。

第八十六条　生产经营单位将生产经营项目、场所、设备发包或者出租给不具备安全生产条件或者相应资质的单位或者个人的，责令限期改正，没收违法所得；违法所得五万元以上的，并处违法所得一倍以上五倍以下的罚款；没有违法所得或者违法所得不足五万元的，单处或者并处一万元以上五万元以下的罚款；导致发生生产安全事故给他人造成损害的，与承包方、承租方承担连带赔偿责任。

生产经营单位未与承包单位、承租单位签订专门的安全生产管理协议或者未在承包合同、租赁合同中明确各自的安全生产管理职责，或者未对承包单位、承租单位的安全生产统一协调、管理的，责令限期改正；逾期未改正的，责令停产停业整顿。

第八十七条　两个以上生产经营单位在同一作业区域内进行可能危及对方安全生产的生产经营活动，未签订安全生产管理协议或者未指定专职安全生产管理人员进行安全检查与协调的，责令限期改正；逾期未改正的，责令停产停业。

第八十八条　生产经营单位有下列行为之一的，责令限期改正；逾期未改正的，责令停产停业整顿；造成严重后果，构成犯罪的，依照刑法有关规定追究刑事责任：

（一）生产、经营、储存、使用危险物品的车间、商店、仓库与员工宿舍在同一座建筑内，或者与员工宿舍的距离不符合安全要求的；

（二）生产经营场所和员工宿舍未设有符合紧急疏散需要、标志明显、保持畅通的出口，或者封闭、堵塞生产经营场所或者员工宿舍出口的。

第八十九条 生产经营单位与从业人员订立协议，免除或者减轻其对从业人员因生产安全事故伤亡依法应承担的责任的，该协议无效；对生产经营单位的主要负责人、个人经营的投资人处二万元以上十万元以下的罚款。

第九十条 生产经营单位的从业人员不服从管理，违反安全生产规章制度或者操作规程的，由生产经营单位给予批评教育，依照有关规章制度给予处分；造成重大事故，构成犯罪的，依照刑法有关规定追究刑事责任。

第九十一条 生产经营单位主要负责人在本单位发生重大生产安全事故时，不立即组织抢救或者在事故调查处理期间擅离职守或者逃匿的，给予降职、撤职的处分，对逃匿的处十五日以下拘留；构成犯罪的，依照刑法有关规定追究刑事责任。

生产经营单位主要负责人对生产安全事故隐瞒不报、谎报或者拖延不报的，依照前款规定处罚。

第九十二条 有关地方人民政府、负有安全生产监督管理职责的部门，对生产安全事故隐瞒不报、谎报或者拖延不报的，对直接负责的主管人员和其他直接责任人员依法给予行政处分；构成犯罪的，依照刑法有关规定追究刑事责任。

第九十三条 生产经营单位不具备本法和其他有关法律、行政法规和国家标准或者行业标准规定的安全生产条件，经停产停业整顿仍不具备安全生产条件的，予以关闭；有关部门应当依法吊销其有关证照。

第九十四条 本法规定的行政处罚，由负责安全生产监督管理的部门决定；予以关闭的行政处罚由负责安全生产监督管理的部门报请县级以上人民政府按照国务院规定的权限决定；给予拘留的行政处罚由公安机关依照治安管理处罚条例的规定决定。有关法律、行政法规对行政处罚的决定机关另有规定的，依照其规定。

第九十五条 生产经营单位发生生产安全事故造成人员伤亡、他人财产损失的，应当依法承担赔偿责任；拒不承担或者其负责人逃匿的，由人民法院依法强制执行。

生产安全事故的责任人未依法承担赔偿责任，经人民法院依法采取执行措施后，仍不能对受害人给予足额赔偿的，应当继续履行赔偿义务；受害人发现责任人有其他财产的，可以随时请求人民法院执行。

3.4 《建设工程质量管理条例》【中华人民共和国国务院令（2000）第279号】

第二十五条 施工单位应当依法取得相应等级的资质证书，并在其资质等级许可的范围内承揽工程。

禁止施工单位超越本单位资质等级许可的业务范围或者以其他施工单位的名义承揽工程。禁止施工单位允许其他单位或者个人以本单位的名义承揽工程。

施工单位不得转包或者违法分包工程。

第二十六条 施工单位对建设工程的施工质量负责。

施工单位应当建立质量责任制，确定工程项目的项目经理、技术负责人和施工管理负责人。

建设工程实行总承包的，总承包单位应当对全部建设工程质量负责；建设工程勘察、设计、施工、设备采购的一项或者多项实行总承包的，总承包单位应当对其承包的建设工程或者采购的设备的质量负责。

第二十七条 总承包单位依法将建设工程分包给其他单位的，分包单位应当按照分包合同的约定对其分包工程的质量向总承包单位负责，总承包单位与分包单位对分包工程的质量承担连带责任。

第二十八条 施工单位必须按照工程设计图纸和施工技术标准施工，不得擅自修改工程设计，不得偷工减料。

施工单位在施工过程中发现设计文件和图纸有差错的，应当及时提出意见和建议。

第二十九条 施工单位必须按照工程设计要求、施工技术标准和合同约定，对建筑材料、建筑构配件、设备和商品混凝土进行检验，检验应当有书面记录和专人签字；未经检验或者检验不合格的，不得使用。

第三十条 施工单位必须建立、健全施工质量的检验制度，严格工序管理，做好隐蔽工程的质量检查和记录。隐蔽工程在隐蔽前，施工单位应当通知建设单位和建设工程质量监督机构。

第三十一条 施工人员对涉及结构安全的试块、试件以及有关材料，应当在建设单位或者工程监理单位监督下现场取样，并送具有相应资质等级的质量检测单位进行检测。

第三十二条 施工单位对施工中出现质量问题的建设工程或者竣工验收不合格的建设工程，应当负责返修。

第三十三条 施工单位应当建立、健全教育培训制度，加强对职工的教育培训；未经教育培训或者考核不合格的人员，不得上岗作业。

第三十四条 工程监理单位应当依法取得相应等级的资质证书，并在其资质等级许可的范围内承担工程监理业务。

禁止工程监理单位超越本单位资质等级许可的范围或者以其他工程监理单位的名义承担工程监理业务。禁止工程监理单位允许其他单位或者个人以本单位的名义承担工程监理业务。

工程监理单位不得转让工程监理业务。

第三十五条 工程监理单位与被监理工程的施工承包单位以及建筑材料、建筑构配件和设备供应单位有隶属关系或者其他利害关系的，不得承担该项建设工程的监理业务。

第三十六条 工程监理单位应当依照法律、法规以及有关技术标准、设计文件和建设工程承包合同，代表建设单位对施工质量实施监理，并对施工质量承担监理责任。

第三十七条 工程监理单位应当选派具备相应资格的总监理工程师和监理工程师进驻施工现场。

未经监理工程师签字，建筑材料、建筑构配件和设备不得在工程上使用或者安装，施工单位不得进行下一道工序的施工。未经总监理工程师签字，建设单位不拨付工程款，不进行竣工验收。

第三十八条 监理工程师应当按照工程监理规范的要求，采取旁站、巡视和平行检验等形式，对建设工程实施监理。

第三十九条 建设工程实行质量保修制度。建设工程承包单位在向建设单位提交工程竣工验收报告时，应当向建设单位出具质量保修书。质量保修书中应当明确建设工程的保修范围、保修期限和保修责任等。

第四十条 在正常使用条件下，建设工程的最低保修期限为：

（一）基础设施工程、房屋建筑的地基基础工程和主体结构工程，为设计文件规定的该工程的合理使用年限；

（二）屋面防水工程、有防水要求的卫生间、房间和外墙面的防渗漏，为5年；

（三）供热与供冷系统，为2个采暖期、供冷期；

（四）电气管线、给排水管道、设备安装和装修工程，为2年。

其他项目的保修期限由发包方与承包方约定。

建设工程的保修期，自竣工验收合格之日起计算。

第四十一条 建设工程在保修范围和保修期限内发生质量问题的，施工单位应当履行保修义务，并对造成的损失承担赔偿责任。

第四十二条 建设工程在超过合理使用年限后需要继续使用的，产权所有人应当委托具有相应资质等级的勘察、设计单位鉴定，并根据鉴定结果采取加固、维修等措施，重新界定使用期。

第四十三条 国家实行建设工程质量监督管理制度。

国务院建设行政主管部门对全国的建设工程质量实施统一监督管理。国务院铁路、交通、水利等有关部门按照国务院规定的职责分工，负责对全国的有关专业建设工程质量的监督管理。

县级以上地方人民政府建设行政主管部门对本行政区域内的建设工程质量实施监督管理。县级以上地方人民政府交通、水利等有关部门在各自的职责范围内，负责对本行政区域内的专业建设工程质量的监督管理。

第四十四条 国务院建设行政主管部门和国务院铁路、交通、水利等有关部门应当加强对有关建设工程质量的法律、法规和强制性标准执行情况的监督检查。

第四十五条 国务院发展计划部门按照国务院规定的职责，组织稽查特派员，对国家出资的重大建设项目实施监督检查。

国务院经济贸易主管部门按照国务院规定的职责，对国家重大技术改造项目实施监督检查。

第四十六条 建设工程质量监督管理，可以由建设行政主管部门或者其他有关部门委托的建设工程质量监督机构具体实施。

从事房屋建筑工程和市政基础设施工程质量监督的机构，必须按照国家有关规定经国务院建设行政主管部门或者省、自治区、直辖市人民政府建设行政主管部门考核；从事专业建设工程质量监督的机构，必须按照国家有关规定经国务院有关部门或者省、自治区、直辖市人民政府有关部门考核。经考核合格后，方可实施质量监督。

第四十七条 县级以上地方人民政府建设行政主管部门和其他有关部门应当加强对有关建设工程质量的法律、法规和强制性标准执行情况的监督检查。

第四十八条 县级以上人民政府建设行政主管部门和其他有关部门履行监督检查职责

时，有权采取下列措施：

（一）要求被检查的单位提供有关工程质量的文件和资料；

（二）进入被检查单位的施工现场进行检查；

（三）发现有影响工程质量的问题时，责令改正。

第四十九条 建设单位应当自建设工程竣工验收合格之日起 15 日内，将建设工程竣工验收报告和规划、公安消防、环保等部门出具的认可文件或者准许使用文件报建设行政主管部门或者其他有关部门备案。

建设行政主管部门或者其他有关部门发现建设单位在竣工验收过程中有违反国家有关建设工程质量管理规定行为的，责令停止使用，重新组织竣工验收。

第五十条 有关单位和个人对县级以上人民政府建设行政主管部门和其他有关部门进行的监督检查应当支持与配合，不得拒绝或者阻碍建设工程质量监督检查人员依法执行职务。

第五十一条 供水、供电、供气、公安消防等部门或者单位不得明示或者暗示建设单位、施工单位购买其指定的生产供应单位的建筑材料、建筑构配件和设备。

第五十二条 建设工程发生质量事故，有关单位应当在 24 小时内向当地建设行政主管部门和其他有关部门报告。对重大质量事故，事故发生地的建设行政主管部门和其他有关部门应当按照事故类别和等级向当地人民政府和上级建设行政主管部门和其他有关部门报告。

特别重大质量事故的调查程序按照国务院有关规定办理。

第五十三条 任何单位和个人对建设工程的质量事故、质量缺陷都有权检举、控告、投诉。

第五十四条 违反本条例规定，施工单位在施工中偷工减料的，使用不合格的建筑材料、建筑构配件和设备的，或者有不按照工程设计图纸或者施工技术标准施工的其他行为的，责令改正，处工程合同价款 2% 以上 4% 以下的罚款；造成建设工程质量不符合规定的质量标准的，负责返工、修理，并赔偿因此造成的损失；情节严重的，责令停业整顿，降低资质等级或者吊销资质证书。

第五十五条 违反本条例规定，施工单位未对建筑材料、建筑构配件、设备和商品混凝土进行检验，或者未对涉及结构安全的试块、试件以及有关材料取样检测的，责令改正，处 10 万元以上 20 万元以下的罚款；情节严重的，责令停业整顿，降低资质等级或者吊销资质证书；造成损失的，依法承担赔偿责任。

第五十六条 违反本条例规定，施工单位不履行保修义务或者拖延履行保修义务的，责令改正，处 10 万元以上 20 万元以下的罚款，并对在保修期内因质量缺陷造成的损失承担赔偿责任。

3.5 《安全生产许可证条例》

（1）《条例》规定，国家对矿山企业、建筑施工企业和危险化学品、烟花爆竹、民用爆破器材生产企业（以下统称企业）实行安全生产许可制度。企业未取得安全生产许可证的，不得从事生产活动。

（2）《条例》规定，企业取得安全生产许可证，应当具备下列安全生产条件：建立、健全安全生产责任制，制定完备的安全生产规章制度和操作规程；安全投入符合安全生产要求；设置安全生产管理机构，配备专职安全生产管理人员；主要负责人和安全生产管理人员经考核合格；特种作业人员经有关业务主管部门考核合格，取得特种作业操作资格证书；从业人员经安全生产教育和培训合格；依法参加工伤保险，为从业人员缴纳保险费；厂房、作业场所和安全设施、设备、工艺符合有关安全生产法律、法规、标准和规程的要求；有职业危害防治措施，并为从业人员配备符合国家标准或者行业标准的劳动防护用品；依法进行安全评价；有重大危险源检测、评估、监控措施和应急预案；有生产安全事故应急救援预案、应急救援组织或者应急救援人员，配备必要的应急救援器材、设备；法律、法规规定的其他条件。

（3）《条例》规定，违反本条例规定，未取得安全生产许可证擅自进行生产的，责令停止生产，没收违法所得，并处 10 万元以上 50 万元以下的罚款；造成重大事故或者其他严重后果，构成犯罪的，依法追究刑事责任。本条例施行前已经进行生产的企业，应当自本条例施行之日起 1 年内，依照本条例的规定向安全生产许可证颁发管理机关申请办理安全生产许可证。

第一条 为了严格规范安全生产条件，进一步加强安全生产监督管理，防止和减少生产安全事故，根据《中华人民共和国安全生产法》的有关规定，制定本条例。

第二条 国家对矿山企业、建筑施工企业和危险化学品、烟花爆竹、民用爆破器材生产企业（以下统称企业）实行安全生产许可制度。

企业未取得安全生产许可证的，不得从事生产活动。

第三条 国务院安全生产监督管理部门负责中央管理的非煤矿矿山企业和危险化学品、烟花爆竹生产企业安全生产许可证的颁发和管理。

省、自治区、直辖市人民政府安全生产监督管理部门负责前款规定以外的非煤矿矿山企业和危险化学品、烟花爆竹生产企业安全生产许可证的颁发和管理，并接受国务院安全生产监督管理部门的指导和监督。

国家煤矿安全监察机构负责中央管理的煤矿企业安全生产许可证的颁发和管理。

在省、自治区、直辖市设立的煤矿安全监察机构负责前款规定以外的其他煤矿企业安全生产许可证的颁发和管理，并接受国家煤矿安全监察机构的指导和监督。

第四条 国务院建设主管部门负责中央管理的建筑施工企业安全生产许可证的颁发和管理。

省、自治区、直辖市人民政府建设主管部门负责前款规定以外的建筑施工企业安全生产许可证的颁发和管理，并接受国务院建设主管部门的指导和监督。

第五条 国务院国防科技工业主管部门负责民用爆破器材生产企业安全生产许可证的颁发和管理。

第六条 企业取得安全生产许可证，应当具备下列安全生产条件：

（一）建立、健全安全生产责任制，制定完备的安全生产规章制度和操作规程；

（二）安全投入符合安全生产要求；

（三）设置安全生产管理机构，配备专职安全生产管理人员；

（四）主要负责人和安全生产管理人员经考核合格；

（五）特种作业人员经有关业务主管部门考核合格，取得特种作业操作资格证书；

（六）从业人员经安全生产教育和培训合格；

（七）依法参加工伤保险，为从业人员缴纳保险费；

（八）厂房、作业场所和安全设施、设备、工艺符合有关安全生产法律、法规、标准和规程的要求；

（九）有职业危害防治措施，并为从业人员配备符合国家标准或者行业标准的劳动防护用品；

（十）依法进行安全评价；

（十一）有重大危险源检测、评估、监控措施和应急预案；

（十二）有生产安全事故应急救援预案、应急救援组织或者应急救援人员，配备必要的应急救援器材、设备；

（十三）法律、法规规定的其他条件。

第七条 企业进行生产前，应当依照本条例的规定向安全生产许可证颁发管理机关申请领取安全生产许可证，并提供本条例第六条规定的相关文件、资料。安全生产许可证颁发管理机关应当自收到申请之日起 45 日内审查完毕，经审查符合本条例规定的安全生产条件的，颁发安全生产许可证；不符合本条例规定的安全生产条件的，不予颁发安全生产许可证，书面通知企业并说明理由。

煤矿企业应当以矿（井）为单位，在申请领取煤炭生产许可证前，依照本条例的规定取得安全生产许可证。

第八条 安全生产许可证由国务院安全生产监督管理部门规定统一的式样。

第九条 安全生产许可证的有效期为 3 年。安全生产许可证有效期满需要延期的，企业应当于期满前 3 个月向原安全生产许可证颁发管理机关办理延期手续。

企业在安全生产许可证有效期内，严格遵守有关安全生产的法律法规，未发生死亡事故的，安全生产许可证有效期届满时，经原安全生产许可证颁发管理机关同意，不再审查，安全生产许可证有效期延期 3 年。

第十条 安全生产许可证颁发管理机关应当建立、健全安全生产许可证档案管理制度，并定期向社会公布企业取得安全生产许可证的情况。

第十一条 煤矿企业安全生产许可证颁发管理机关、建筑施工企业安全生产许可证颁发管理机关、民用爆破器材生产企业安全生产许可证颁发管理机关，应当每年向同级安全生产监督管理部门通报其安全生产许可证颁发和管理情况。

第十二条 国务院安全生产监督管理部门和省、自治区、直辖市人民政府安全生产监督管理部门对建筑施工企业、民用爆破器材生产企业、煤矿企业取得安全生产许可证的情况进行监督。

第十三条 企业不得转让、冒用安全生产许可证或者使用伪造的安全生产许可证。

第十四条 企业取得安全生产许可证后，不得降低安全生产条件，并应当加强日常安全生产管理，接受安全生产许可证颁发管理机关的监督检查。

安全生产许可证颁发管理机关应当加强对取得安全生产许可证的企业的监督检查，发现其不再具备本条例规定的安全生产条件的，应当暂扣或者吊销安全生产许可证。

第十五条 安全生产许可证颁发管理机关工作人员在安全生产许可证颁发、管理和监督检查工作中，不得索取或者接受企业的财物，不得谋取其他利益。

第十六条　监察机关依照《中华人民共和国行政监察法》的规定，对安全生产许可证颁发管理机关及其工作人员履行本条例规定的职责实施监察。

第十七条　任何单位或者个人对违反本条例规定的行为，有权向安全生产许可证颁发管理机关或者监察机关等有关部门举报。

第十八条　安全生产许可证颁发管理机关工作人员有下列行为之一的，给予降级或者撤职的行政处分；构成犯罪的，依法追究刑事责任：

（一）向不符合本条例规定的安全生产条件的企业颁发安全生产许可证的；

（二）发现企业未依法取得安全生产许可证擅自从事生产活动，不依法处理的；

（三）发现取得安全生产许可证的企业不再具备本条例规定的安全生产条件，不依法处理的；

（四）接到对违反本条例规定行为的举报后，不及时处理的；

（五）在安全生产许可证颁发、管理和监督检查工作中，索取或者接受企业的财物，或者谋取其他利益的。

第十九条　违反本条例规定，未取得安全生产许可证擅自进行生产的，责令停止生产，没收违法所得，并处 10 万元以上 50 万元以下的罚款；造成重大事故或者其他严重后果，构成犯罪的，依法追究刑事责任。

第二十条　违反本条例规定，安全生产许可证有效期满未办理延期手续，继续进行生产的，责令停止生产，限期补办延期手续，没收违法所得，并处 5 万元以上 10 万元以下的罚款；逾期仍不办理延期手续，继续进行生产的，依照本条例第十九条的规定处罚。

第二十一条　违反本条例规定，转让安全生产许可证的，没收违法所得，处 10 万元以上 50 万元以下的罚款，并吊销其安全生产许可证；构成犯罪的，依法追究刑事责任；接受转让的，依照本条例第十九条的规定处罚。

冒用安全生产许可证或者使用伪造的安全生产许可证的，依照本条例第十九条的规定处罚。

第二十二条　本条例施行前已经进行生产的企业，应当自本条例施行之日起 1 年内，依照本条例的规定向安全生产许可证颁发管理机关申请办理安全生产许可证；逾期不办理安全生产许可证，或者经审查不符合本条例规定的安全生产条件，未取得安全生产许可证，继续进行生产的，依照本条例第十九条的规定处罚。

3.6　《建设工程安全生产管理条例》【中华人民共和国国务院令（2003）第 393 号】

第二十条　施工单位从事建设工程的新建、扩建、改建和拆除等活动，应当具备国家规定的注册资本、专业技术人员、技术装备和安全生产等条件，依法取得相应等级的资质证书，并在其资质等级许可的范围内承揽工程。

第二十一条　施工单位主要负责人依法对本单位的安全生产工作全面负责。施工单位应当建立健全安全生产责任制度和安全生产教育培训制度，制定安全生产规章制度和操作规程，保证本单位安全生产条件所需资金的投入，对所承担的建设工程进行定期和专项安全检查，并做好安全检查记录。

施工单位的项目负责人应当由取得相应执业资格的人员担任，对建设工程项目的安全施工负责，落实安全生产责任制度、安全生产规章制度和操作规程，确保安全生产费用的有效使用，并根据工程的特点组织制定安全施工措施，消除安全事故隐患，及时、如实报告生产安全事故。

第二十二条　施工单位对列入建设工程概算的安全作业环境及安全施工措施所需费用，应当用于施工安全防护用具及设施的采购和更新、安全施工措施的落实、安全生产条件的改善，不得挪作他用。

第二十三条　施工单位应当设立安全生产管理机构，配备专职安全生产管理人员。专职安全生产管理人员负责对安全生产进行现场监督检查。发现安全事故隐患，应当及时向项目负责人和安全生产管理机构报告；对违章指挥、违章操作的，应当立即制止。

专职安全生产管理人员的配备办法由国务院建设行政主管部门会同国务院其他有关部门制定。

第二十四条　建设工程实行施工总承包的，由总承包单位对施工现场的安全生产负总责。

总承包单位应当自行完成建设工程主体结构的施工。

总承包单位依法将建设工程分包给其他单位的，分包合同中应当明确各自的安全生产方面的权利、义务。总承包单位和分包单位对分包工程的安全生产承担连带责任。

分包单位应当服从总承包单位的安全生产管理，分包单位不服从管理导致生产安全事故的，由分包单位承担主要责任。

第二十五条　垂直运输机械作业人员、安装拆卸工、爆破作业人员、起重信号工、登高架设作业人员等特种作业人员，必须按照国家有关规定经过专门的安全作业培训，并取得特种作业操作资格证书后，方可上岗作业。

第二十六条　施工单位应当在施工组织设计中编制安全技术措施和施工现场临时用电方案，对下列达到一定规模的危险性较大的分部分项工程编制专项施工方案，并附具安全验算结果，经施工单位技术负责人、总监理工程师签字后实施，由专职安全生产管理人员进行现场监督：

（一）基坑支护与降水工程；

（二）土方开挖工程；

（三）模板工程；

（四）起重吊装工程；

（五）脚手架工程；

（六）拆除、爆破工程；

（七）国务院建设行政主管部门或者其他有关部门规定的其他危险性较大的工程。

对前款所列工程中涉及深基坑、地下暗挖工程、高大模板工程的专项施工方案，施工单位还应当组织专家进行论证、审查。

本条第一款规定的达到一定规模的危险性较大工程的标准，由国务院建设行政主管部门会同国务院其他有关部门制定。

第二十七条　建设工程施工前，施工单位负责项目管理的技术人员应当对有关安全施工的技术要求向施工作业班组、作业人员作出详细说明，并由双方签字确认。

第二十八条　施工单位应当在施工现场入口处、施工起重机械、临时用电设施、脚手架、出入通道口、楼梯口、电梯井口、孔洞口、桥梁口、隧道口、基坑边沿、爆破物及有害危险气体和液体存放处等危险部位，设置明显的安全警示标志。安全警示标志必须符合国家标准。

施工单位应当根据不同施工阶段和周围环境及季节、气候的变化，在施工现场采取相应的安全施工措施。施工现场暂时停止施工的，施工单位应当做好现场防护，所需费用由责任方承担，或者按照合同约定执行。

第二十九条 施工单位应当将施工现场的办公、生活区与作业区分开设置，并保持安全距离；办公、生活区的选址应当符合安全性要求。职工的膳食、饮水、休息场所等应当符合卫生标准。施工单位不得在尚未竣工的建筑物内设置员工集体宿舍。

施工现场临时搭建的建筑物应当符合安全使用要求。施工现场使用的装配式活动房屋应当具有产品合格证。

第三十条 施工单位对因建设工程施工可能造成损害的毗邻建筑物、构筑物和地下管线等，应当采取专项防护措施。

施工单位应当遵守有关环境保护法律、法规的规定，在施工现场采取措施，防止或者减少粉尘、废气、废水、固体废物、噪声、振动和施工照明对人和环境的危害和污染。

在城市市区内的建设工程，施工单位应当对施工现场实行封闭围挡。

第三十一条 施工单位应当在施工现场建立消防安全责任制度，确定消防安全责任人，制定用火、用电、使用易燃易爆材料等各项消防安全管理制度和操作规程，设置消防通道、消防水源，配备消防设施和灭火器材，并在施工现场入口处设置明显标志。

第三十二条 施工单位应当向作业人员提供安全防护用具和安全防护服装，并书面告知危险岗位的操作规程和违章操作的危害。

作业人员有权对施工现场的作业条件、作业程序和作业方式中存在的安全问题提出批评、检举和控告，有权拒绝违章指挥和强令冒险作业。

在施工中发生危及人身安全的紧急情况时，作业人员有权立即停止作业或者在采取必要的应急措施后撤离危险区域。

第三十三条 作业人员应当遵守安全施工的强制性标准、规章制度和操作规程，正确使用安全防护用具、机械设备等。

第三十四条 施工单位采购、租赁的安全防护用具、机械设备、施工机具及配件，应当具有生产（制造）许可证、产品合格证，并在进入施工现场前进行查验。

施工现场的安全防护用具、机械设备、施工机具及配件必须由专人管理，定期进行检查、维修和保养，建立相应的资料档案，并按照国家有关规定及时报废。

第三十五条 施工单位在使用施工起重机械和整体提升脚手架、模板等自升式架设设施前，应当组织有关单位进行验收，也可以委托具有相应资质的检验检测机构进行验收；使用承租的机械设备和施工机具及配件的，由施工总承包单位、分包单位、出租单位和安装单位共同进行验收。验收合格的方可使用。

《特种设备安全监察条例》规定的施工起重机械，在验收前应当经有相应资质的检验检测机构监督检验合格。

施工单位应当自施工起重机械和整体提升脚手架、模板等自升式架设设施验收合格之日起30日内，向建设行政主管部门或者其他有关部门登记。登记标志应当置于或者附着于该设备的显著位置。

第三十六条　施工单位的主要负责人、项目负责人、专职安全生产管理人员应当经建设行政主管部门或者其他有关部门考核合格后方可任职。

施工单位应当对管理人员和作业人员每年至少进行一次安全生产教育培训，其教育培训情况记入个人工作档案。安全生产教育培训考核不合格的人员，不得上岗。

第三十七条　作业人员进入新的岗位或者新的施工现场前，应当接受安全生产教育培训。未经教育培训或者教育培训考核不合格的人员，不得上岗作业。

施工单位在采用新技术、新工艺、新设备、新材料时，应当对作业人员进行相应的安全生产教育培训。

第三十八条　施工单位应当为施工现场从事危险作业的人员办理意外伤害保险。

意外伤害保险费由施工单位支付。实行施工总承包的，由总承包单位支付意外伤害保险费。意外伤害保险期限自建设工程开工之日起至竣工验收合格止。

第四十八条　施工单位应当制定本单位生产安全事故应急救援预案，建立应急救援组织或者配备应急救援人员，配备必要的应急救援器材、设备，并定期组织演练。

第四十九条　施工单位应当根据建设工程施工的特点、范围，对施工现场易发生重大事故的部位、环节进行监控，制定施工现场生产安全事故应急救援预案。实行施工总承包的，由总承包单位统一组织编制建设工程生产安全事故应急救援预案，工程总承包单位和分包单位按照应急救援预案，各自建立应急救援组织或者配备应急救援人员，配备救援器材、设备，并定期组织演练。

第五十条　施工单位发生生产安全事故，应当按照国家有关伤亡事故报告和调查处理的规定，及时、如实地向负责安全生产监督管理的部门、建设行政主管部门或者其他有关部门报告；特种设备发生事故的，还应当同时向特种设备安全监督管理部门报告。接到报告的部门应当按照国家有关规定，如实上报。

实行施工总承包的建设工程，由总承包单位负责上报事故。

第五十一条　发生生产安全事故后，施工单位应当采取措施防止事故扩大，保护事故现场。需要移动现场物品时，应当作出标记和书面记录，妥善保管有关证物。

第六十二条　违反本条例的规定，施工单位有下列行为之一的，责令限期改正；逾期未改正的，责令停业整顿，依照《中华人民共和国安全生产法》的有关规定处以罚款；造成重大安全事故，构成犯罪的，对直接责任人员，依照刑法有关规定追究刑事责任：

（一）未设立安全生产管理机构、配备专职安全生产管理人员或者分部分项工程施工时无专职安全生产管理人员现场监督的；

（二）施工单位的主要负责人、项目负责人、专职安全生产管理人员、作业人员或者特种作业人员，未经安全教育培训或者经考核不合格即从事相关工作的；

（三）未在施工现场的危险部位设置明显的安全警示标志，或未按照国家有关规定在施工现场设置消防通道、消防水源、配备消防设施和灭火器材的；

（四）未向作业人员提供安全防护用具和安全防护服装的；

（五）未按照规定在施工起重机械和整体提升脚手架、模板等自升式架设设施验收合格后登记的；

（六）使用国家明令淘汰、禁止使用的危及施工安全的工艺、设备、材料的。

第六十三条　违反本条例的规定，施工单位挪用列入建设工程概算的安全生产作业环境及安全施工措施所需费用的，责令限期改正，处挪用费用 20％以上 50％以下的罚款；造成损失的，依法承担赔偿责任。

第六十四条 违反本条例的规定，施工单位有下列行为之一的，责令限期改正；逾期未改正的，责令停业整顿，并处 5 万元以上 10 万元以下的罚款；造成重大安全事故，构成犯罪的，对直接责任人员，依照刑法有关规定追究刑事责任：

（一）施工前未对有关安全施工的技术要求作出详细说明的；

（二）未根据不同施工阶段和周围环境及季节、气候的变化，在施工现场采取相应的安全施工措施，或者在城市市区内的建设工程的施工现场未实行封闭围挡的；

（三）在尚未竣工的建筑物内设置员工集体宿舍的；

（四）施工现场临时搭建的建筑物不符合安全使用要求的；

（五）未对因建设工程施工可能造成损害的毗邻建筑物、构筑物和地下管线等采取专项防护措施的。

施工单位有前款规定第（四）项、第（五）项行为，造成损失的，依法承担赔偿责任。

第六十五条 违反本条例的规定，施工单位有下列行为之一的，责令限期改正；逾期未改正的，责令停业整顿，并处 10 万元以上 30 万元以下的罚款；情节严重的，降低资质等级，直至吊销资质证书；造成重大安全事故，构成犯罪的，对直接责任人员，依照刑法有关规定追究刑事责任；造成损失的，依法承担赔偿责任：

（一）安全防护用具、机械设备、施工机具及配件在进入施工现场前未经查验或者查验不合格即投入使用的；

（二）使用未经验收或者验收不合格的施工起重机械和整体提升脚手架、模板等自升式架设设施的；

（三）委托不具有相应资质的单位承担施工现场安装、拆卸施工起重机械和整体提升脚手架、模板等自升式架设设施的；

（四）在施工组织设计中未编制安全技术措施、施工现场临时用电方案或者专项施工方案的。

第六十六条 违反本条例的规定，施工单位的主要负责人、项目负责人未履行安全生产管理职责的，责令限期改正；逾期未改正的，责令施工单位停业整顿；造成重大安全事故、重大伤亡事故或者其他严重后果，构成犯罪的，依照刑法有关规定追究刑事责任。

作业人员不服管理、违反规章制度和操作规程冒险作业造成重大伤亡事故或者其他严重后果，构成犯罪的，依照刑法有关规定追究刑事责任。

施工单位的主要负责人、项目负责人有前款违法行为，尚不够刑事处罚的，处 2 万元以上 20 万元以下的罚款或者按照管理权限给予撤职处分；自刑罚执行完毕或者受处分之日起，5 年内不得担任任何施工单位的主要负责人、项目负责人。

第六十七条 施工单位取得资质证书后，降低安全生产条件的，责令限期改正；经整改仍未达到与其资质等级相适应的安全生产条件的，责令停业整顿，降低其资质等级直至吊销资质证书。

复习思考题

1. 何谓建设法规？安全生产法规又是什么？

2. 安全法规起什么作用？

3. 简述强化安全管理的重要意义。

4. 我国生产企业安全法制观念淡薄主要表现哪些方面？

5. 明确安全责任、加强监督管理主要的内容是什么？

6. 依法处理事故，常采用的"三不放过"、"五权"的主要内容分别代表什么含义？

7. 与建设施工有关的主要法规有哪些？

8. 在施工生产过程中，对造成重大安全事故直接责任的人员，依照刑法有关规定追究哪些刑事责任？

9. 安全生产许可证颁发管理机关工作人员有哪些行为之一者，给予降级或者撤职的行政处分？

10. 施工单位的专职安全生产管理人员发现安全事故隐患，应当做哪些工作？对违章指挥、违章操作的，应当采取什么措施？

11. 生产经营单位发生生产安全事故造成人员伤亡、他人财产损失的，应当依法承担什么责任？

12. 生产经营单位进行爆破、吊装等危险作业时，应当安排哪些人员管理？

13. 县级以上地方人民政府建设行政主管部门对本行政区域内的建设工程质量实施什么样的管理？

14. 未经监理工程师签字，哪些器材在工程上使用或者安装时，施工单位不得进行下一道工序的施工？未经总监理工程师签字，建设单位不得进行什么工作？

15. 负有安全生产监督管理职责的部门对涉及安全生产的事项进行哪些工作？

16. 负有安全生产监督管理职责的部门的监督检查人员对生产经营单位依法履行什么职责？

17. 都有哪些情形，建设单位应当按照国家有关规定办理申请批准手续？

18. 建设行政主管部门负责建筑安全生产的管理，并依法接受什么部门对建筑安全生产的指导和监督？

19. 企业取得安全生产许可证，应当具备哪些安全生产条件？

20. 生产经营单位的主要负责人对本单位安全生产工作负有哪些职责？

单元 2　安全生产责任管理

课题 1　建设单位的安全责任

1.1　概　　述

建设单位即建设工程的业主，是投资建设工程项目并对其具有所有权的法人单位。《建设工程安全生产管理条例》对建设单位安全责任的规定共有六条，可将其主要内容概括为七应当、三不得和一保证。

（1）七应当：

1）应当向施工单位提供：施工现场及毗邻区域内的地下管线资料（主要包括供水、排水、供电、供气、供热、通讯和广播电视等）；气象和水文观测资料；相邻建筑物和构筑物、地下工程的有关资料；

2）应当在编制工程概算时，确定建设工程安全工作环境及安全措施所需费用；

3）应当在申请领取施工许可证时，提供建筑工程有关安全施工措施的资料；

4）应当自开工报告批准之日起 15 日内，将保证安全施工的措施报送所在地县级以上政府建设行政主管部门或者其他有关部门备案；

5）应当将拆除工程发包给具有相应资质等级的施工单位；

6）应当在拆除工程施（开）工 15 日前，将下列资料报送所在地县级以上行政主管部门或其他有关部门备案：a. 施工单位资质等级证明；b. 拟拆除建筑物、构筑物及可能危及毗邻建筑的说明；c. 拆除施工、组织方案（设计）；d. 堆放、清除废弃物的措施；

7）应当遵守国家有关民用爆炸物品管理的规定（有爆炸作业时）。

（2）三不得：

1）不得对勘察、设计、施工、工程监理等单位提出不符合建筑安全生产法律、法规和强制性标准规定的要求；

2）不得明示或暗示施工单位购买、租赁、使用不符合安全施工要求的安全防护用品、机械设备、施工机具及配件、消防设备和器材；

3）不得压缩合同规定的工期。

（3）一保证：

保证向施工单位提供的资料真实、准确、完整。

1.2　建设单位在工程安全生产管理方面存在的问题

在近年来发生的许多建设工程生产安全事故中，建设单位的不规范市场行为、违法和违规行为以及其他不正之风，已成为导致安全事故发生的不可忽视的、重要的、甚至是直接的原因之一，其主要表现在以下几个方面：

（1）在工程的招投标中肆意压价，甚至将发包价压到低于成本价格；

（2）将工程的设计和施工任务交给不具有相应资质（包括明知其为挂靠、租用资质）和能力的单位、甚至交给个人承包；

（3）建设单位人员以各种方式向设计、施工、监理和材料与设备供应单位索要"回扣"以及其他非法利益；

（4）向勘察、设计和施工单位提出不符合国家、行业或地方法律、法规和标准的要求，甚至强令改变勘察、设计和施工文件的内容；

（5）对确保施工安全的措施费用不予认可，拒绝支付合理的安全费用；

（6）强令施工单位违反合同约定和正常的施工程序与用时安排，达到压缩工期的目的；

（7）在新建和拆除、改建、改造、装修工程中，未经正规设计或办理设计变更手续，就强令施工或对原施工图进行有可能影响其设计、施工和使用安全的修改；

（8）不按建设要求向施工单位提供地下管线、气象和地质勘察等资料，或提供的资料达不到真实、准确和完整的要求；

（9）在工程施工中不适当地干预施工技术和管理事务，甚至越俎代庖，影响施工和监理人员正常行使其职能。

上述建设单位的常见行为，不仅成为引发安全事故的重要原因，而且也是"建筑腐败"现象的常见表现。多年来的实践表明，要解决上述问题，仅靠行政手段和社会舆论监督，是远远不够的，必须进一步规范市场行为并采用法律手段来予以制约。因此，《建设工程安全生产管理条例》中将建设单位列入安全责任主体之中，对建设单位在工程建设活动中应承担的义务及违反《建设工程安全生产管理条例》后应承担的法律责任作了明确规定，从而为解决工程建设安全生产管理问题提供了强有力的法律保证，为反对"建筑腐败"的斗争提供了法律依据。

1.3 建设单位是安全责任的主体

在确保建设工程生产安全要求中，建设单位是安全责任主体之一，安全责任主体就是承担安全责任的、具有独立法人资格或法律地位的实体，包括企业和事业单位。

在过去的很长时间内，我国由于实行计划经济和行政管理体制，各企事业单位和人员之间的利益关系被弱化并处于行政和计划的协调之下，建设单位的行为对造成安全事故的作用一般并不突出，或者即使重要、但也被掩盖于统一的指挥管理之中。因此，一直未将建设单位视为安全责任主体。

我国自改革开放以来，随着向市场经济的转变，社会关系已发生了很大的变化。在国家有关规范建筑市场、特别是建设单位行为的法律、法规还不尽完善而建筑市场竞争又日趋激烈的情况下，一些建设单位为了自身的利益，利用其在工程建设中处于主导地位的优势、大力地、乃至不择手段地追求利益的最大化，各种不规范的市场行为、违规和违法行为、腐败和不正之风大行其道，屡禁不止、泛滥肆虐，以致酿成重大的工程质量和安全事故。在"利益最大化"驱使之下的建设单位及相应人员的行为，已使建设单位难以解脱"干系"（即直接或间接责任），必须对其导致安全事故发生的、具有不可忽视作用的行为，承担相应的责任，因而成为建筑工程生产安全的责任主体之一。

建设单位、勘察单位、设计单位、施工单位、监理单位和其他有关单位（包括材料、设备的厂家和经营单位等），是建筑工程安全责任主体的六类实体，其所负的责任与其义务和权利相适应，因而各有侧重方面。建设单位应负其所具有的主导地位责任。

建设单位只能在遵守法律、法规和市场规则的前提下和基础上，去获取自己在工程建设中应得的合法权益，而不能利用其所具有的主导地位、不择手段地追求其利益的最大化乃至非法的利益。否则，必将招致严重的后果和受到法律的惩处。在近年来出现的重大工程质量和安全事故中，都因存在着一定程度的、甚至严重的违法、违规和腐败问题、而牵扯出建设单位的问题。因此，《建设工程安全生产管理条例》将建设单位列为建筑工程的责任主体之一，不仅对于解决当前建筑工程生产安全的迫切问题、实现安全要求，具有重大的作用，而且也是进一步规范建筑市场行为、从源头上根治"建筑腐败"的重要步骤，具有极其深远的意义。

1.4 建设单位必须认真履行其在建设活动中的安全责任

《建设工程安全生产管理条例》对建设单位安全责任的规定是明确的，不难理解其中的含义和要求。归纳起来，建设单位必须从以下 5 个方面认真履行其在建设活动中的安全责任：

（1）应当将建设工程的勘察、设计、施工、监理以及由建设单位负责的材料和设备供应工作，发包或委托给具有相应资质等级和能力的正规单位，不要交给资质和能力不够的单位或非法的个体承包者。

（2）应当向施工单位提供包括地下管线、气象、水文观测以及相邻建、构筑物和地下工程的真实、准确、完整的资料。以便能够采取相应的措施加以保护，避免在施工中出现挖断管线、损伤地下设施和影响场内保留和四周相邻建筑物安全的事故发生。

（3）在编制工程概算时，应当将确保建设工程具有安全作业环境和采取安全施工措施所需的费用纳入其中，作为工程总造价的组成部分，以满足确保施工安全的需要。当建设单位因在工程总造价中未予考虑或有意压缩这笔费用而不予支付或少付时，应对由此而产生的后果承担相应的责任。

（4）应当严格要求施工单位认真编制工程施工安全技术措施，工程监理单位认真审查。对于重大的施工安全技术措施的可行性及其相应所需费用，建设单位应出面组织专家对其进行审查和评估，做出决定。并按《建设工程安全生产管理条例》规定，向建设行政主管部门或其他有关部门报送备案。当施工安全措施费用突破工程的概算费用时，应及时解决。否则，应对由此产生的后果承担相应的责任。

（5）不得依仗建设单位的主导地位和权力，提出违反法律、法规、强制性标准与合同规定的要求，不得明示、暗示、甚至强令施工单位使用不符合安全要求的设备和器材。否则，应对由此产生的后果承担相应的责任。

课题 2 工程勘察、设计、监理及其他单位的安全责任

2.1 概 述

《建设工程安全生产管理条例》中对工程勘察、设计、监理及其他有关单位（包括设

备供应单位、设备出租单位、设备安装单位等）在工程建设活动中的安全责任大致可规定以下几大类型：建设工程勘察单位安全责任、建设工程设计单位安全责任、工程监理单位安全责任、设备供应、租赁和检测单位安全责任、设备安装单位安全责任。

在近几年来出现的工程建设安全事故中，有不少事故是由于勘察、设计、工程监理以及设备的供应、出租、安装和检测单位的不规范和违法行为所致。例如，有的勘察设计单位不按照勘察设计规范进行勘察或设计，任意改变勘察或设计文件，甚至违反法律、法规和强制性标准，使勘察设计成果存在缺陷，不能保证建、构筑物和施工人员的安全；有的工程监理单位未对施工安全技术措施或专项施工方案进行认真审查，在施工过程中也未对施工单位落实安全措施的情况进行认真监理、发现事故隐患时，也未采取果断措施予以整改和消除；有的设备供应（生产）、出租单位缺少严格的质保措施，提供给施工单位的设备存有质量和安全隐患；有的设备装拆单位不具备专业承包资质，不按规定程序和操作要求进行装拆作业；有的检测单位不按检测的规则进行检验，出具虚假的检测报告和鉴定结论，使被检测的设备仍然存在事故隐患，甚至故意刁难使用单位、给被检测单位造成损失等。

上述单位应当为他们这些给建设工程带来事故隐患、甚至导致安全事故发生的行为，承担相应的责任。

2.2 建设工程勘察单位的安全责任

（1）认真按照国家有关法律、法规和工程建设强制性标准进行勘察，提供准确可靠的勘察成果，满足工程设计和施工安全需要。这是对勘察单位安全责任的基本要求。

（2）建设工程勘察工作，是指根据建设工程的要求，查明、分析、评价建设场地的地理环境、地质和水文状况与岩土工程条件，编制建设工程勘察文件，为建设工程的基础和结构设计与施工措施编制提供工程勘察依据的活动。

（3）建设工程勘察设计的专业性和技术性很强，作业时应当严格执行操作规程，采取措施保证各类管线、设施和周边建、构筑物的安全，以确保建筑工程的施工和使用安全。

2.3 建设工程设计单位的安全责任

（1）设计单位应按照法律法规和工程建设强制性标准进行设计，保证建设工程在施工过程中的安全。

1）确保工程在施工各阶段所形成的结构状态的自身安全，保证可以承受自身荷载、常遇的施工荷载和自然因素的作用。必要时，应提出设置临时支撑或加固措施的要求；

2）避免出现结构设计缺陷，特别是因没有认真考虑其施工程序与方法的要求，使结构在形成过程中可能出现某种不安全状态的设计缺陷。当施工过程中的结构状态和受力情况与设计计算状态有较大的出入时，应增加验算施工中的最不利状态；

3）应当考虑安全施工的需要，给工程的施工留有必要的操作面、支撑点以及设置施工临时设施的其他条件。

（2）设计单位应考虑施工时安全操作和防护的需要，在设计文件中注明并向施工单位说明涉及施工安全的重点部位和环节。

设计单位在设计交底或设计文件中，应向施工单位说明涉及施工安全的重点部位和环节，并对保证施工人员安全和防止发生安全事故提出指导意见与措施建议。主要有：

1）地下管线的防护要求、外线电路的防护要求；

2）降水、地基处理和深基坑支护的设计要求和依据；

3）保证施工各阶段结构处于安全状态的施工程序、临时支撑和受载限制的要求；

4）工程施工中的技术控制点和难点的安全防护要求；

5）采用新结构、新材料、新工艺以及特殊结构的工程的施工安全防护要求；

6）对工程在施工中可能出现的危险的安全防护要求；

7）其他需要提醒施工单位注意的问题和要求。

(3）设计单位应配合施工单位，及时消除设计缺陷和满足施工安全对设计变更的要求。

1）当施工单位在施工中发现工程图纸和设计文件存在违反强制性标准以及错、漏、碰、缺的问题，或者不能满足施工安全和保护的要求以及施工措施需要对设计作某种变更时，在通过建设单位和监理部门认可后，设计单位有责任和义务及时、无偿地进行设计的变更与修改；

2）《建设工程安全生产管理条例》规定设计单位和注册建筑师等注册执业人员对其设计负责，不仅应对其设计质量负责，而且也必须对其施工指导和配合工作的质量负责，在涉及较大和重要的改变时，应进行必要的结构复算工作和留有足够的安全余量，以确保不会因处理工作中可能存在的粗糙或疏漏问题，而招致不安全事态的发生。

2.4　工程监理单位的安全责任

(1）审查施工方案、安全技术与管理措施是否符合工程建设强制性标准，确保施工安全要求。

1）是否具有健全有效的安全工作机制和管理制度；

2）是否安排了强有力的安全工作主管和合格、有经验的专职安全人员；

3）是否具有符合安全要求的施工总平面布置图。其工地临时用电、消防、危险品库、围挡防护等涉及安全的设施是否符合规定；

4）总体（全场、建筑工程）和专项施工安全技术措施是否达到了全面、周到、细致、可行，并需要进行可靠的设计计算；

5）是否具有冬雨期等季节性施工措施和符合要求的应对突发事件的预案；

6）是否具有能够实施的经常性的安全教育和检查工作。是否严格执行了对职工的安全护品使用和健康保护的要求。

(2）按照法律、法规和工程建设强制性标准实施监理，并对工程的安全生产承担监理责任。应认真检查施工安全状况，及时监督施工单位进行整改，消除事故隐患。

监理单位在工程项目监理过程中，必须做到如下几点：

1）首先要认真地对进场的材料、设备和机具进行验证工作，对无合格证明者不允许使用，堵住因使用不合格的材料、设备和机具引发事故的源头；

2）二要经常进行巡视，及时查找各方面存在的不安全状态，以及查出已经开始出现的危险征兆（沉降、开裂、倾斜、松动等）；

3）三要坚持旁站，在认真监控其施工作业质量的同时，及时发现可能存在的不安全行为。而不安全状态和不安全行为正是安全隐患的外露表现。发现安全隐患后，及时和监督施工单位进行整改、消除事故隐患。

（3）对出现影响安全因素的不正常和突发的情况，应采取果断的处理措施。

1）审查施工安全费用、建议建设单位给予解决并监督其实施，以满足施工安全的费用需要，避免因此造成的事故，这是监理单位的一项重要的安全责任；

2）发现存在的事故隐患情况严重或已有事故征兆（像）出现时，应当要求施工单位暂停施工并及时报告建设单位。当施工单位拒不整改或不停止施工时，应当及时向有关主管部门报告；

3）在灾害天气将至而施工单位未采取相应措施时，应当要求施工单位立即停工并采取应对安全措施；

4）事故发生时，应要求施工单位及时向有关主管部门上报，并参与和监督事故的应急处置工作。

2.5 施工机具设备供应、租赁和检测单位安全责任

（1）供应单位必须确保所供施工机具设备的质量和安全性能达到性能的要求。

1）为施工单位提供机具设备和配件的生产、经营单位，必须依据国家有关的法律法规和安全标准进行生产经营活动。生产属《特种设备安全监察条件》规定的施工起重机械的单位，必须经国务院特种设备安全监督管理部门许可，方可从事生产；产品属生产许可证或国家强制认证、核准、许可（以下简称"强制性认核许可"）管理范围的，应取得生产许可证或强制性认证、核准、许可证书；

2）生产、检验单位在提供施工机具设备与配件产品时，应同时提供相应的生产许可证书、产品合格证、产品使用说明书、整机型号检验报告和安全保护装置型号检验合格证等，合格证应注明产品的主要技术参数、安全性能、规格型号和编号等。还未纳入生产许可证和强制性认核许可管理范围的机械设备，则必须通过省级以上、建设行政主管部门组织的产品鉴定，而进口机械设备则应按国家有关规定进行；

3）施工机具设备和配件产品必须达到其质量和安全性能要求；

4）施工机具设备的安全性能，是一个新的提法，目前有关部门还没有给出规范的解释。我们可将其理解为"保证施工机具设备使用安全的性能"。因此，可将其定义为：在施工机具设备设定的使用环境、工作状态、连续运行时间、正常运行参数和保养维修要求之下，为确保设备按其额定技术和使用性能运行的操作与使用安全，设备所具有的设计安全系数，工作状态、运行参数的限控和保险装置，确保操作和作业安全的保护设施以及在危险状态或突发事态出现时的警示装置和应急设施；

5）施工机具设备对其额定性能的整机设计安全系数不应低于 1.5，零部件的设计安全系数不应低于 2.0，产品性能试验的参数必须高于其设计安全系数水平，而产品出厂检验的参数则不宜低于相当于其 80%设计安全系数的水平；

6）施工机具设备的限控装置，为限制和控制设备处于正常的、安全的工作状态、运行参数和连续工作时间的装置，在形式上有自动控制、显示由人控制和自控带显示三种；

7）保险装置为在设备出现危险状态时的应急制停、关闭装置。有的限控装置同时也是保险装置。因此，也常将它们统称为"安全保险装置"；

8）施工机具设备的安全保护设施包括电器和防漏（触）电保护、机械传动件和操作

保护以及防火（消防）、防冻、防热、遮光、防雨等安全防护设施。警示装置为报警显示装置，包括超载、超速、超时、超幅等各种对超限状态的警示。而应急设施包括备用电源、应急灯、应急制动和断电装置等；

9）确保施工机具设备具有足够的设计安全系数和设备具有配置齐全、灵敏可靠的安全保险、保护、警示与应急装置（设施），是设备具有良好的安全性能的标志，是杜绝或减少事故发生的基本保证。当生产和经营单位提供的设备和配件产品未达到上述安全要求时，就要承担相应的法律责任。

（2）出租设备单位应当经营合格的许可产品，并出具检测合格证明。

1）出租单位从厂家或经销单位购进的设备和产品，必须是证件齐全和符合《建设工程安全生产管理条例》规定的，能确保安全使用的合格产品。并同时签订"保修维修协议"，明确双方在设备的保修、安全性能检测、使用中的故障排除、维修保养和零部件更换以及出具检测合格证明等有关事项的责任划分；

2）出租单位应配备必要的专业技术人员和维修人员及相应的检修机具，以便可以承担"保修维修"协议中乙方的责任和义务；

3）在出租的设备和产品每次用毕收回后，都要进行全面的检查（测）、维修和保养工作。

（3）检验检测机构应对其检测结果和鉴定结论负责。

具有专业资质为检验检测机构对施工机具设备状况和安全性能的检验工作，均必须根据有关的法律、法规以及国家或行业技术或安全技术标准和检验标准严格认真地进行，及时、公正、客观、真实和准确地出具检测结果和鉴定结论，对检测合格者出具合格证明文件，并承担相应的法律责任。

2.6 施工机具设备安装单位的安全责任

《建设工程安全生产管理条例》对施工机具设备安装单位安全责任的规定有：必须具有相应的资质、确保安装作业安全、出具自检合格证明与办理验收签章手续。为了确保施工安全，应当注意以下几点：

（1）认真做好施工前的准备工作。

1）提交安装的施工起重机械和自升式架设设施必须是经过检测合格的完好设备，未经检测和检测不合格的设备，不得进入工地安装；

2）建立能适应施工要求的施工组织、配备合格管理和作业人员，建立严格的岗位责任制度，且作业人员必须持证上岗；

3）在作业前，必须将施工方案、技术和操作要点与安全保证措施，向全体作业人员作技术交底。必要时，应组织技术培训，以使全体施管人员都能掌握各自的工作和安全要求；

4）按施工方案和安全措施要求，作好场地准备（包括按作业安全要求的处理）、设置作业监控（隔离或警戒）区域、围挡和安全防护。

（2）在安装、升降（或接高）和拆卸作业中，全面实施安全保证措施。

1）严格警戒线。并设专人全程看管，严禁非作业人员进入警戒区域和作业人员进入危险地方；

2）统一指挥和统一信号。确保指令畅通，作业有条不紊，各作业点和监控点都处于有效控制之中，并能及时反应（馈）异常情况；

3）专业技术人员必须全程在现场监控，及时检查措施执行情况和处置出现的问题与异常情况；

4）严格按规定程序进行作业。在每完成一个程（工）序后，都必须经过严格的自检、互检、班组长检查和专业技术人员检查、确保合格和无问题后，才能开始下一工序作业；

5）确保在安装、升降（接高）和拆卸作业的每一时刻，施工作业都处于安全的状态之中。当发现有不安全的状况时，应立即纠正、使其恢复安全状态，必要时，应暂停作业，予以处置；

6）加强对作业人员的保护。包括作业人员和现场人员均必须按规定使用安全护品、加强防护设施等。

（3）按应急预案做好准备。

一旦发生异常和意外事态时，立即启动应急预案，以避免事故发生或降低其伤害和损失的程度。

课题 3　施工单位的安全责任

3.1　概　　述

施工单位在建设工程施工安全工作中，都处于主体和核心的地位。在建筑工程活动中发生的生产安全事故，大多都要造成施工单位人员伤亡、施工设施损坏。

施工单位既是常见的直接责任主体，也是常见的直接受害主体。建筑工程活动、特别是施工作业的本身，就不可避免地存在着不同程度的安全风险性，其安全事故的多发性和伤害后果仅次于矿业生产活动，居于第二位。

施工单位中，较为普遍存在的市场行为不规范、安全生产观念淡薄、安全生产资金投入不足、安全责任制不健全、安全教育培训不认真和不经常、安全管理工作不到位。以及无证上岗、违章指挥、违章作业乃至冒险施工等，使得施工安全事故屡发不断、居高不下。

《建设工程安全生产管理条例》基于施工单位是建筑工程实现生产安全要求的主要控制方面这一认识，对施工单位的安全责任作了较为全面、明确和严格的规定，规定共 19 条，可将其大体上归纳为两大部分：

（1）由对施工单位安全生产工作的总体要求确定的责任，可将其归纳为 9 个方面，即：依法取得资质和承揽工程；具有安全生产管理机构人员的配备；建立健全安全生产制度和操作规程；确保安全费用的投入和合理使用；对管理和作业人员实行安全教育培训和考核，使其持证上岗；明确对安全生产涉事者的全面、主要和连带责任；对使用安全护品和施工机具设备的安全管理；办理意外伤害保险；进行定期和专项安全检查等。

（2）由对工程项目施工安全工作的基本要求确定的责任，亦可将其归纳为 5 个方面。即：编制安全措施和专项方案、创建安全文明施工现场、进行安全技术交底、起重机械和架设设施验收、安全作业等安全责任规定。

3.2　提高认识，自觉执行《条例》规定

《建设工程安全生产管理条例》对施工单位安全责任的规定，体现了对施工单位"依法从业、以人为本和安全文明"这一基本的要求。施工单位只有在提高以下六项认识的基础上，才能做到自觉和严格地执行《条例》，确保生产安全，创建出安全文明施工的新业绩。

（1）提高对"安全第一、预防为主"方针和"以人为本"思想的认识。"安全第一、预防为主"是我国在安全生产方面的基本方针，体现了"以人为本"思想和国家对保护劳动者权力与保护社会主义生产力的高度重视。

（2）提高对为安全事故付出代价的认识。由于施工单位在施工安全事故中常为直接的责任主体和受害主体，在发生事故之后，不仅要承受人员伤亡、施工设施与在施工过程中的损害、索赔、惩罚以及其他各项善后工作的经济损失，有关责任人要受到行政的、经济的、甚至法律（刑事）的惩处，而且还会付出延迟工期、停工整改、降低资质、影响信誉等代价。

（3）提高对依法取得从业资质和承揽工程的认识。即应当在具备国家的注册资本、专业技术人员、技术装备和安全生产条件等的基础上，依法取得相应资质，并在资质许可的范围内承揽工程。不要搞可能招致事故的、自身综合能力达不到的越级承包，更应杜绝违法分包、非法转包和无证施工。

（4）提高对施工安全工作内容正在不断扩展和变化的认识：

1）随着"高、难、新、特"工程的大量涌现及对其施工安全要求的进一步严格，制定包括加强技术的安全保证性和安全保障设施在内的专项施工方案，已成为主导安全技术发展的重要方面；

2）随着对"以人为本"和环境保护要求的提高和有关法律、法规的不断完善，"以人为本"要求已成为建筑施工安全工作领域扩展和要求深化的重要方面；

3）随着工程项目越来越多地采用总分包机制，建立总包负总责、分包各负其责，避免安全管理工作出现脱节或产生薄弱、失控环节，已成为实现安全工作一体化要求的重要方面；

4）随着国家对建筑施工安全工作法律、法规的不断完善，施工单位的生产安全工作将会受到越来越严格的监督，而一旦发生伤亡事故时，也将会受到越来越严厉的惩罚；

5）随着职工意外伤害保险的推行和普及，在施工安全工作中考虑保险约定条款的要求，已成为施工单位增加安全投入和突发事态应急措施的重要方面。

（5）提高对施工安全工作需要有相应资源投入的认识。面对日益提高和扩展的施工安全要求，施工单位必须确保在安全工作方面具有相适应的人力、物力和财力的投入。在人力投入方面，不仅需要增设必要的专职人员并提高他们从事安全工作的素质和能力，而且也需要安排中高级工程技术人员着重从事安全技术的研究和安全管理工作，以加强管理力量和提高施工企业的安全技术水平与处理"高、新、异、难"安全问题的能力；在物力和财力投入方面，必须保证满足落实安全技术和管理措施的需要。

（6）提高对责任管理是安全管理工作的核心的认识。责任管理包括全面分析和划分责任、明确各级单位及相关人员的责任、落实确保履行责任的管理措施、检查履行责任的情

况和对失职情况按责任进行严肃处理。应当做到责任的划分无空白、明确责任无含糊、落实责任无漏洞、检查责任无放松和追究责任无情面。责任管理是安全管理工作的核心和纲，抓住并擎起责任管理这个纲，就可把整个安全管理带动起来。

3.3 建立和健全以责任管理为中心的全面的施工安全保证体系

我国施工企业现行的施工安全保证体系，实际上是一个安全管理系统的人员名单，只是一个施工安全工作的组织保证体系。而全面的施工安全保证体系则应由组织、制度、技术、投入和信息等5个方面的保证体系所组成，并应按照《建设工程安全生产管理条例》对施工单位安全责任的规定加以健全，形成以安全保证要求为基础的责任管理机制。

(1) 建立强有力的安全组织保证体系。安全组织保证体系由施工单位的主要负责人、安全生产管理机构、企业安全工作负责人、专职安全生产管理人员和各级安全管理组织与工作人员所构成，形成施工安全管理的组织系统，并以明确的职责和工作要求为施工安全工作提供组织保证。组织保证体系必须是健全的、有力的、协调的和有效的，不能流于形式。"安全生产管理机构"是指施工单位内部设立的专门负责安全生产管理工作的独立部门；"专职安全生产管理人员"是指在企业中专门负责安全生产管理、不再兼做其他工作的人员，并根据企业规模、工程情况确定配置其人数及专业。《建设工程安全生产管理条例》规定：

1) 施工单位（企业）主要负责人依法对本单位安全生产工作全面负责；

2) 施工单位的项目负责人对建设工程项目的安全负责；

3) 专职安全生产管理人员负责对安全生产现场进行监督检查，发现安全事故隐患，应当及时向项目负责人和安全生产管理机构报告，对于违章指挥和违章操作，应当立即制止；

4) 其他涉及安全责任的管理人员，包括企业和项目的安全主管、安全管理机构的负责人和工作人员，有关的技术和管理人员，以及工长、队长、班组长和兼职安全员等，都在企业或项目主要负责人的领导之下，各负其责，形成强有力的安全组织保证体系。

(2) 健全以安全岗位责任制度和安全操作规程（定）为中心的安全制度保证体系。安全制度保证体系，由施工单位的安全生产责任制度、安全生产规章制度（含场地安全、作业安全、用火用电安全、消防、防尘、防爆、防毒、防震等的制度和规定）、安全生产教育培训制度、安全考核和持证上岗制度、安全护品使用和管理制度、施工现场环境保护制度、卫生防疫制度、技术交底制度、安全生产检查和整改制度、事故报告制度以及企业的安全技术标准、安全操作规程和突发事态应急预案措施等组成，为施工安全提供制度的保证。

(3) 加强安全技术工作，建立与完善安全技术保证体系。安全技术工作是制定安全施工措施中的技术工作，应按可靠的安全技术保证的要求做好。安全技术保证体系由可靠性技术、限控技术、保险与应急处置（排险）技术和保护技术4个环节的技术保证组成。

(4) 适应安全工作需要，及早建立安全投入保证体系。安全投入保证体系，就是确保工程项目得到其所需要的安全费用投入的保证体系，由安全施工措施和专项施工方案编制、安全费用分析和测算、概预算外安全增加费用的办理、安全费用的专项合理使用以及对使用情况的检查管理环节所组成。必须按照《建设工程安全生产管理条例》的规定，确保工程施工所需安全费用的投入，并都合理地用于施工安全防护用品及设施的增添和更新、安全生产条件的改善、安全施工措施的落实以及职业健康的保障上。

（5）适应安全管理工作需要，建立安全信息保证体系。施工生产安全工作信息包括安全法规信息、安全技术标准（规范）信息、重大安全施工措施信息、安全技术发展信息、安全管理工作经验信息、安全事故警示信息、安全技术和管理工作信息等。在适应施工安全工作的发展要求、贯彻《条例》规定、提高安全技术和管理工作水平的工作中，安全信息工作越来越居于特别重要的地位，需要建立安全信息保证体系，以确保满足对安全信息工作的需要。安全信息保证体系由安全信息的采集、整理、分析、存贮和调用工作等组成，其有关工作分别纳入技术、预算等管理部门的工作中。

3.4 认真做好施工安全技术措施与专项施工方案的编制和实施工作

施工单位应认真编制施工安全（技术）措施和专项施工方案，经施工单位技术负责人和总监理工程师审查签字后实施，并由专职安全生产管理人员和监理人员，对其落实情况进行严格监督。

（1）编制施工安全（技术）措施的主要内容。

1）具有对工程项目安全作业的现场和环境条件、项目施工安全工作的特点和难点、本单位在该项目上实现施工安全要求的能力和不足的阐述；

2）具有对工程项目施工安全工作的全面考虑和安排；

3）具有对安全技术措施的周到设计和可靠的计算，确保设计计算符合有关标准规定、达到足够的安全保证度，并提出对安全控制环节与控制点的限控指标或要求，以及应急预案或处理措施；

4）明确检查、验收和其他管理要求，并具有一定的先进性。

（2）施工单位技术负责人应对施工安全技术措施和专项施工方案进行认真的审查。应注意审查其中是否存在考虑不到、不周（全）、不够的问题，特别是与实际情况不相符合、不能按设计实施以及可能突破设计依据的问题和安全隐患。

（3）专职安全生产管理人员应在吃透措施和方案要求的基础上，作出对监督检查工作的安排，及时并严格地进行现场监督，及时制止不执行措施或方案规定的指挥和作业。发现措施的规定不能执行或存在问题时，应及时报告主管部门或负责人员解决。

安全施工技术措施和方案的编制、审查与执行监督，是三个紧密相连、均必须认真做好的管理环节。抓好这三个环节，就能基本上避免由措施本身或执行问题引发的事故。

3.5 加强安全教育培训和安全技术交底工作，提高施管人员的安全素质

施工单位的安全生产水平是企业确保施工生产安全的能力及业绩的体现，而施工管理人员的安全素质是构成安全生产水平的重要因素之一。职工的安全素质包括：自身所具有的安全意识和安全责任心；掌握的安全法规、标准和安全知识；安全作业技能或从事安全技术与管理工作的能力；及时发现和消除安全隐患的能力；拒绝和制止违章指挥、违章作业及其他不安全作业的能力；应对异常事态或解决疑难安全问题的能力；自我保护和保护他人的能力等。而加强安全教育培训和安全技术交底工作，则是提高职工安全素质的基本途径。

（1）施工安全事故发生的一个重要原因，就是一些施工单位的领导、管理人员和作业

人员的安全生产素质较低：领导和管理人员没有掌握必要的安全生产法律法规知识，缺乏相应的法治意识和抓好安全生产工作的责任心与自觉性；作业人员缺乏安全生产知识，安全操作技能低下，防范危险的意识匮乏，随意违章和冒险作业。只有加强安全教育培训，才能提高职工的安全生产素质，增强安全意识，掌握安全知识，提高安全作业技能，自觉地执行安全生产的方针政策、法律法规和规范标准，实现施工安全的要求。

（2）安全生产教育培训工作是一项极为重要的基础工作。安全教育培训工作主要包括：

1）对新进场作业人员必须进行的三级（公司、项目、班组）安全教育，经考核合格者方能上岗；

2）管理人员和特种作业人员的岗位安全培训；

3）职工每年进行一次的年度安全教育培训；

4）变换工种、工地和待岗、转岗职工重新上岗的安全教育培训；

5）"高、难、新、特"工程和工程采用"四新"（新技术、新工艺、新设备、新材料）时的相应安全教育培训；

6）经常性安全教育，包括月、季教育，节假日前后教育和班前教育等；

7）事故警示教育及新法规、新标准教育等等。

（3）安全技术交底，就是在建设工程施工前，施工单位负责项目管理的技术人员将有关安全施工的技术要求向施工作业班组、作业人员作出详细说明，并由双方签字确认。在不少情况下，常需进行逐级交底，主要包括：

1）建设工程、工程项目和分部分项工程的概况、技术特点和施工安全要求；

2）确保施工安全的关键环节、危险部位、安全控制点及相应采取技术、安全和管理措施；

3）管理人员应做好的安全管理事项和作业人员应注意的安全防范事项；

4）指挥与作业人员应遵守的安全标准和安全操作规程的规定及注意事项；

5）安全检查要求和必须注意及时发现和消除的安全隐患；

6）在出现异常征兆、事态或发生事故后的应急措施；

7）对交底未能述及的其他事项的要求，施工班组长在每天作业前，应将作业要求和安全注意事项向作业人员进行交底，并将交底的内容和参加交底的人员名单记入班组的施工日志中。各工种的安全技术交底一般与分部（项）工程交底一并进行，但工艺复杂，施工难度较大或作业条件危险性大的工种，应当单独进行安全技术交底。

3.6 加强、调整和完善安全生产管理工作

我们应当看到，目前我国多数施工单位安全生产管理工作的现状，还不能完全适应《条例》规定的管理要求，需要程度不同地进行加强、调整和完善工作，特别是涉及以下《建设工程安全生产管理条例》规定的管理工作，更是加强、调整和完善的重点，其主要内容如下。

（1）安全生产管理机制的加强、调整和完善要求。对大多数施工单位来讲，应当达到"五个适应"和"三个确保"。

1）五个适应：与承担"高、大、难、新、特"和"四新"工程的安全施工要求相适

应；与建立全面的施工安全保证体系的要求相适应；与落实安全责任、加强各级责任管理的要求相适应；与实行总承包工程中总包和分包安全责任的管理要求相适应；与执行各种合同约定条款的管理要求相适应；

2）三个确保：确保安全生产管理资源（机构、人员、制度、设备、设施、护品、资金等）的配置满足《建设工程安全生产管理条例》规定、工程施工和安全生产工作的发展要求；确保管理和作业人员享有履行安全生产职责、实现安全作业和职业卫生保健的合法权益；确保在异常情况、突发事态和事故发生时有备应对处置的要求。

（2）适应总承包机制下对总包安全生产管理的加强、调整和完善要求。由于总承包单位要对建设单位负包括工程质量、工期、造价控制和安全的全面责任，因此，也必须对施工现场的安全生产负起总的责任，主要内容如下：

1）负责编制整个建设工程的安全施工措施和审查分包方提出的专项施工安全措施；

2）负责编制施工现场总平面布置图和审查分包占用区域的平面布置；

3）负责整个施工现场的安全生产管理工作；

4）负责安排列入建设工程概算的安全作业环境和安全施工措施费用的使用，负责与建设单位协商解决未列入工程概算的安全生产增加费用，负责支付意外伤害保险费用；

5）不仅在工程分包合同中明确总、分包双方在安全生产方面的权利和义务，包括对安全生产费用的安排，不得占用分包单位应得的安全费用，还应对分包实行统一的安全生产管理，加强领导、检查和监督。总承包负总责，分包单位向总承包单位负责，对分包单位承担的建设工程项目的生产安全，双方均有共同责任；

6）负责统一编制应急救援预案，建立总包的应急救援组织或配备应急救援人员，配备救援器材、设备并定期组织演练，共同对分包的相应工作进行检查和督促管理。

具有总承包企业资质的施工单位，应按总包对施工现场安全生产总负责的要求，加强、调整和完善总包相应的生产安全管理工作。

（3）加强、调整和完善安全生产责任管理的要求。安全生产管理的核心，是把各项安全生产的工作要求转为各级管理和作业人员的岗位安全工作责任，通过由明确责任、认识责任、落实责任、检查责任和承担责任等五个环节的责任管理，达到确保施工生产安全的要求。施管人员的岗位安全工作责任，按其工作职务的不同，有领导责任、设计责任、审核责任、管理责任、指挥责任、操作责任、检查（监督）责任、处理责任以及呈报责任等；在出现安全事故之后，按责任的情况，可分为主要责任、重要责任和一般责任，直接责任和间接责任，单独责任和连带责任；按责任的法律性质又可分为行政责任、民事责任和刑事责任。

（4）为适应《条例》规定的管理和安全生产的发展要求，施工单位需要在如下方面对安全责任管理工作予以加强、调整和完善：

1）加强企业主要负责人、企业主管安全生产工作负责人，企业技术负责人、安全生产管理机构负责人、工程项目主要负责人、工程项目技术负责人、专职安全生产管理人员、工长和班组长等各级安全工作负责人、安全生产管理机构和专职安全人员的岗位责任；

2）按明确安全责任的类别、情况、性质和落实要求修改（调整）和细化各级施管人员的安全生产岗位责任制度，明确职责权限；

3）建立严格的对安全责任的检查和奖惩制度，经常检查和核评各级施管人员履行安全岗位责任的情况，及时和认真地予以表扬、奖励或批评、处理，不断提高各级施管人员的责任心和履职能力，不要等到发生事故时，才做检查和追究责任的工作；

4）将责任管理要求纳入到经常性的安全教育培训和安全技术交底工作中。

（5）合同管理的加强、调整和完善要求。作为企业三大管理（行政管理、行业管理和合同管理）之一的合同管理，随着建筑市场机制的不断发育、法制环境的不断改善和合同执行的日趋严格，其重要性日益突出。合同管理的主要要求是：

1）依法将涉及安全生产的工作要求、分工安排、安全责任及其权力、义务等纳入合同的条款中，并做到约定明确、公平合理；

2）建立对合同执行情况进行督促检查、协商解决存在问题、签认备查机制。确保缔约方严格履行约定，并将执行情况记录在案，以利责任追究和索赔条款的兑现；

3）建立对安全生产费用取得、投入和使用的管理机制，确保有关约定的完全实施；

4）按为从事危险作业的人员办理意外伤害保险的规定，研究并解决好有关办理和管理的各项事宜，确保在从业人员受到事故伤害后，能够及时得到足额的赔付。

（6）对确保施工人员安全权益管理的加强、调整和完善要求。虽然《条例》对施工单位的各项安全责任的规定，也都是为了实现安全生产（施工）、确保施管人员的人身安全的要求，但有几条则是对施管人员安全权益的专门规定。即：

1）现场临时搭设的建筑物应当符合安全使用要求，施工单位不得在尚未竣工的建筑物内设置员工集体宿舍，职工的膳食、饮水、休息场所等应当符合卫生标准；

2）施工单位应当为施工现场从事危险作业的人员办理意外伤害保险，意外伤害保险费由施工单位支付；

3）施工单位应当向作业人员提供安全防护用具和安全防护服装；

4）作业人员的三个"有权"，即：有权对施工现场作业条件、作业程序和作业方式中存在的安全问题提出批评、检举和控告；有权拒绝违章指挥和强令冒险作业和有权在发生危及人身安全的紧急情况时立即停止作业，或者在采取必要的应急措施后撤离危险区域。

（7）对应对异常、突发事态和事故处置管理的加强、调整和完善要求。《建设工程安全生产管理条例》规定施工单位应制定生产安全事故应急救援预案、建立应急救援组织、配备应急救援人员、器材、设备，并定期组织演练，以最大限度地减轻事故的伤害后果。而出现的异常和突发事态，通常是事故发生的前兆，是预案的重要组成部分，必须按《建设工程安全生产管理条例》规定的要求予以加强、调整和完善。

课题4　政府主管部门对建设工程安全生产的监督管理

4.1　概　述

我国建设工程生产安全的监督管理有如下几个层次：

（1）国务院安全生产主管部门对建设行政主管部门监督管理工作的监督管理；

（2）建设行政主管部门对建设工程各有关单位生产安全工作的监督管理；

（3）建设工程各有关单位的上级主管部门对下级单位安全生产工作的监督管理；

（4）工程监理单位对施工单位生产安全工作的监督管理。

《建设工程安全生产管理条例》的第5章就建设行政主管部门的监督管理工作作了8条规定，涉及管理权限设置和履行职责的权力两大方面。

我国政府对安全生产的监督管理采用综合管理和部门管理相结合的机制，国家安全生产监督管理局作为国务院负责安全生产监督管理的部门，对全国的安全生产工作实施综合管理、全面负责，并从综合管理全国安全生产的角度，指导、协调和监督各行业或领域的安全生产监督管理工作；公安、交通、铁路、民航、水利、建设、国防科技、邮政、信息产业、旅游、质检、环保等国务院部门具体负责本行业或领域内的安全生产监督管理工作，并承担相应的行政监管职责；地方的安全生产监管部门和行业或领域的安全生产监督管理部门则分别承担相应地方和行业或领域的综合监督管理和行政监督管理职责。

建设工程行业和领域，是具有介入各行业领域、类别复杂、市场主体多元化、生产与交易活动交织在一起等特点，因此实行国务院建设行政主管部门对全国的建设工程安全生产实施统一的监督管理和国务院铁路、交通、水利等有关部门按照国务院的职责分工，分别对专业建筑工程安全生产实施监督管理的模式。县级以上地方人民政府建设行政主管部门和各有关部门则分别对本行政区内的建设工程和专业建设工程的安全生产工作，按各自的职责范围实施监督管理，并依法接受本行政区内安全生产监督管理部门和劳动行政主管部门对建设工程安全生产监督管理工作的指导和监督。

4.2　各级建设行政主管部门对建设工程安全生产的监督管理职责

建设部《建筑安全生产监督管理条例》对各级建设行政主管部门在建设工程安全生产监督管理中的职责作了明确的规定。当没有相应的国家标准或行业标准时，地方人民政府建设行政主管部门可以根据本行政区域的实际需要和条件，组织起草或者制订建设工程安全生产方面的地方标准；当已有相应的国家或行业标准时，地方标准应当随即废止，执行国家标准或行业标准。而"制定事故应急救援预案，并组织实施"的职责指的是：

（1）在出现重大伤亡事故或严重的危险事态时的应急救援预案；

（2）对施工单位编制事故应急救援预案作出要求和规定、或提出指导性意见；

（3）组织对（1）、（2）两项工作的实施工作。

要实现建设工程安全状况的根本好转，必须坚持"安全第一、预防为主"的方针和"以人为本"的原则，全面实施《建筑安全生产监督管理条例》，同时，还需要在以下方面予以加强：

（1）加强对影响建设工程生产安全的不规范市场行为、违法行为和忽视安全行为的监督管理力度，加强对建设单位应当将安全作业环境和安全施工措施所需费用列入工程概算、并及时予以支付的监督管理力度；

（2）加强对施工单位确保安全费用的投入和合理使用、不得挪作他用的监督管理力度；

（3）加强完善建设工程安全生产法规、标准、细则以及其他法制和规范性工作的工作力度；

（4）加强、加快、改进（或改革）不适应建设工程安全生产发展要求的监督管理机制和工作模式，加强平时不事先通知的抽查，及时受理和查实检举、控告、投诉，依法严格处置违法、违规行为，努力营造出自觉遵守安全法规、否则就要受到投诉和惩处的行业氛围；

（5）加强对行业管理的支持和培育，逐步形成行业内的自我约束机制，加强对合同约定条款的监督管理的力度，适时制订统一条款，解决合同条款中存在的不规范和违法行为。

4.3 严格对安全生产情况进行监督检查，依法及时进行纠正和处置

《建筑安全生产监督管理条例》规定县级以上建设行政主管部门在其职责范围内履行安全监督职责时，具有调阅被检查单位安全生产管理文件和资料权、进入施工现场检查权、对违反安全生产要求行为的纠正权、对存在的安全隐患和危险状况的责令处理权。掌握和运用好这"四权"，是进行监督管理检查工作时基本要求。

（1）实施调阅权的基本要求。《建筑安全生产监督管理条例》规定被检查单位（包括建设、勘察、设计、监理、施工等建设工程参与单位）应如实提供与工程安全生产管理有关的文件和资料。表 2-1 列出了被检查单位一般应予准备的文件和资料，共分为五个方面（五类）：工程项目建设文件和合同；资质和资格证明文件；安全生产管理制度；安全生产管理的依据资料和生产安全工作所需资源配置情况资料。

建设工程被检查单位应提供的文件和资料 表 2-1

分　类	文件和资料名称	分　类	文件和资料名称
工程项目建设文件的合同	（1）建设用地规划许可证 （2）建设工程规划许可证 （3）工程勘察设计文件 （4）施工许可证 （5）中标通知书 （6）施工承包合同 （7）工程监理合同 （8）其他有关的合同、协议 （9）消防部门的建审批文 （10）施工图设计文件审查合格批文	资质和资格证明文件	（1）勘察设计单位资质等级证书 （2）施工单位（含总包和分包）资质等级证书 （3）监理单位资质证书 （4）从业人员资格文件 （5）主要专业工种作业人员的岗位证书 （6）其他有关的资质（格）证明文件
安全生产管理制度	（1）工程安全生产管理制度 （2）企业或工程项目安全责任制度 （3）企业工程项目安全教育培训和持证上岗制度 （4）安全护品发放和使用管理制度 （5）安全技术（措施）交底制度 （6）安全工作检查和整改制度 （7）工地防火和消防制度 （8）施工现场管理制度 （9）职工的职业卫生健康保证制度 （10）其他设计施工安全生产的管理制度	安全生产管理的依据资料	（1）施工组织设计和施工安全措施 （2）专项施工方案 （3）施工总面积布置图 （4）工程需用的安全生产方面的标准、规范、规程（含国家、行业、地方、和企业标准） （5）监理单位有关进行工程安全管理、监督检查和安全控制工作的监理依据资料 （6）应急救援预案 （7）其他安全生产管理的依据资料
生产安全工作所需资源的配置情况	（1）安全生产管理的机构设置和安全生产管理组织体系 （2）安全生产主管人员和专职安全管理人员情况 （3）安全生产费用的安排、投入和使用情况 （4）意外伤害保险的办理和保险费投入情况 （5）安全设备和设施的配置情况 （6）安全检（监）测工作的安排情况 （7）其他生产所需资源的配置情况		

（2）实施检查权的基本要求。进入施工现场实地检查安全施工情况，是综合考察工地安全生产状况、及时发现、纠正与处置不安全行为和安全事故隐患、促进安全生产形势好

转和提高建设工程安全生产管理水平的最直接有效的途径。现场检查的基本目的和要求为：

1）检查施工现场是否达到安全文明施工的作业、工作和生活条件的规定要求；

2）检查各类安全围挡、防护、防尘、防噪声、消防、宣示、警示与应急救援设施是否齐全到位和安全有效；

3）检查施工单位安全生产制度和安全施工措施的落实和执行情况及其存在问题；

4）检查、发现和纠正施工中违反安全生产要求的行为，责令处理在施工现场中存在的安全事故隐患，立即责令处置严重异常和难以保证安全的情况；

5）在检查中发现值得总结和推广的施工现场安全生产管理工作经验，推广完善的施工安全技术的新成果，研究和改进的监督管理工作问题。

现场检查可分为全面检查、重点检查、专项检查和事故调查等四种，前三种为监督管理的日常检查工作，应根据《建筑安全生产监督管理条例》的规定要求安排进行。其中的"全面检查"有利于了解在工程项目安全生产工作的全面情况、便于对所在地区的建设工程安全生产工作形势作出综合判断，适于定期或按安全生产形势的需要安排进行，并常需采用提前通知准备、随机抽查的方式。"重点检查"为介于"全面检查"与"专项检查"之间的检查，它由以下几种情况所决定：

1）根据当时安全生产形势的要求；

2）根据贯彻新颁布的法律、法规以及其他上级提出的工作要求；

3）根据监督管理工作计划的安排要求；

4）根据"全面检查"中发现的带有普遍性的问题的解决要求；

5）根据从调阅被检查单位提供的文件资料中发现的需要进行重点检查的要求；

6）根据在现场检查进行中发现的情况、需要深入进行重点检查的要求；

7）在全面检查和专项检查之中有所侧重项目的要求。专项检查和重点检查，由于内容较为集中、可以随时采用抽查和突然检查方式进行，避免"兴师动众"，具有很强的针对性、深入性、灵活性、突发性和威慑性，因而常会对被检单位自觉、主动和深入地做好安全生产工作起到有力的促进作用。

（3）实施纠正和责令处理权的基本要求。对违反安全生产要求行为的纠正权包括：

1）对发现的违反安全生产要求的行为立即指出，当场予以纠正；

2）一时难以纠正的，应当限期纠正；

3）对于安全生产中的违法行为，则有权根据《安全生产法》、《建筑法》和《建筑安全生产监督管理条例》的规定，对其进行处罚。

纠正权和责令权都属处理权，主要有：要求立即纠正或排除权、规定限期纠正或排除权、责令立即撤出人员或暂时停止施工权、对安全生产违法行为进行处罚权。其中的"暂时停止施工"的决定为临时性的行政强制措施，并不需要履行行政处罚法规的规定程序。

4.4　加强监督服务、提高管理实效，促进建设工程安全生产工作的发展

促进经济与社会发展和保障人民的权力与利益，是人民政府的基本职能，虽在工作要求和实施方式上分为管理与服务两个方面的工作，但管理工作的实质也是服务，即提供管理服务。由管理型政府向服务型政府转变，正是政府工作机制转变的基本的和核心的

要求。

各级建设行政主管部门及其他有关部门对建设工程安全生产的监督管理工作，就是为实现建设工程的安全生产要求和保障建设工程从业人员在安全方面的合法权益服务。实现生产安全，不仅是政府安全监督管理部门的职责，而且更是建设工程各有关单位及广大从业人员的职责和权益，且安全生产目标的实现，还得主要靠建设工程各有关单位及广大从业人员的努力，因此，政府主管部门的安全监管工作，不仅要管理，而且更要服务。其本身就是一项全面提供法律、技术、检查、整改和信息等多方面服务内容的、并在需要情况下具有强制性行政处理权的监督管理服务。

总观《建筑安全生产监督管理条例》的各项规定，有两条线贯穿始终，一条是安全责任管理；另一条是安全保证服务。在《建筑安全生产监督管理条例》中虽没有出现"服务"一词，但却处处体现出提供安全保证服务的宗旨和要求，这正是《建筑安全生产监督管理条例》对建设工程安全生产管理的机制转变和要求提高的重要发展。其中有关的主要内容有：

（1）国家鼓励建设工程安全生产的科学技术研究和先进技术的推广应用，推进建设工程安全生产的科学管理；

（2）建设单位因建设工程需要，向有关部门或者单位查询前款规定的资料时，有关部门或者单位应当及时提供；

（3）建设单位不得对勘察、设计、施工、工程监理等单位提出不符合建设工程安全生产法律、法规和强制性标准规定的要求，不得压缩合同约定的工期；

（4）建设单位编制工程概算时，应当确定建设工程安全作业环境和安全施工措施所需费用；

（5）建设行政主管部门或者其他有关部门在对建设工程是否有安全施工措施进行审查时，不得收取费用；禁止出租检测不合格的机械设备和施工机具及配件；

（6）专职安全生产管理人员的配备办法由国务院建设行政主管部门会同国务院其他有关部门制定，分包合同中应当明确各自的安全生产方面的权利、义务；

（7）要求编制专项施工方案的、达到一定规模的危险性较大工程的标准，由国务院建设行政主管部门会同国务院其他有关部门制定；

（8）作业人员有对存在的安全问题提出批评、检举和控告的权力。县级以上人民政府建设行政主管部门和其他有关部门应当及时受理对建设工程生产安全事故和安全事故隐患的检举、控告和投诉；

（9）施工单位的主要负责人、项目负责人、专职安全生产管理人员应当经建设行政主管部门考核合格后才能任职，履行安全监督检查职责时行使调阅权、纠正权和处理权；

（10）国家对严重危及施工安全的工艺、设备、材料实行淘汰制度。具体目录由国务院建设行政主管部门会同国务院有关部门制定并公布；

（11）县级以上地方人民政府建设行政主管部门应当根据本级人民政府的要求，制定本行政区域内建设工程特大生产安全事故应急救援预案。

4.5 建设、施工等被检查单位应积极做好配合和整改工作

建设行政主管部门对建设、施工等有关单位安全生产工作情况的检查，既是履行其监

督管理职责所必须，也是促进被检单位作好安全生产工作必不可少的工作。建设、施工等被检查单位应当接受监督、积极配合、认真整改并主动争取服务，以提高安全生产工作水平。

由于建设活动的多样性、复杂性、变化性、流动性和难控性，使得确保生产安全的要求十分艰巨，因此我们必须警钟常鸣、加强科学管理和技术创新。固然安全生产工作不够好的单位发生事故的机率较大，但安全生产检查达到合格、甚至优良、优秀的单位，如果思想麻痹大意，也不能保证不会发生事故，甚至重大事故。

通过检查并不是目的，不断改进安全工作、及时消除隐患、以杜绝安全生产事故发生、确保人身和财产安全才是目的。因此，被检查单位，特别是施工单位，应当在接受监督管理、积极配合检查和认真整改的同时，还应主动争取监督管理服务，以不断提高安全生产工作的水平和防止事故发生的能力。

课题 5　建设工程安全生产事故的应急救援与调查处理

5.1　概　　述

对建设工程生产安全事故发生之后的应急救援和调查处理，是安全生产管理工作中的最后一个环节，同时又是接受教训、重新开始的环节。及时投入应急救援工作，可以减轻伤亡及损害程度，避免事态的扩大与恶化；认真、仔细地进行调查处理事故，在处理事故中，必须严格要求、严肃法纪、严格管理和严肃教育，以达到更好的效果。生产安全事故的应急救援和调查处理规定的主要内容如下：

（1）编制应急救援方案

1）县级以上地方人民政府建设行政主管部门应当根据本级人民政府的要求，制定本行政区域内建设工程特大生产安全事故应急救援预案；

2）施工单位应当制定本单位生产安全事故应急救援预案，建立应急救援组织或者配备应急救援人员，配备必要的应急救援器材、设备，并定期组织演练；

3）施工单位应当根据建设工程（项目）施工的特点、范围，对施工现场易发生重大事故的部位、环节进行监控，制定施工现场生产安全事故应急救援预案；

4）实行施工总承包的，由施工总承包统一组织编制建设工程生产安全事故应急救援预案。工程总承包和分包单位按照应急救援预案各自建立应急救援组织或配备应急救援人员，配备救援器材、设备，并定期组织演练。

（2）报告生产安全事故

1）施工单位发生生产安全事故，应当按照国家有关伤亡事故报告和调查处理的规定，及时、如实地向负责安全生产监督管理的部门、建设行政主管部门或者其他有关部门报告；

2）特种设备发生事故的，还应当向特种设备安全监督管理部门报告；

3）实行施工总承包的建设工程，由总承包单位负责上报事故；

4）接到报告的部门应当按照国家有关规定，如实上报。

（3）防止事故扩大和现场保护

1）发生安全事故后，施工单位应当采取措施防止事故扩大，保护施工现场；

2）需要移动现场物品时，应当做出标记和书面记录，妥善保管有关证物。

（4）对事故的调查处理

建设工程生产安全事故的调查、对事故责任单位责任人的处罚按照有关法律、法规的规定执行。

5.2 安全事故应急救援预案的编制

5.2.1 概述

应急救援预案，是指事先制定的、应对可能发生的需要进行紧急救援工作的生产安全事故，以便及时救助受伤的和处于危险境况下的人员、防止事态和伤害扩大、并为善后工作创造较好条件的组织、程序、措施和协调工作及其责任的方案。

应急救援预案分为三级，即政府级、企业级和项目级，预案的适应范围逐级缩小。政府级预案为县级以上地方人民政府建设行政主管部门制定的本行政区域内建设工程特大生产安全事故应急救援预案。因为是针对危险性大、救援难度大、事态严重、时间紧急、社会影响和震动大、群众和上级高度关注的特大事故，所以需要迅速调集和投入巨大的应急救援资源（人力、物力、财力），并在强有力的统一组织和指挥下进行抢险救援工作，以实现迅速排除险情、抢救人员和减轻损失的要求。企业级预案为具有法人资格的施工企业制定的本企业发生生产安全事故的应急救援预案。因为常限于企业可能出现的生产安全事故的情况和自身的条件，所以企业需针对事故的严重程度和救援难度，分别采取企业全部承担（或基本上承担）、大部承担和先行抢险救助求援、而后服从上级统一指挥的预案。项目级预案为施工单位针对在施工程项目情况和条件制定的特定施工现场生产安全事故的应急救援预案。

虽然我国不乏对建设工程特大、重大生产安全事故实施应急抢险救助的例子，但大多是在设有应急救援预案或者应急救援措施并不完善的情况下进行的，因此比较被动，在一定程度上影响了抢险救援的效果。

在《建筑安全生产监督管理条例》依照《安全生产法》的要求规定编制应急救援预案之后，各地建设行政主管部门和施工企业已开始研究和着手编制工作，相信此项工作定能促进一些很好的应急救援预案问世，并在此基础上形成指导意见、规定和标准，使应急救援预案的编制工作走向成熟和标准化，在生产安全事故的抢险救援工作中，发挥出它应有的巨大作用。

5.2.2 编制应急救援预案的作用

应急救援预案为"应急抢险和排险救援预案"的简称，它既不同于应急撤离（在出现异常情况或危险征兆时，紧急撤离人员），也不同于应急抢险和排险（抢险为在险情降临之前撤出人员、物资和财产，或作防险加固保护；排险为排除已出现的险情和潜在危险），它是在事故发生或者险情出现之后迅速救助受伤和遇险人员的预案。当编制的应急救援预案比较到位并可基本上实施时，将起到以下六大作用：

（1）通过实现迅速反应（事故发生后及时向上级和安全生产监督管理部门报告，立即启动应急救援机制）、迅速调集（救援人力和物资）、迅速组织（救援指挥、协调系统）和迅速投入（救援），争得最为宝贵的抢险救援时机和时间。

（2）通过将事故发生时的各种情况与预案所考虑的各种危险事态的对比分析，可以迅速确定实施的应急救援方案（包括对预案进行必要的调整和补充），立即开展救援。

（3）因为已有预案对抢险和排险救援措施的安排，包括对不稳定部位和危险物的临时支撑稳固措施等，且事先已有对救援设备和物资的准备，在进行救援工作时即可使用，所以可以保障救援人员进入危险区域后的安全，可基本上避免对救援人员的可能伤害和对被救援人员的二次伤害。

（4）因为预案已对救援和救治受伤人员的工作做了周密的安排，可保证受伤和遇险人员尽快地被救出后及时送往医院，得到全力以赴的救治，因而有利于实现更好的救援效果。

（5）事故的预案已对救援工作的组织、指挥系统、工作程序要求、协调配合要求和可能出现问题的处理方法等作了详细安排（条件许可时可进行一次演练），因而可以实现紧张有序、处置得当、快速高效的要求，避免出现仓促上阵、指挥混乱、贻误时机等问题。

（6）由于预案已对解决救援所需资源（人力、设备、物资和通讯等）作了详细的计划安排，包括在特大事故出现后，紧急调集救助资源的安排，因而可以避免出现救助资源短缺、调集延误等问题。

（7）编制好应急救援预案需要进行一系列的调查研究工作，其主要内容包括：

1）有应急救援要求的建设工程生产安全事故的类型；

2）特大、重大事故应急救援工作繁重和困难程度的级别；

3）可供调用的现有应急救援资源的情况，不足部分的解决办法；

4）抢险、排险措施和确保救援工作安全要求中需要解决的技术和管理保证问题；

5）涉及解决加快应对反应和投入抢（排）险救援工作的速度，避免在某些工作环节上发生滞阻的问题。对涉及抢险求援方案的筛选、优化要求和抢险救援资源的优化配置问题；

6）涉及抢险救援工作机制与日常工作机制的协调，即如何建立起既保证救援工作、又不误日常工作的"应急机制"的问题。

以上调查研究工作是编制预案的基础和依据资料，不但可填补长期以来在应急救援工作中存在的不足，而且也会对促进建设工程安全生产科技的发展和管理工作水平的提高具有重大的作用。

5.2.3 应急救援预案的编制要求

（1）把握好"应急救援"的核心要求

预案的核心是应急救援，且在确保安全的前提下，争分夺秒实施紧急的抢险和排险救援工作，实施"安、急、抢、排、救"的五字应急救援要求。

（2）突出重点

对纳入预案的突发事态及其急迫和困难程度类别界定的阐述；各类事态下进行安全抢（排）险救援工作的总体方案、各环节的工作要求和技术措施；抢（排）险救援工作的机制、组织和指挥系统；抢（排）险救援工作总体和分项的工作（作业）程序与监控要求；应急救援所需人力、设备、物资的配备、调集和供应安排。

预案应突出上述 5 项重点内容，在各项中又应突出起控制作用的、要求严格实施（即禁止随意更改、变通）的、在各项之间有紧密联系和配合关系以及本行政区域、本企业和本工程的特定情况、条件和要求的内容。

(3) 加强针对性

即密切结合本行政区域、本行业、本企业和本工程在安全生产方面的实际情况、基础条件和存在问题，分析可能发生事故的类型、级别及引起原因，有针对性地制定预案，力争达到以下两个要求：确定纳入预案考虑的事故类型及其险情程度和救援任务具有出现的实际可能性；应急救援预案的措施和工作安排符合实际条件的可能性，即在事态出现以后能够基本上实施。

(4) 确保反应迅速、启动及时

在预案中，必须建立起通畅的、保证不会发生贻误和阻滞、不会影响及时启动应急救援工作的迅速反应系统，包括事故上报（以最快的速度上报安全生产监督管理部门和上级主要负责人与安全生产管理部门）系统、应急救援机制启动系统、"战时"（应急救援期间）人员上岗就位系统和应急救援资源调配系统等，以实现在事故发生后，及时上报和启动救援工作的要求。

(5) 确保操作程序简单、工作要求明确，并可以实现快速调整

1) 预案规定的操作程序应简单、工作要求应明确，以便各级指挥和工作人员能按照预案紧张有序地开展应急救援工作；

2) 预案可以实现快速调整，一般说来，在实施中往往需要对预案进行这样或那样的调整，应避免因调整造成程序的紊乱和配合的脱节。

因此，在编制预案时，应同时编制修改调节程序，根据情况和安排的变化，可以迅速完成对预案的修改；亦可采用在编制中多考虑几种可能性及相应的安排。

(6) 确保分工合理、责任明确、协调配合顺畅

1) 预案能否顺利实施并达到快速、高效的要求，除方案合理、措施得当外，还需要有统一的指挥与各部门各司其职、各尽其责；

2) 预案必须解决好实现分工合理、责任明确和协调配合通畅要求的各项有关问题；

3) 在政府级预案中，应当明确政府行政主管部门、施工单位及其他有关方面的分工、配合和协调要求及相应的责任；在企业级和项目级预案中，也需要考虑政府行政主管部门介入后的相应安排。

5.2.4　在编制预案时，应首先研究确定的事项

(1) 应急救援预案的级别和类型划分

1) 建设工程生产安全事故应急救援预案的级别

一级预案为由副省级以上建设行政主管部门主持编制和实施的应急救援预案；二级预案为由县级和地级建设行政主管部门主持编制的应急救援预案；三级预案为由施工企业编制和实施的应急救援预案；四级为由建设工程项目主持编制和实施的应急救援预案。

在这四级预案中，又可分为甲、乙两个级差，省级、地级、集团型施工企业（一级公司）和全厂性、群体性、特大与重大工程项目的预案分别为甲一级、甲二级、甲三级和甲四级；副省级、县级、公司型施工企业（或集团之下的二级公司）和一般性单体工程项目的预案分别为乙一级、乙二级、乙三级和乙四级。

2) 建设工程生产安全事故应急救援预案的类型划分

在各级应急救援预案中，又可分为综合和专项两类，综合型为对多种事故的应急救援

预案；专项型为只对一两种事故的应急救援预案。

在每一种预案之中，考虑到救援的困难程度和任务量（涉及投入资源量的大小），将其分为 A、B、C、D 等级别，以便投入适合的救援资源。应急救援资源的投入以满足需要、适当增加机动量为宜，超出需要的过多投入，反而会造成混乱和不安全。

（2）应予考虑编制应急救援预案的生产安全事故

在建设工程施工期间，有应急救援需要的生产安全事故共有由各种原因引起而呈现各种危险事（状）态的火灾事故、坍塌和倒塌事故、电气事故、起重吊装和安装事故、机械和设备事故以及中毒和窒息事故等六大类。这六类有应急救援需要的事故中，电气事故与火灾事故之间有较多关联，可以合到一起编制"火灾与电气事故应急救援预案"，起重吊装和安装事故与机械和设备事故之间也有较多联系，也可合在一起编制"机械设备和起重安装事故应急救援预案"，再加上"坍塌和倒塌事故应急救援预案"和"中毒和窒息事故应急救援预案"共有 4 种专项应急救援预案。

而综合性应急救援预案除应有上述四类应急救援预案内容外，还应有一节"其他类型事故应急救援工作安排的要点"。"其他类型事故"包括爆炸、天灾（暴风、暴雨、暴雪、龙卷风）、特种工程事故和其他不可预见事件等。行政主管部门和施工单位应根据地区或单位安全生产的条件、水平以及过去发生事故和查出隐患的情况，按针对性要求确定编入预案的生产安全事故项目，亦可适当的增项。

编制预案的目的是应对可能出现事故的应急救援需要，虽要求预案的编制应简明，但必要的内容不能缺少，并应周到具体。

（3）应急救援措施的编制安排

应急救援措施，就是及时抢救在事故中受伤和被困人员，使被困人员安全脱险、受伤人员及时送往医院救治的措施。措施的时段从进入现场救援人员（包括在现场未受伤和撤出并参与抢险救助工作的人员）进行救援工作开始，到使全部被困人员平安脱险和将全部受伤人员交给医院人员进行急救处置后送往医院为止。在这个过程中，必须采取措施控制事态的进一步发展，排除或消除救援通道的险情，确保救援人员的安全与受伤和遇险人员不受二次伤害，因此，纳入预案的应急救援措施，实际上就是以可靠的技术保障，实现安全抢险、安全排险和安全施救工作的措施，亦可称其为"三安措施"，而抢（时）、排（险）、救（助）则是其核心内容。

应急救援措施应依事故及其事态情况和"三安"要求进行编制，并在执行时常需依实际的情况及变化做必要的调整。因此，在编制时应深入考虑和研究可能出现的事态变化、纳入预案，使其具有对实际情况的较好的适应性。因为救援措施决定了应急救援工作的资源投入和组织实施，所以，应急救援措施在预案编制中占有极为重要的位置，并需要早些确定下来。

火灾和坍（倒）塌事故应急救援措施的内容一般包括以下 9 个部分：事故的险情判断和救援任务；救援工作程序；控制事态的发展和变化；开辟救援的工作面或通道；移开或吊运阻碍救援工作的大、重物件的措施；清除或稳固影响救援安全的危险物的措施；需要及时处置新出现的事态；安全救出遇险和受伤人员的措施；对救出人员的现场急救处置的措施。

（4）应急反应系统的考虑事项

预案中的应急反应系统，就是在事故发生后立即启动的报告、上岗、组织和调度系统，施工单位应能以最快的速度向上级和主管部门报告事故的事态情况，通知各级主要负责人立即启动事故救援应急机制，下达上岗就位、调集救援资源和投入抢救工作（安排）的指令，及时反馈工作落实和进展情况，保证应急救援工作紧张而有序地顺利进行。因此，它不仅是一个快速反应的信息系统，还是抢（排）险救援指挥工作的神经中枢，是预案的重要组成部分，必须满足迅速、有备和准确的应急反应要求。

应急反应系统由事态报告与信息传递、应急机制的启动与结束、救援指挥与工作处置、救援资源的调集与投入和执行反馈与工作请示等5个部分所组成，为其提供支持的为预案中的应急救援工作组织、应急救援资源配置、应急救援工作程序和应急救援措施。应急救援系统和支持系统一起，就构成了完整的应急救援工作体系，应急反应系统和支持系统组成的运行机制情况如图2-1所示。对应急反应系统的要求可以归纳为三个快速、四个有备和两个准确。

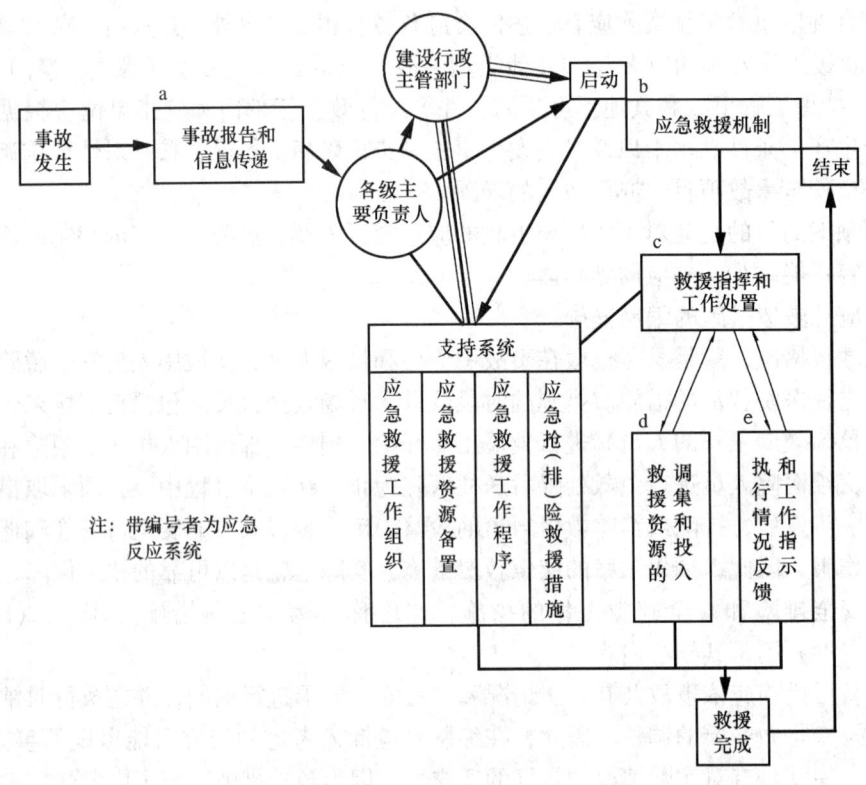

图 2-1　应急救援工作体系

1）"三个快速"。它包括快速报告事故、快速上岗就位和快速展开救援。快速报告事故是指从事故发生时刻起，到通知到施工企业主要负责人，应不超过20min，企业向建设行政主管部门呈报，应不超过40min；快速上岗就位是指企业主要负责人和建设行政主管部门接到报告后，立即启动应急救援机制，从启动应急救援机制的时刻起，在30min内，各级指挥员、管理人员和救援人员应当到岗就位；快速展开救援是指工程项目主要负责人在发出报告后，立即按预案规定组织现场人员进行抢险救援工作，各级负责人到岗就位后，应在30min内作出安排，全面展开救援工作；

2）"四个有备"。它包括救援组织和指挥系统有准备；救援方案、措施和工作程序有准备；第一批投入的救援资源（人力、物力、设备）有准备；救援资源的后续投入有准备；

3）"两个准确"。它包括传递信息要准确和传达指令要准确。为了使应急反应系统达到切实可行和真正有效，还应注意两点：一是建立生产安全事故救援热线，确保每日24h畅通，无论任何时刻发生事故，都可以立即呈报给主要负责人，马上启动应急救援机制；二是必须定期组织演练。《条例》对组织演练的规定，主要就是演练预案的应急反应系统是否完善有效，是否可以达到快速反应、以最大限度地拯救生命和减少伤亡。

5.3 建设工程生产安全事故的上报和调查处理

5.3.1 生产安全事故的上报、应急处置和事故现场的保护

在发生生产安全事故之后，事故现场有关人员应当立即报告施工单位负责人，单位负责人接到报告后，应做好如下工作：

（1）立即赶到事故现场，认真查明情况。

（2）立即向当地负有安全生产监督管理职责的部门报告和建设行政主管部门如实报告。

（3）立即组织进行抢（排）险、疏散和救援工作，防止或阻滞事态发展与事故扩大、最大限度地减少人员伤亡和财产损失，同时做好事故现场的保护工作。已办理职工意外伤害保险者，还应立即通知保险公司派人到场，以便其查验事故情况并着手理赔工作。

负有安全生产管理职责的部门接到事故报告后，应当立即逐级上报。死亡事故应上报到省（自治区、直辖市）安全生产监管部门；重大死亡事故应报至国务院安全生产监管部门；特大事故应立即报告所在地省（自治区、直辖市）人民政府和国务院有关部门，省（自治区、直辖市）人民政府和国务院有关部门接到报告后，应立即向国务院报告。

一次发生死亡3人以上的重大伤亡事故时，应当在事故发生后2h内报建设部，2h内出书面报告。报告的内容包括事故发生的时间、地点、工程项目、企业名称、事故发生的扼要经过、伤亡人数、对直接经济损失的初步估计、对事故发生原因的初步判断、事故发生之后采取的控制事态发展、防止事故扩大、抢（排）险和救援措施及其执行和进展情况、存在的困难和问题等。以上内容要如实上报，如实上报就是将全部真实的情况原原本本地上报，不得隐瞒、不得作假、不得少报、不得拖延不报、不得粉饰，同时也不要夸大。

在进行抢（排）险和救援工作时，应注意保护事故现场，其要求和做法为：

（1）在开始进行抢（排）险救援工作之前和抢救工作进行之中对现状有挠动与改变时，先行拍照，并将拍照的时间、地点、张数和拍照人记录在拍照笔记本上，以备使用时查对；

（2）拍照的同时，进行事故现场状态图的绘制，包括平面图和显示空间状态的立面图，并注上应有的尺寸和状态说明文字；

（3）因抢救工作需要移动现场物品时，必须作出标志（竖牌、定点、标出状态和位置线等），并在事故现场状态图（复印件）上详细注明。事故照片和现场图都是分析事故原因和进行处理工作的重要依据和证据，必须清晰拍照和准确绘制，具签负责（已办意外伤

害保险者，还应有保险查验人员的签认），不得以虚掩实、避重就轻，甚至故意破坏事故现场、毁坏有关证据。否则，必将追究其相应的法律责任。

5.3.2　生产安全事故的调查处理

建设行政主管部门主持或参与（安全生产监管部门组织和主持的）对建设工程生产安全事故的调查，并依法对事故责任单位和责任人进行处罚、处理。处罚和处理工作的主要法律依据有《安全生产法》、《建筑法》、《中华人民共和国刑法》、《中华人民共和国行政处罚法》、《国务院关于特大安全事故行政责任追究的规定》、《特别重大事故调查程序暂行规定》、《企业职工伤亡事故报告和处理规定》和《工程建设重大事故和调查程序规定》等。

事故的调查和处理工作，应当按照严肃认真、实事求是和尊重科学的原则，及时准确地查清事故原因，查明事故性质和责任，总结事故教训，提出整改措施，并对事故责任者提出处理意见。对于事故调查和处理工作的要求，过去曾有"三不放过"的提法，现在根据加强责任管理的要求，将其表达成"四不放过"，即：查不清事故原因和责任不放过；责任单位和责任人没有得到严肃认真的处理不放过；有关单位、有关人员和群众受不到教育不放过；没有制定出整改和加强安全工作的措施不放过。因此，全面深入地进行调查研究、查清事故引发的原因和责任、提出处理和整改意见是事故调查处理工作中三个重要相互关联的工作环节。

对事故进行调查要全面深入，进行全面深入调查是查清事故的原因与责任者的前提和基础。而要使对事故的调查达到全面深入的要求，则需要具有以下条件：

（1）具有对调查工作的严格要求和认真态度。

（2）调查组由符合要求的人员组成。对成员的要求，一是有调查所需要的相关方面的专长；二是与所发生的事故没有直接利害关系；三是具有能胜任调研工作的经验和水平。对事故进行调查一般都应有相应级别的专家参加，对于特别重大和有重大影响事故的调查工作，必须聘请高水平专家参加调研或进行技术鉴定和财产损失评估。

（3）具有全面细致的调研工作计划与必要的工作时间和工作条件。此外，调查组进入时间的早晚、事故现场的保护状况或破坏程度、当事单位和当事人的配合情况（包括是全力支持、或有意阻挠等）等，也都是影响调查工作能否顺利进行和取得符合实际情况成果的重要因素。当调查组遇到有意隐瞒情况、破坏事故现场、毁灭证据和设置障碍等情况时，应首先查清这类问题后、给予严肃处理，以确保调查工作的正常进行。

（4）调查工作的全面和深入要求，可以归纳为以下的 10 个查清：

1）查清事故的确切发生时间与事故的原发地点、起因物与致害物及伤害方式；

2）查清事故发生前已存在的不安全状态（事故隐患）和蕴育、发展、启动的征象与表现；

3）查清从事故开始蕴育到发生这段时间内采用的措施；

4）查清管理与作业人员不当的、违规的、渎职的指挥与操作行为以及其他不安全行为；

5）查清在事故现场的人员和当事人员及其在事故发生后的反应和表现；

6）查清引发事故有关的勘察、设计、技术、计算、设备、材料、操作和管理等方面的因素；

7）查清有关的安全法律、法规、标准、规定和制度的执行情况以及其中存在的不科学、不健全和有缺陷的问题；

　　8）查清是否有应急救援预案、应急救援组织和设备的备置与应急启动情况；

　　9）查清特种技术和安全要求的落实执行情况；

　　10）其他需要查清的事项，包括在调查中发现的需要查清的问题。

　　查清事故引发的原因和责任，需要有两个坚实的基础：一个是达到10个查清要求的全面深入的调查资料；二是实事求是的、全面的分析。全面的分析工作应当达到以下要求：

　　（1）分清引发事故的主要原因和次要原因、直接原因和间接原因、不可抗拒因素和人为因素、技术因素、设备因素、投入因素与管理因素；

　　（2）根据事故原因的分析，确定事故所涉及的责任单位和责任人，以及责任单位和责任人相应承担的主要责任和次要责任、直接责任和间接责任、技术责任和设计责任、管理责任与执行责任、指挥责任与操作责任、领导责任与监控责任；

　　（3）对责任的确定必须以对事故原因的分析为依据，确定应适当。

　　在调查结论的基础上，依据有关法律、法规和规章，对事故的责任单位和责任人提出处罚和处理意见，做到过与责相当、过与罚相当，即负什么责任，就应受到相应责任和过失的处罚，除法律、法规确定的依其过失情节和程度的处罚幅度外，试图找"理由"以对责任者从宽、从轻处理的做法，是不可取的，因为这种做法会削弱法律、法规的严肃性，助长责任者的侥幸心理和不正之风。除不可抗力原因外，事故的发生说明了相应的工作有过失，不能以主观动机和其他较好的工作来抵消或减轻过失所造成的后果，责任者必须为其过失承担责任。就安全生产工作的发展要求来看，严格责任管理和严格依法惩处是必然趋势，有关单位和人员必须根除侥幸心理、扎实做好工作，才能避免受到严厉的惩处。

　　《建筑安全生产监督管理条例》已将安全责任和法律责任的规定，向前扩至建设工程安全生产要求的各个工作环节上，并对责任者施以相当严厉的惩处，体现出了这一发展趋势的要求，因此，对已发生事故的责任者必须严格执行惩处的规定。虽然惩处不是目的（确保安全、杜绝和减少事故的发生，才是目的），但严格的、不开口子的惩处却是确保达到这一目的的重要手段。

　　对事故单位提出安全工作整改要求和意见并监督其实施，是事故调查处理工作中的又一重要环节，其主要的要求是：

　　（1）要有针对性：针对引发事故的原因和事故单位安全生产工作中的存在问题，提出整改的要求和意见。

　　（2）要有时限性：一次或分期限制完成整改工作的时间。

　　（3）要有提升性：通过事故的教训和整改工作，达到将事故单位的安全生产管理工作的整体水平提升的要求。

　　（4）要有引导性：引导采用先进的技术和管理，通过点上实践推广到面上。

复 习 思 考 题

1. 建设单位的"七应当"、"三不得"、"一保证"的含义是什么？
2. 阐述建设单位目前的不规范市场行为、违法和违规行为以及其他不正之风的几个方面表现。

3. 为什么说建筑工程单位是生产安全的责任主体之一？

4. 建设单位在施工过程中主要存在哪些问题？

5. 阐述勘察单位的安全责任事项。

6. 阐述设计单位的安全责任事项。

7. 阐述工程监理单位的安全责任事项。

8. 阐述施工机具设备安装单位的安全责任事项。

9. 施工单位对施工安全工作内容应从哪些具体工作提高认识？

10. 施工单位在施工中应当达到哪"五个适应"和"三个确保"？

11. 我国建设工程生产安全的监督管理有哪几种形式？

12. 政府主管部门的安全监管工作，能全面提供哪些具有强制性行政处理权的监督管理服务机构？

13. 应急救援预案分为哪几级？

14. 对事故单位提出安全工作整改要求和意见有哪几点？

15. 在发生生产安全事故之后，事故现场有关人员应当立即报告施工单位负责人，单位负责人接到报告后，应做好哪些工作？

16. 对应急反应系统的要求可以归纳为哪"三个快速"、"四个有备"和"两个准确"？

17. 对安全事故单位提出安全工作整改要求和意见、并监督其实施，是事故调查处理工作中的又一重要环节，其主要的要求有哪些？

18. 对安全事故调查工作的全面和深入要求，可以归纳为哪十个查清？

19.《建筑安全生产监督管理条例》规定县级以上建设行政主管部门在其职责范围内履行安全监督职责时，具有哪些权力？

20.《建设工程安全生产管理条例》对施工单位安全责任的规定，体现了对施工单位哪些基本的要求？

21. 国务院建设行政主管部门对全国的建设工程质量实施统一监督管理，国务院铁路、交通、水利等有关部门按照国务院规定的职责分工，它们负责全国什么工程质量的监督管理？

单元 3   现场施工安全技术管理

课题 1   概   述

1.1   安全目标管理

安全目标应有企业制定全年的安全生产、文明施工及安全伤亡事故频率的总目标，即项目部根据企业的生产指标，制定相应的安全生产目标、文明施工目标以及工伤事故目标。

目标制定后，项目经理、项目技术负责人和专职安全员应按要求，在开工前编制施工现场安全生产责任制，报公司审批后，下达给各部门和每个人，在现场进行安全目标达标管理。

安全目标可以按责任人分解，也可以按部门分解，还可以按时间分解。对于目标考核，按制定的目标管理考核办法及时进行，还要有考核记录和考核结论。

1.2   建立安全生产责任制

（1）建立各负责人和各级、各部门的安全生产责任制

1）企业的管理责任人：企业经理、总工程师、生产副经理、分公司经理、分公司副经理、分公司技术负责人、有关科室负责人、项目经理、施工员、技术员、安全员、班组长、工人等安全生产责任人制度；

2）企业的管理机构：企业中生产、安全、技术、机械、材料、财务、教育、劳动、卫生、人事、保卫、消防、宣传、行政等机构的安全生产责任制度。

（2）对责任制的考核

应建立考核领导小组，并制定相应的考核办法，有相应的考核记录。考核办法为按每月一小考、半年一中考、一年一总考进行考核，考核对象为工程项目部的各管理人员。

1）各种岗位责任制度建立后，要作为对有关的科室、责任人进行考核的依据；

2）经济承包合同中的安全生产指标，主要包括公司的安全生产目标、项目部的安全生产指标、工人的安全生产指标；

3）制定相应的安全生产操作规程，及时对工人进行操作规程的培训及考核。

（3）人员配备

各级各部门人员都要持证上岗。建筑工地面积 10000m^2 以下配备一名专职安全员，10000~50000m^2 配备 2~3 名专职安全员，50000m^2 以上的大型工地，按不同专业组成安全管理组，全面地进行安全检查。

1.3 安全施工组织设计

安全施工组织设计的内容主要有：工程概况、安全施工方案和施工方法、防火、防盗、不扰民措施、季节性施工安全措施、安全生产注意事项、施工进度计划、施工准备、工作计划、各种材料需用量计划、施工平面图、主要安全技术保障措施、技术经济指标、环境保护等。

施工组织设计必须经公司技术负责人、总工程师审批和监理单位审批。对专业性较强和危害性大的项目，均应编制相应的专项施工组织设计或安全施工方案。如：基坑支护、脚手架、施工用电、模板工程、"三宝"、"四口"防护、塔吊、物料提升机、人货两用电梯等。各企业所制订的安全措施必须对本单位有针对性，有的放矢，切实可行。

1.4 安全技术交底工作

安全技术交底的各分项工程包括：基础工程、主体工程、屋面工程、门窗工程、脚手架工程、吊装工程、临时用电工程、垂直运输机构、施工机械、水暖通风工程、电气安装工程、消防安装工程、临设工程等。安全技术交底工作要注意如下事项：

（1）不能口头交底，必须要有相应的书面交底，交底至少一式三份，交底人与被交底人各留一份，一份放入安全资料档案内。

（2）要坚持三级交底制度，即公司安全技术部门对项目部，项目部对班组，班组对工人。

（3）及时办理签字手续，交接人必须亲自签字，不能代签。

（4）交底内容要全面，并对本单位的工程具有针对性地进行交底。

（5）对其技术交底应满足时间的有效性，同一工种、同一作业班组、同一工序交底时间不得超过30天。

1.5 安全的检查工作

施工现场必须建立定期安全检查制度，定期安全检查的要求为公司每季度一次，分公司每月一次，项目部每周检查一次，班组班前必检一次，对专业性安全检查、季节性安全检查等特殊性检查或验收可按有关规定执行。安全的检查工作要注意以下几点：

（1）每次检查应记录全面，打分表齐全，检查记录要存档。对检查中出现的事故隐患要定人、定时间、定措施整改。

（2）对重大事故隐患应下发隐患整改通知书。

（3）所列项目完成的期限应由安全员在项目经理的配合下监督完成，并签署验收人及验收时间，验收意见等内容。

1.6 安全的教育工作

企业应建立三级安全教育制度，并认真执行。三级安全教育包括公司教育、项目部教育、班组教育，其内容应为国家和地方性法规，公司的安全制度，安全操作规程，劳动纪律等内容。

新进场工人要进行三级教育并考核合格后方能上岗，工种变换时也应进行安全教育，特定情况下应进行安全教育，特定情况包括季节性改变、节假日前后、工作对象改变、工作环境改变、工种变换、新工艺设备、发现事故隐患等情况。

安全教育要有相应的教育培训记录，施工管理人员要按规定进行年度培训考核。

1.7 施工前的安全活动

企业必须建立一套完整的班前安全活动制度，班前的安全活动必须要有针对性。各施工班组在当班前必须检查工作环境、安全条件、机械设备的安全防护装置、个人防护用品等，而且每个班组都应有各自的活动记录本，记录当天的安全活动内容。

1.8 特 种 作 业 上 岗

建筑行业特种作业人员包括电工、架子工、电（气）焊工、爆破工、机械操作工（平刨、圆盘锯、钢筋机械、搅拌机械、打桩机械等）、起重工、司炉工、塔吊司机及指挥人员、物料提升机（龙门架、井架）、外用电梯（人货两用电梯）司机等、信号指挥、厂内车辆驾驶员、起重机械拆装作业人员等。从事特种作业的人员必须有安全培训合格证和上岗证，并且应按要求进行考核。

1.9 工 伤 事 故

施工现场应建立工伤事故登记制度，对工伤事故必须按"四不放过"原则进行处理，即事故原因不查清不放过、事故责任者和群众没有受到教育不放过、有关责任人得不到处理不放过、没有防范措施不放过。现场无论有无伤亡事故，均需按时填写伤亡事故月报表，在规定时间内上报公司安全部门。如果有事故发生，事故发生单位应严格保护事故现场，采取有效措施抢救人员和财产，防止事故扩大，并且应该及时上报有关部门，并组织有关人员进行调查分析，写出事故调查分析处理报告，呈报有关部门。

1.10 安全的各种标志

安全标志是用以表达特定安全信息的标志，由图形符号、安全色、几何形状边框或文字构成。使用安全标志的目的是提醒人们注意不安全的因素，防止事故的发生，起到提醒广大施工人员注意安全、保障人身安全的作用。

施工现场的安全标志主要有：禁止标志、警告标志、指令标志、提示标志，其注意事项如下：

（1）施工现场安全标志牌不得集中挂在同一位置。

（2）现场挂置位置应与现场平面图位置一致。

（3）主要施工部门、作业点和危险区域及主要通道口均应挂设相关的安全标志。悬挂高度距地面在 2.5m 以上 3.5m 以下最好。

（4）施工机械设备应随机挂设安全操作规程。

（5）各种安全标志必须符合国家《安全标志》（GB 2894—1996）的规定，制作美观、统一。

（6）施工现场使用的安全色，必须符合国家标准《安全色卡》（GB 6527.1—1986），安全色有四种颜色：

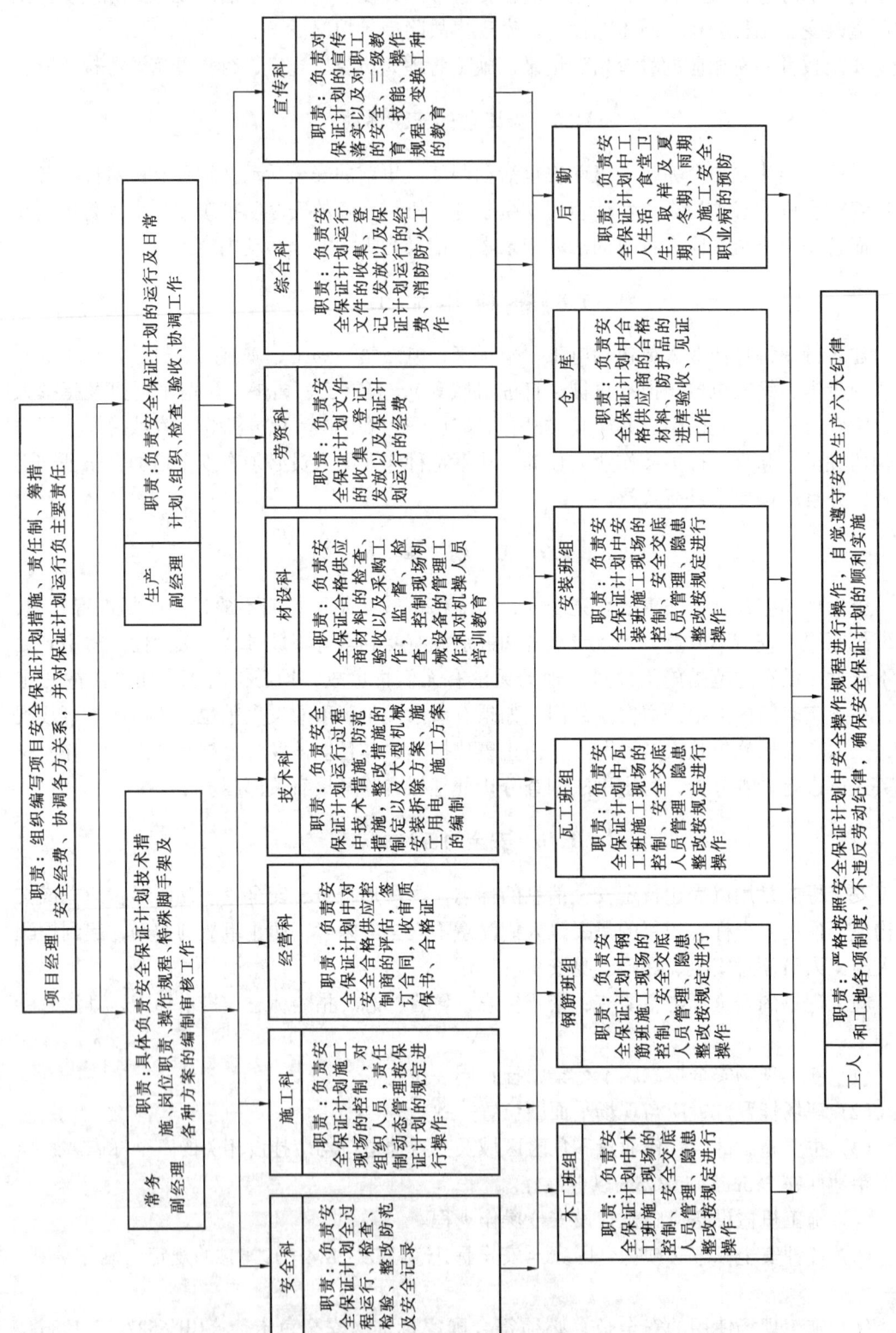

图 3-1　安全管理保证体系

58

1）红色——禁止、停止；
2）黄色——警告；
3）蓝色——指令；
4）绿色——提示、安全。

（7）施工现场各种防护栏，一般情况应使用红白相间的颜色，也可用黑黄相间的颜色，对于同一工地，不得混用，要统一。

1.11　安全资料的建档工作

现场安全资料应由安全资料员或安全员负责收集整理，并做到以下几点要求：

（1）及时认真收集，积累和分类编制；

（2）对资料定期进行整理和鉴定，确保资料的真实性、完整性和价值性；

（3）要分科目装订成册，进行标识，编目和立卷存档，切忌编造。

1.12　安全管理保证体系

我国的安全管理保证体系如图 3-1 所示。

课题 2　文　明　施　工

2.1　现　场　围　墙

现场围墙必须有项目技术负责人设计详细施工图及设计说明，经项目经理审核，报公司批准后方可施工，施工时必须连续设置，做到全封闭施工。围墙做法在满足各企业要求的同时，必须满足各地地方政府的要求，围墙做到"美观、大方、节约"。若无特殊要求，可以按如下方案施工：围墙厚度一律采用 240mm 砖墙；围墙内外侧要用砂浆抹平，刷白；临街工程围墙高度不低于 2.5m，用砂浆抹平，外侧距地面 50cm 及距围墙顶端 30cm 刷标准蓝色带，中间刷白色，非临街工程围墙高度不低于 1.8m，内外侧采用砂浆抹平刷白，外侧距地面 30cm 及距墙顶 20cm 刷标准蓝色带，中间刷白部分一律书写红色楷书标语；围墙顶部均为简易仿古压顶（刷暗红色）。

2.2　封　闭　管　理

（1）施工现场要设置大门，位置要适宜人员和车辆进入。

（2）紧靠大门内侧设治安室，室外悬挂治安保卫制度、责任人及治安保卫电话，并配备专职保安人员。门口应有来访人员登记本及值班人员交接班记录。

（3）进入施工现场人员必须佩带工作卡，项目经理、技术负责人为红色，管理人员为绿色，工人为白色。大门上应设立企业标志，门梁高度应大于 4m。

2.3　施　工　现　场

（1）施工现场地面应做硬化处理，1000 万元以上的工程，道路必须采用混凝土硬化，而对于小型工程现场道路应采用 3∶7 灰土，砂石路面硬化，但搅拌机场地、物料提升机场地，砂石堆放场地及其他原材料堆放场地等易积水场地，必须混凝土硬化，其他场地可采用砖铺地或砂石硬化。

（2）施工所经过的道路必须畅通，施工现场道路应在施工总平面图上标示清楚，道路不得堆放设备或建筑材料。施工现场场地应有排水坡度、排水管、排水沟等排水设施，做到排水畅通、无堵塞、无积水。

（3）施工现场应设污水沉淀池，防止污水、泥浆不经处理直接外排造成堵塞下水道，污染环境。施工现场不准随意吸烟，应设专用吸烟室，既要方便作业人员吸烟，又要防止吸烟引发火灾。

（4）施工现场绿化。温暖季节，施工现场必须有适当绿化，如盆景、图画，并尽量与城市绿化协调一致。

2.4 材 料 堆 放

施工现场办公室应挂总平面布置图，现场材料堆放应与总平面图标示位置一致，不得随意堆放，堆放材料应有标示牌，其内容为：名称、规格型号、批量、产地、质量等内容。材料堆放应做到整齐，并按下列规定堆放：

（1）钢筋堆放垫高 30cm，一头齐，并按不同型号分开放置。

（2）钢模板堆放垫高 20～30cm，一竖一丁，成方扣放，不得仰放。

（3）钢管堆放垫高 20～30cm，一头齐，并按不同型号分开堆放。

（4）机砖堆放应成丁成排，堆放高度不得超过 10 层。

（5）砂、石堆放在砌高 60～80cm 高的池子内，池内外壁抹水泥砂浆。

（6）水泥库要有门有锁，有防潮措施，堆放高度小于 10 层，远离墙壁 10～20cm，并应挂设品名标牌。

（7）易燃物品应分类堆放，易爆物品应有专门仓库存放，存放点附近不得有火源，并有禁火标示及责任人标示。

施工现场应建立清扫制度，落实到人，做到工完料清、场地清，不使用的机械设备、机具及时出场。建筑垃圾应及时存放于建筑垃圾堆放池，池内外壁抹水泥砂浆，并定时清运，严禁随意堆放，垃圾堆放处应挂设标牌，显示名称及品种。

2.5 现场临建设施与防火

（1）现场临建设施

1）在建工程不得兼做住宿及办公，施工楼层严禁住人，施工现场的生产区与生活办公区原则上应相互分离，并有隔离带。对于施工现场特别狭窄难以分开的，必须做好安全防护工作。生产区进口应设整容镜，两边写"用好保护用品，保障安全生产"或"为了个人和他人安全，请用好安全防护用品"等标语。生产区进口处应有值班人员，不戴安全帽、穿拖鞋等违规人员及小孩禁止入内。生活区，应设茶水处，并有责任人和形象标示，茶水桶应落锁；

2）现场临建设施主要包括办公室、会议室、娱乐室、项目部工会小组办公室、食堂、餐厅、宿舍、仓库、厕所、淋浴室、门卫室、医疗室、配电室、钢筋棚、木工棚等等。临建设施除钢筋棚、木工棚、厂棚外，都应有吊顶、纱门和纱窗，窗不要设前、后窗，窗口面积大于 1.5m×1.8m 时，必须由项目技术人员负责设计施工图，并经项目技术负责人及项目经理审核，报公司总工程师批准后方可搭建；

3）宿舍应确保主体结构安全，设施完好，禁止用油毡、竹板等易燃材料搭设的简易工棚做宿舍，宿舍内应有通风、透光、保暖、消防、防暑、防中毒、防蚊虫叮咬等措施。六人以上宿舍门应向外开，室内电线排线整齐，统一使用钢管床，床与床间应留 1~1.5m 的活动空间；宿舍要配备职工贮物柜、碗柜和学习用具等，并在墙上悬挂卫生管理制度、宿舍人员名单、责任人及值日表和其他有关标语；宿舍内每个职工应该配置有关学习资料。宿舍内严禁堆放施工用具等杂物，生活用品摆放整齐。床头应设床头卡，内容显示：姓名、性别、年龄、工种、籍贯、身份证号码等，夏季宿舍必须安装电扇；

4）宿舍周围应清洁卫生，有排水明沟不积水，宿舍有防盗措施，保安人员要经常巡逻检查；施工现场应设住外人员更衣室，内配更衣柜、衣架等设施；

5）施工现场适当位置（一般设大门口附近）设安全生产教育台，两侧可写对联"安全第一，预防为主"，横批写"安全生产教育台"。

（2）现场防火

现场施工中，必须高度注意防火工作，其主要内容如下：

1）建立消防制度，配备灭火器材，并有消防措施；消防器材配备，灭火器一般每处不少于 3 个，并保证满足消防要求；制定动火审批手续和实行防火监护制度。

2）下列工程应设临时消防给水：高度超过 24m 的工程；层数超过 10 层的建筑工程。当施工面积较大的工程，其工程消防给水，可以与施工用水合用。

3）工程消防给水管网。工程临时消防栓，竖管不应少于两条，宜成环状布置，每根竖管的直径应根据要求的水柱股数，按最上层消防栓出水量计算，但应不小于 100mm。高度小于 50m，且每层面积不超过 500m² 的塔式住宅及公共建筑可设一条临时竖管。

4）工程临时消防栓及其布置。工程临时消防栓应设于各层明显且便于使用的地点，并保证消防栓的充实水柱能达到工程内任何部位，栓口出水方向宜与墙壁成 90°，离地面高度为 1.10m，消防栓口直径为 65mm，配备软管水带长度不应超过 25m，水枪喷嘴口径应不小于 19mm，每个消防栓处，宜设起动消防水泵的按钮。

5）施工现场灭火器配备：

a．一般临时设施区，每 100m² 配备 10L 灭火器 1 只；

b．大型临时设施总面积超过 1200m² 的应配备有专供消防用的太平桶、积水桶（池）、黄砂池等器材设施，上述设施周围不得堆放物品，保障人员畅通；

c．临时木工间、油漆间、木工机具间等，每 25m² 应配置一个种类合适的灭火器。油库、危险品仓库应配备足量种类的灭火器；

d．仓库或堆放场内，应根据灭火对象的特性，分组布置酸碱、泡沫、清水、二氧化碳等类型灭火器，每组灭火器不少于四个，每组灭火器之间的距离不大于 30m。

2.6 施 工 标 牌

施工现场要设立读报栏、宣传栏、黑板报等。施工单位的大门口处应推荐悬挂"八牌二图"，"八牌"即施工单位名称牌、工程概况牌、门卫制度牌、工地名称牌、安全生产六大纪律宣传标语牌、安全无重大事故计数牌、工地主要管理人员名单牌、立功竞赛榜等宣传牌,"二图"即施工总平面图、卫生责任包干图。"八牌二图"要以板报形式设在大门附近醒目处,下框边沿距地面大于 1m。

操作规程牌按其性质,有固定场所的挂于操作处,无固定场所时集中挂于施工场地明显位置处。严禁将"八牌二图"挂在外脚手架上。

标牌挂设应做到规格统一,字迹端正,线条清晰,表示明确,摆放位置合理。施工现场应合理悬挂安全宣传和警示牌,标牌悬挂牢固可靠,特别是主要施工部位,作业点和危险区及主要通道口都必须有针对性地悬挂安全警示牌。

现场大门外,还应该有企业及工程简介和企业的有关荣誉奖牌彩印件,以提高施工企业在社会上的形象。

现场防护棚、安全通道的顶部防护层以下所有钢管、防护栏杆均要刷红白相间安全色,以提高现场文明施工气氛。防护棚及安全通道要设上、下两层竹笆,间隔 70cm。

2.7 生活保健设施

(1) 厕所墙壁贴白色瓷砖,高度 ≥1.8m,有条件的设置水冲式厕所,否则便槽必须加盖密封。厕所地面必须硬化。厕所不得露天设置,门口挂形象标示。六层以上建筑,应隔层设小便设施,厕所卫生做到专人负责,及时清理,并有灭蚊蝇孳生措施保持清洁卫生无气味。

(2) 职工食堂应有良好的通风和洁卫措施,保持卫生整洁,防蝇防鼠,炉膛门应设在室外,灶台上方必须加设大型换气扇,凡是有孔洞的地方均要用纱网防护,食堂门底部要加设 20cm 高薄钢板,地面硬化,内墙面贴高度大于 1.8m 高的白瓷片,案板台也应全部贴瓷砖。

(3) 食堂内要达到有关食品卫生的法律、法规规定的标准,并办理《卫生许可证》,炊事员要穿戴白色工作服、帽,持《健康证》上岗,闲杂人员禁止入内,同时食堂内应按功能分隔,如灶前、灶后、仓储间等特别是生熟食案必须分开并有纱网、纱罩。食堂内要有灭鼠器具,食堂物品不准随意堆放。食堂餐厅要干净卫生,要配备茶水桶、碗柜、吃饭桌椅、灭蝇灯、洗碗池、泔水桶、生活垃圾箱等,并要有责任人和管理制度,泔水桶和生活垃圾箱要加盖密封,并定时清理。

(4) 施工现场应设固定的男女淋浴室,墙壁刷白,并贴 2m 高的瓷砖墙壁,门口要喷涂形象标示,挂纱席或纱门,顶部出气孔要用纱网封闭。室内应配更衣柜、更衣椅、防水灯等设施。施工现场应设茶水供应设施,茶水桶要落锁,由专人管理。

(5) 现场仓库严禁住人、做饭,各种物品应堆放整齐,建立材料收发管理制度及登记卡。现场卫生要定人分区分片管理,并建立相应卫生责任制。

(6) 在施工阶段对于较大工地,应设医务室,有专职医生值班,而对一般工地无条件设医务室的,应配备经过培训合格的急救人员,该人员应能掌握常用的"人工呼吸"、"固定绑扎"、"止血"等急救措施,并会使用简单的急救器材,并同时配备就近医院的医生及巡回医疗的联系电话。

(7) 一般工地应配备医药保健箱及急救药品(如创可贴、胶带、纱布、霍香正气水、仁丹、碘酒、红汞、酒精等)和急救器材(如担架、止血带,氧气袋、药箱、镊子、剪刀等),以便在意外情况发生时,能够及时抢救,不扩大险情。

（8）为保障职工身体健康，平时应定期开展卫生防病宣传教育，尤其在流行病高发季节，并在适当位置张贴卫生知识宣传挂图。

2.8 文明施工检查

文明施工检查包括以下内容：

（1）施工现场应制定防粉尘、防噪声措施，并在工程开工前15d内向工程所在地人民政府环境保护主管部门申报。

（2）对夜间施工产生噪声的工序，以及因生产工艺等特殊情况必须在夜间连续施工的工程项目，应经当地政府环境保护行政部门批准，办理夜间施工许可证后方可夜间施工。

（3）施工现场除设有符合规定的装置外，不得在施工现场熔融沥青或焚烧油毡、油漆以及其他会产生有毒、有害烟尘和恶臭气体的物质。

（4）施工现场应制定因夜间施工的机械噪声、运料车辆影响周围道路交通及施工时砖块和其他物品高处坠落损坏附近居民房屋、烟尘污染周围环境等方面的不扰民措施。

（5）场容场貌与工地环境卫生检查应每周检查记录一次。

（6）防火安全检查记录，按要求每周检查记录一次，特殊情况可适当增加检查次数。

课题3 脚手架安全施工技术

3.1 落地式脚手架

3.1.1 基础与立杆的施工

（1）脚手架地基与基础，必须根据脚手架搭设高度、搭设场地土质情况与现行国家标准《建筑地基基础工程施工质量验收规范》（GB 50202—2002）的有关规定进行施工，脚手架底座底面标高宜高于自然地坪50mm。

（2）基础应该做到表面坚实平整、无积水，垫板无晃动，底座不滑动不沉降。垫板宜采用长度不少于2跨，厚度不小于50mm的木垫板，也可采用槽钢。每根立杆底部应设置底座。

（3）脚手架必须设置纵、横向扫地杆。纵向扫地杆应采用直角扣件固定在距底座上皮不大于200mm处的立杆上。横向扫地杆也应采用直角扣件固定在紧靠纵向扫地杆下方的立杆上。当立杆基础不在同一高度上时，必须将高处的纵向扫地杆向低处延长两跨与立杆回定，高低差应不大于1m。靠边坡上方的立杆轴线到边坡的距离应不小于500mm。

（4）脚手架底层步距应不大于2m；立杆必须用连墙件与建筑物可靠连接；立杆接长除顶层顶步外，其余各层各步接头必须采用对接扣件连接。

（5）立杆顶端宜高出女儿墙上皮1m，高出檐口上皮1.5m。双管立杆中，副立杆的高度不应低于3步，钢管长度应不小于6m。

3.1.2 连墙件的施工

（1）连墙件的布置宜靠近主节点设置，偏离主节点的距离应不大于300mm；连墙件应从底层第一步纵向水平杆处开始设置，当该处设置有困难时，应采用其他可靠措施固定。

（2）连墙件宜优先采用菱形布置，也可采用方形，矩形布置；一字形、开口型脚手架的两端必须设置连墙件，连墙件的垂直间距应不大于建筑物的层高，并应不大于 4m（两步）。

（3）对于高度在 24m 以下的单、双排脚手架，宜采用刚性连墙件与建筑物可靠连接，亦可采用拉筋和顶撑配合使用的附墙连接方式。严禁使用仅有拉筋的柔性连墙件。

（4）对于高度 24m 以上的双排脚手架，必须采用刚性连墙件与建筑物可靠连接。

（5）连墙件的构造应符合下列规定

1）连墙件中的连墙杆或拉筋宜呈水平设置，当不能水平设置时，与脚手架连接的一端应下斜连接，不应采用上斜连接；连墙件必须采用可承受拉力和压力的构造；

2）当脚手架下部暂不能设连墙件时可搭设抛撑。抛撑应采用通长杆件与脚手架可靠连接，与地面的倾角应在 45°~60°之间；连接点中心至主节点的距离应不大于 300mm。抛撑应在连墙件搭设后方可拆除。

（6）架高超过 40m 且有风涡流作用时，应采取抗上升翻流作用的连墙措施。

3.1.3 水平杆和剪刀撑的施工

（1）纵向水平杆的构造应符合下列规定：纵向水平杆宜设置在立杆内侧，其长度不宜小于 3 跨；纵向水平杆接长宜采用对接扣件连接，也可采用搭接。对接、搭接应符合下列规定：

1）纵向水平杆的对接扣件应交错布置：两根相邻纵向水平杆的接头不宜设置在同步或同跨内；不同步或不同跨两个相邻接头在水平方向错开的距离应不小于 500mm；各接头中心至最近主节点的距离不宜大于纵距的 1/3，如图 3-2 所示；

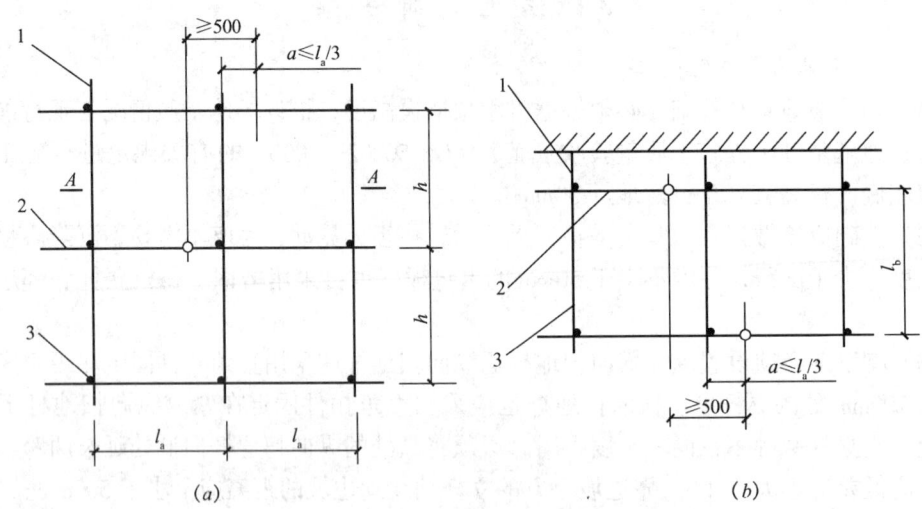

图 3-2 纵向水平杆对接接头布置
（a）接头不在同步内（立面）；（b）接头不在同跨内（平面）
1—立杆；2—纵向水平杆；3—横向水平杆

2）搭接长度应不小于 1m，应等间距设置 3 个旋转扣件固定，端部扣件盖板边缘至搭接纵向水平杆杆端的距离应不小于 100mm；

3）当使用冲压钢脚手板、木脚手板、竹串片脚手板时，纵向水平杆应作为横向水平杆的支座，用直角扣件固定在立杆上；当使用竹笆脚手板时，纵向水平杆应采用直角扣件固定在横向水平杆上，并应等间距设置，间距应不大于 400mm，如图 3-3 所示。

（2）横向水平杆的构造应符合下列规定：

1）主节点处必须设置一根横向水平杆，用直角扣件扣接且严禁拆除。作业层上非主节点处的横向水平杆，宜根据支承脚手板的需要等间距设置，最大间距应不大于纵距的 1/2；

2）当使用冲压钢脚手板、木脚手板、竹串片脚手板时，双排脚手架的横向水平杆两端均应采用直角扣件固定在纵向水平杆上；单排脚手架的横向水平杆的一端，应用直角扣件固定在纵向水平杆上，另一端应插入墙内，插入长度应不小于 180mm；

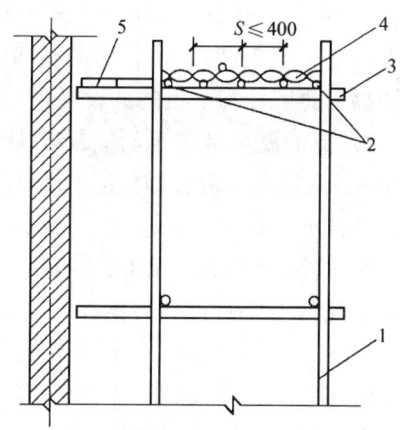

图 3-3　铺设竹笆脚手板时纵向
水平杆的构造示意图
1—立杆；2—纵向水平杆；3—横向水平杆；
4—竹笆脚手板；5—其他脚手板

3）使用竹笆脚手板时，双排脚手架的横向水平杆两端，应用直角扣件固定在立杆上；单排脚手架的横向水平杆的一端，应用直角扣件固定在立杆上，另一端应插入墙内，插入长度亦应不小于 180mm。

（3）剪刀撑与横向斜撑的构造应符合下列规定：

1）双排脚手架应设剪刀撑与横向斜撑，单排脚手架应设剪刀撑。

2）剪刀撑的设置应符合下列规定：

a. 每道剪刀撑跨越立杆的根数宜按撑斜杆与地面的倾角为 45°时（剪刀撑跨越立杆的根数最多是 7 根）、50°时（剪刀撑跨越立杆的根数最多是 6 根）、60°时（剪刀撑跨越立杆的根数最多是 5 根）的顺序确定。每道剪刀撑宽度应不小于 4 跨，且应不小于 6m；

b. 当高度在 24m 以下的双、单排脚手架，必须在外侧立面的两端设置一道剪刀撑，并应由底至顶连续设置；

c. 高度在 24m 以上的双排脚手架应在外侧立面全长度和高度上连续设置剪刀撑；剪刀撑斜杆的接长宜采用搭接，立杆接长除顶层顶步外，其余各层各步接头必须采用对按扣件连接；

d. 剪刀撑斜杆应用旋转扣件固定在与之相交的横向水平杆的伸出端或立杆上，旋转扣件中心线至主节点的距离不宜大于 150mm。

（4）横向斜撑的设置应符合下列规定：

1）横向斜撑应在同一节间，由底至顶层呈之字形连续布置，斜腹杆宜采用旋转扣件固定在与之相交的横向水平杆的伸出端上，旋转扣件中心线至主节点的距离不宜大于 150mm；

2）一字形、开口型双排脚手架的两端必须设置横向斜撑。高度在 24m 以下的封闭型双排脚手架可不设横向斜撑，高度在 24m 以上的封闭型脚手架，除拐角应设置横向斜撑外，中间应每隔 6 跨设置一道。

3.1.4　脚手板与防护栏杆的施工

（1）脚手板的设置应符合下列规定：

1）作业层脚手板应铺满、铺稳，离开墙面 120～150mm；

2）冲压钢脚手板、木脚手板、竹串片脚手板等，应设置在三根横向水平杆上。当脚手板长度小于 2m 时，可采用两根横向水平杆支承，但应将脚手板两端与其可靠固定，严防倾翻。此三种脚手板的铺设可采用对接平铺，亦可采用搭接铺设；

3）脚手板对接平铺时，接头处必须设两根横向水平杆，脚手板外伸长应取 130～150mm，两块脚手板外伸长度的和应不大于 300mm；脚手板搭接铺设时，接头必须支在横向水平杆上，搭接长度应大于 200mm，其伸出横向水平杆的长度应不小于 100mm；

4）竹笆脚手板应按其主竹筋垂直于纵向水平杆方向铺设，且采用对接平铺，四个角应用直径为 1.2mm 的镀锌钢丝固定在纵向水平杆上；

5）作业层端部脚手板探头长度应取 150mm，其板长两端均应与支承杆可靠地固定；

6）在拐角、斜道平台口处的脚手板，应与横向水平杆可靠连接，防止滑动；

7）自顶层作业层的脚手板往下计，宜每隔 12m 满铺一层脚手板。

（2）脚手板的检查应符合下列规定：

1）冲压钢脚手板的检查应符合下列规定：新脚手板应有产品质量合格证；对于冲压钢脚手板，当板长 $l < 4m$ 时，其板面挠曲不大于 12mm；板长 $l > 4m$ 时，其板面挠曲不大于 16mm，板面扭曲不得大于 5mm，且不得有裂纹、开焊与硬弯；新、旧钢脚手板均应涂防锈漆；

2）竹木脚手板的检查应符合下列规定：木脚手板的宽度不宜小于 200mm，厚度应不小于 50mm；两端应各设直径为 4mm 的镀锌钢丝箍两道，其质量应符合《木结构设计规范》（GB 50005—2003）中Ⅱ级材质的规定，腐朽的脚手板不得使用。竹脚手板宜采用由毛竹或铺竹制作的竹串片板、竹笆板。

（3）斜道脚手板构造应符合下列规定：

1）脚手板横铺时，应在横向水平杆下增设纵向支托杆，纵向支托杆间距应不大于 500mm；

2）脚手板横铺时，接头宜采用搭接；下面的板头应压住上面的板头，板头的凸棱处宜采用三角木填顺；

3）人行斜道和运料斜道的脚手板上应每隔 250～300mm 设置一根防滑木条，木条厚度宜为 20～30mm。

（4）防护栏杆的设置应符合下列规定：

栏杆和挡脚板均应搭设在外立杆的内侧、上栏杆上皮高度应为 1.2mm、挡脚板高度应不小于 180mm、中栏杆应居中设置。

3.2 悬挑式脚手架

（1）悬挑一层的脚手架的施工应符合下列规定：

1）悬挑架斜立杆的底部必须搁置在楼板、梁或墙体等建筑结构部位，并有固定措施。斜立杆与墙面的夹角不宜大于 30°；

2）斜立杆必须与建筑结构进行连接固定，不得与模板支架进行连接；

3）作业层除应按规定满铺脚手板和设置临边防护外，还应在脚手板下部挂一层平网，在斜立杆里侧用密目网封严。

（2）悬挑多层的脚手架的施工应符合下列规定：

1）悬挑支承结构必须专门设计计算，应保证有足够的强度、稳定性和刚度，并将脚手架的荷载传递给建筑结构；

2）悬挑支承结构可采用悬挑梁或悬挑架等不同结构形式。悬挑梁应采用型钢制作，悬挑架应采用型钢或钢管制作成三角形桁架，其节点必须是螺栓或焊接的刚性节点，不得采用扣件（或碗扣）连接；

3）支撑结构以上的脚手架应符合落地式脚手架搭设规定，并按要求设置连墙件，底部与悬挑结构必须进行可靠连接。

3.3 吊篮式脚手架

（1）吊篮平台制作应符合下列规定：

1）吊篮平台应经设计计算并应采用型钢、钢管制作，其节点应采用焊接或螺栓连接，不宜使用钢管和扣件（或碗扣）连接；

2）吊篮平台宽度宜为 $0.8 \sim 1.0m$，长度不宜超过 6m。当底板采用木板时，厚度不得小于 50mm；采用钢板时应有防滑构造；

3）吊篮平台四周应设防护栏杆，除靠建筑物一侧的栏杆高度不应低于 0.8m 外，其余侧面栏杆高度均不得低于 1.2m。栏杆底部应设 180mm 高挡脚板，上部适宜采用钢板网封严；

4）吊篮应设固定吊环，其位置距底部应不小于 800mm。吊篮平台应在明显处标明最大使用荷载（人数）及注意事项。

（2）悬挂结构应符合下列规定：

1）悬挂结构应经设计计算，可制作成悬挑梁或悬挑架，尾端与建筑结构锚固连接；

2）当采用压重方法平衡挑梁的倾覆力矩时，应确认压重的质量，并应有防止压重移位的锁紧装置。悬挂结构抗倾覆应专门计算；

3）悬挂结构外伸长度应保证悬挂平台的钢丝绳与地面垂直。挑梁与挑梁之间应采用纵向水平杆连成稳定的结构整体。

（3）吊篮式脚手架提升机构应符合下列规定：

1）提升机构的设计计算应按容许应力法，提升钢丝绳安全系数应不小于 10，提升机的安全系数应不小于 2；

2）提升机可采用手扳葫芦或电动葫芦，应采用钢芯钢丝绳。手扳葫芦可用于单跨的升降，当吊篮平台多跨同时升降时，必须使用电动葫芦且应有同步控制装置。

（4）吊篮式脚手架安全装置应符合下列规定：

1）使用手扳葫芦应装设防止吊篮平台发生自动下滑的闭锁装置；

2）吊篮平台必须装设安全锁，并应在各吊篮平台悬挂处增设一根与提升钢丝绳相同型号的安全绳，每根安全绳上应安装安全锁；

3）当使用电动提升机时，应在吊篮平台上、下两个方向装设对其上、下运行位置、距离进行限定的行程限位器；

4）电动提升机构宜配两套独立的制动器，每套制动器均可使带有额定荷载 125% 的吊篮平台停住；

5）吊篮式脚手架吊篮安装完毕，应以 2 倍的均布额定荷载进行检验平台和悬挂结构的强度及稳定性的试压试验。提升机构应进行运行试验，其内容应包括空载、额定荷载、偏载及超载试验，并应同时检验各安全装置并进行坠落试验；

6）吊篮式脚手架必须经设计计算，吊篮升降应采用钢丝绳传动、装设安全锁等防护装置并经检验确认。严禁使用悬空吊椅进行高层建筑外装修清洗等高处作业。

3.4 附着升降脚手架

附着升降脚手架的架体结构和附着支撑结构应进行设计计算；如升降机构应按"容许应力计算法"进行设计计算。荷载标准值应分别按使用、升降、坠落三种状况确定。

（1）架体尺寸应符合下列规定：

架体高度应不大于 15m；宽度应不大于 1.2m；架体构架的全高与支撑跨度的乘积应不大于 110m^2。升降和使用情况下，架体悬臂高度均应不大于 6.0m 和 2/5 架体高度。

（2）架体结构应符合下列规定：

1）水平梁架应满足承载和架体整体作用的要求，采用焊接或螺栓连接的定型桁架梁式结构，不得采用钢管扣件、碗扣等脚手架连接方式；

2）架体必须在附着支撑部位沿全高设置定型的竖向主框架，且应采用焊接或螺栓连接结构，并应能与水平梁架和架体构架整体作用，且不得使用钢管扣件或碗扣等脚手架杆件组装；

3）架体外立面必须沿全高设置剪刀撑；悬挑端应与主框架设置对称斜拉杆；架体遇塔吊、施工电梯、物料平台等设施而需断开处应采取加强构造措施。

（3）附着升降脚手架的附着支撑结构必须满足附着升降脚手架在各种情况下的支承、防倾和防坠落的承载力要求。在升降和使用工况下，确保每一竖向主框架的附着支撑不得少于二套，且每一套均应能独立承受该跨全部设计荷载和倾覆作用。

（4）附着升降脚手架必须设置防倾装置、防坠装置及整体（或多跨）同时升降作业的同步控制装置，并应符合下列规定：

1）防倾装置必须与建筑结构、附着支撑或竖向主框架可靠连接，应采用螺栓连接，不得采用钢管扣件或碗扣方式连接；升降和使用工况下在同一竖向平面的防倾装置不得少于两处，两处的最小间距不得小于架体全高的 1/30；

2）防坠装置应设置在竖向主框架部位，且每一竖向主框架提升设备处必须设置一个；防坠装置与提升设备必须分别设置在两套互不影响的附着支撑结构上，当有一套失效时另一套必须能独立承担全部坠落荷载；防坠装置应有专门的确保其工作可靠、有效的检查方法和管理措施；

3）对于同步装置，升降脚手架的吊点超过两点时，不得使用手拉葫芦，且必须装设同步装置；同步装置应能同时控制各提升设备间的升降差和荷载值。同步装置应具备超载报警、欠载报警和自动显示功能，在升降过程中，应显示各机位实际荷载、平均高度、同步差，并自动调整使相邻机位同步差控制在限定值内。

（5）附着升降脚手架必须按要求用密目式安全立网封闭严密，脚手板底部应用平网及密目网双层网兜底，脚手板与建筑物的间隙不得大于 200mm。单跨或多跨提升的脚手架，其两端断开处必须加设栏杆并用密目网封严。

（6）附着升降脚手架组装完毕后应经检查、验收确认合格后方可进行升降作业。且每次升降到位，架体固定后，必须进行交接验收，确认符合要求时，方可继续作业。

3.5 脚手架的维修、验收和拆除

3.5.1 脚手架维修加固

脚手架大部分时间在露天使用，由于施工周期比较长，长期受着日晒、风吹、雨淋，再加上碰撞、超载变形等多种原因，导致脚手架出现杆件断裂、扣或绳结松动、架子下沉或歪斜等不能满足施工的正常要求，为此，需及时进行维修加固，以达到坚固、稳定，确保施工安全的要求。脚手架维修加固应符合下列规定：

（1）故凡是有杆件、扣件和绑扎材料损坏严重者，要及时更换，加固以保证架子在整个使用过程中的每个阶段都能满足其结构、构造和使用的要求；

（2）维修加固的材料，应与原架子的材料及规格相同，禁止钢竹、钢木混用；禁止扣件、绳索、铁丝和竹篾混用。维修加固要与搭设一样，严格遵守安全技术操作规程。

3.5.2 脚手架的验收

架子搭设和组装完毕，在投入使用前，应逐层、逐流水段由主管工长、架子班组长和专职技安人员一起组织验收，并填写验收单。内容如下：

（1）架子的布置；立杆的大小、横竖杆的间距。

（2）架子的搭设和组装，包括工具架和起重点的选择。

（3）连墙点或与结构固定部分要安全可靠；剪刀撑、斜撑应符合要求。

（4）架子的安全防护；安全保险装置要有效；扣件和绑扎拧紧程度应符合规定。

（5）脚手架的起重机具、钢丝绳、吊杆的安装等要安全可靠，脚手板的铺设应符合规定。

（6）脚手架的基础处理、做法、埋置深度必须正确可靠。

3.5.3 脚手架的拆除

（1）架子拆除时应划分作业区，周围设绳绑围栏或竖立警戒标志；地面应设专人指挥，禁止非作业人员入内。

（2）拆架子的高处作业人员应戴安全帽，系安全带，扎裹腿，穿软底鞋方允许上架作业。

（3）拆除顺序应遵守由上而下，先搭后拆、后搭先拆的原则。即先拆栏杆、脚手板、剪刀撑、斜撑，而后拆小横杆、大横杆、立杆等，并按一步一清原则依次进行，要严禁上下同时进行拆除作业。

（4）拆立杆要先抱住立杆再拆开最后两个扣，拆除大横杆、斜撑、剪刀撑时，应先拆中间扣，然后托住中间，再解端头扣。

（5）连墙杆应随拆除进度逐层拆除，拆抛撑前，应用临时撑支住，然后才能拆抛撑。

（6）拆除时要统一指挥，上下呼应，动作协调，当解开与另一人有关的结扣时，应先通知对方，以防坠落。

（7）大片架子拆除后所预留的斜道、上料平台、通道、小飞跳等，应在大片架子拆除前先进行加固，以便拆除后能确保其完整、安全和稳定。

（8）拆除时严禁撞碰脚手架附近电源线，以防止事故发生。

（9）拆除时不应碰坏门窗、玻璃、水落管、房檐瓦片、地下明沟等物品。

（10）拆下的材料，应用绳索拴住杆件利用滑轮徐徐下运，严禁抛掷，运至地面的材料应按指定地点，随拆随运，分类堆放，当天拆当天清、拆下的扣件或铁丝要集中回收处理。

（11）在拆架过程中不得中途换人，如必须换人时，应将拆除情况交待清楚后，方可离开。

（12）拆除烟囱、水塔外架时，禁止架料碰断缆风绳，同时拆至缆风处方可解除该处缆风，不能提前解除。

课题4 土方工程安全施工技术

4.1 土 的 开 挖

4.1.1 挖土的一般规定

（1）人工开挖时，两个人操作间距应保持 2 ~ 3m，并应自上而下逐层挖掘，严禁采用掏洞的挖掘操作方法。

（2）挖土时要随时注意土壁的变异情况，如发现有裂纹或部分塌落现象，要及时进行支撑或改缓放坡，并注意支撑的稳固和边坡的变化。

（3）上下坑沟应先挖好阶梯或设木梯，不应踩踏土壁及其支撑上下。

（4）用挖土机施工时，挖土机的作业范围内，不得进行其他作业，且应至少保留0.3m 厚不挖，最后由人工修挖至设计标高。

（5）在坑边堆放弃土、材料和移动施工机械，应与坑边保持一定距离，当土质良好时，要距坑边 1m 以外，堆放高度不能超过 1.5m。

4.1.2 斜坡地段的挖方

在斜坡地段挖方时，必须符合下列规定：

（1）土坡坡度要根据工程地质和土坡高度，结合当地同类土体的稳定坡度值确定。

（2）土方开挖宜从上到下分层分段依次进行，并随时做成一定的坡度以利泄水，且不应在影响边坡稳定的范围内积水。

（3）在斜坡上方弃土时，应保证挖方边坡的稳定。弃土堆应连续设置，其顶面应向外倾斜，以防山坡水流入挖方场地。但坡度陡于 1/5 或在软土地区，禁止在挖方上侧弃土。

（4）在挖方下侧弃土时，要将弃土堆表面整平，并向外倾斜，弃土表面要低于挖方场地的设计标高，或在弃土堆与挖方场地间设置排水沟，防止地表水流入挖方场地。

4.1.3 滑坡地段的挖方

在滑坡地段挖方时，必须符合下列规定：

（1）施工前先了解工程地质勘察资料、地形、地貌及滑坡迹象等情况。不宜雨期施工，同时不应破坏挖方上坡的自然植被，并要事先做好地面和地下排水设施。

（2）遵循先整治后开挖的施工顺序，在开挖时，须遵循由上到下的开挖顺序，严禁先切除坡脚。如若爆破施工时，严防因爆破振动产生滑坡。

（3）抗滑挡土墙要尽量在旱季施工，基槽开挖应分段进行，并加设支撑，开挖一段就要做好这段的挡土墙。

（4）开挖过程中如发现滑坡迹象（如裂缝、滑动等）时，应暂停施工，必要时，所有人员和机械要撤至安全地点。

4.1.4　基坑（槽）和管沟的挖方

在基坑（槽）和管沟挖方时，必须符合下列规定：

（1）施工中应防止地面水流入坑、沟内，以免边坡塌方。

（2）挖方边坡要随挖随撑，并支撑牢固，且在施工过程中应经常检查，如有松动、变形等现象，要及时加固或更换。

4.1.5　湿土地区的挖方

在湿土地区开挖时，必须符合下列规定：

（1）施工前需要做好地面的排水和降低地下水位的工作，若为人工降水时，要降至坑底 $0.5 \sim 1.0m$ 时，方可开挖，采用明排水时可不受此限。

（2）相邻基坑和管沟开挖时，要先深后浅，并要及时做好基础。

（3）挖出的土不应堆放在坡顶上，应立即转运至规定的距离以外。

4.1.6　膨胀土地区的挖方

在膨胀土地区开挖时，要符合下列规定：

（1）在开挖膨胀土前要做好排水工作，防止地表水、施工用水和生活废水浸入施工现场或冲刷边坡。

（2）开挖膨胀土后的基土，不许受烈日暴晒或水浸泡；开挖、做垫层、基础施工和回填土等要连续进行。

（3）当采用砂地基时，要先将砂浇水至饱和后再铺填夯实，不能在基坑（槽）或管沟内浇水使砂沉落的方法施工。

（4）对于钢（木）支撑的拆除，要按照回填顺序依次进行。多层支撑应自下而上逐层拆除，随拆随填。

4.1.7　坑壁的支撑

（1）采用钢板桩、钢筋混凝土预制桩作坑壁支撑时，要符合下列规定：

1）应尽量减少打桩时对邻近建筑物和构筑物的影响，当土质较差时，宜采用啮合式板桩；

2）采用钢筋混凝土灌注桩时，要在桩身混凝土达到设计强度后，方可开挖；

3）在桩身附近挖土时，不能伤及桩身。

（2）采用钢板桩、钢筋混凝土桩作坑壁支撑并设有锚杆时，要符合下列规定：

1）锚杆宜选用螺纹钢筋，使用前应清除油污和浮锈，以便增强粘结的握裹力并防止发生意外；锚固段应设置在稳定性较好土层或岩层中，长度应大于或等于计算规定；

2）钻孔时不应损坏已有管沟、电缆等地下埋设物；

3）施工前需测定锚杆的抗拉力，验证可靠后，方可施工；

4）锚杆段要用水泥砂浆灌注密实，并需经常检查锚头紧固和锚杆周围土质情况。

4.2 基坑（槽）边坡的稳定

4.2.1 基坑（槽）边坡的规定

当地质情况良好、土质均匀、地下水位低于基坑（槽）底面标高时，可不加支撑。这时的边坡最陡坡度应按表 3-1 的规定确定。

深度在 5m 以内的基坑（槽）边的最大坡度　　　　　　　　表 3-1

土 的 类 别	边坡坡度（高：宽）		
	坡顶无荷载	坡顶有静载	坡顶有动载
中密的砂土	1:1.0	1:1.25	1:1.50
中密的碎石土	1:0.75	1:1.00	1:1.25
硬塑的粉土	1:0.67	1:0.75	1:1.00
中密的碎石土（充填物为黏土）	1:0.50	1:0.67	1:0.75
硬塑的粉质黏土、黏土	1:0.33	1:0.50	1:0.67
老 黄 土	1:0.10	1:0.25	1:0.33
软土（轻型井点降水后）	1:1.0	—	—

注：1. 静载指堆土或材料等，动载指机械挖土或汽车运输作业等。静载或动载挖边缘距离应在 1m 以外，堆土或材料堆积高度不应超过 1.5m。

2. 若有成熟的经验或科学的理论计算并经试验证明者可不受本表限制。

4.2.2 基坑（槽）土壁垂直挖深规定

基坑（槽）不放边坡，垂直挖深高度的规定如下：

（1）无地下水或地下水位低于基坑（槽）底面且土质均匀时，土壁不加支撑的垂直挖深不宜超过表 3-2 的规定。

基坑（槽）土壁垂直挖深规定　　　　　　　　表 3-2

土 的 类 别	挖 土 深 度（m）
密实、中密的砂土和碎石类土	1.00
硬塑、可塑的粉土及粉质黏土	1.25
硬塑、可塑的黏土和碎石类土（充填物为黏性土）	1.50
坚硬的黏土	2.00

（2）当天然冻结的速度和深度，能确保挖土时的安全操作，对于 4m 以内深度的基坑（槽）开挖时可以采用天然冻结法垂直开挖而不加设支撑。但是对于干燥的砂土应严禁采用冻结法来施工。

（3）黏性土不加支撑的基坑（槽）最大垂直挖深可根据坑壁的重量、内摩擦角、坑顶部的均布荷载及安全系数等进行计算。

4.3 浅基础土壁的支撑形式

浅基础是指的基坑深度在 5m 以内的基础，对于浅基础边坡支护形式是多种多样的，下面将列举 8 种常见方法，见表 3-3。

浅基础支撑形式适用范围与支撑方法表　　　　表 3-3

支撑名称	适用范围	支撑简图	支撑方法
间断式水平支撑	干土或天然湿度的黏土类土，深度在 2m 以内		两侧挡土板水平放置，用撑木加木楔顶紧，挖一层土支顶一层
断续式水平支撑	挖掘湿度小的黏性土及挖土深度小于 3m 时		挡土板水平放置，中间留出间隔，然后两侧同时对称立上竖木方，再用工具式横撑上下顶紧
连续式水平支撑	挖掘较潮湿的或散粒的土及挖土深度小于 5m 时		挡土板水平放置、相互靠紧，不留间隔，然后两侧同时对称立上竖木方上下各顶一根撑木，端头加木楔顶紧
连续式垂直支撑	挖掘松散的或湿度很高的土（挖土深度不限）		挡土板垂直放置，然后每侧上下各水平放置木方一根用撑木顶紧，再用木楔顶紧
锚拉支撑	开挖较大基坑或使用较大型的机械挖土，而不能安装横撑时		挡土板水平顶在柱桩的内侧，柱桩一端打入土中，另一端用拉杆与远处锚桩拉紧，挡土板内侧回填土

支撑名称	适用范围	支撑简图	支撑方法
斜柱支撑	开挖较大基坑或使用较大型的机械挖土，而不能采用锚拉支撑时		挡土板1水平钉在柱桩的内侧，柱桩外侧由斜撑支牢，斜撑的底端只顶在撑桩上，然后在挡土板内侧回填土
短柱横隔支撑	开挖宽度大的基坑，当部分地段下部放坡不足时		打入小短木桩，一半露出地面，一半打入地下，地上部分背面钉上横板，在背面填土
临时挡土墙支撑	开挖宽度大的基坑，当部分地段下部放坡不足时		坡角用砖、石叠砌或用草袋装土叠砌，使其保持稳定

表中图注：1—水平挡土板；2—垂直挡土板；3—竖木方；4—横木方；5—撑木；6—工具式横撑；7—木楔；8—柱桩；9—锚桩；10—拉杆；11—斜撑；12—撑桩；13—回填土；14—装土草袋

4.4 深基础土壁支撑的形式

深基础是指的基坑深度在5m以上的基础，对于深基础边坡支护形式是多种多样的，下面将列举8种常见方法，见表3-4。

深基础支撑形式适用范围与支撑方法表　　　　表3-4

支撑名称	适用范围	支撑简图	支撑方法
钢构架支护	在软弱土层中开挖较大，较深基坑，而不能用一般支护方法时		在开挖的基坑周围打板桩，在柱位置上打入暂设的钢柱，在基坑中挖土，每下挖3~4m，装上一层幅度很宽的构架式横撑，挖土在钢构架网格中进行
地下连续墙支护	开挖较大较深，周围有建筑物、公路的基坑，作为复合结构的一部分，或用于高层建筑的逆做法施工，作为结构的地下外墙		在开挖的基槽周围，先建造地下连续墙，待混凝土达到强度后，在连续墙中间用机械或人工挖土，直至要求深度。对跨度、深度不大时，连续墙刚度能满足要求，可不设内部支撑。用于高层建筑地下室逆做法施工，每下挖一层，把下一层梁板、柱浇筑完成，以此作为连续墙的水平框架支撑，如此循环作业，直到地下室的底层全部挖完土，浇筑完成

支撑名称	适 用 范 围	支 撑 简 图	支 撑 方 法
地下连续墙锚杆支护	开挖较大较深（>10m）的大型基坑，周围有高层建筑物，不允许支护有较大变形，采用机械挖土，不允许内部设支撑时		在开挖基坑的周围，先建造地下连续墙、在墙中间用机械开挖土方，至锚杆部位，用锚杆钻机在要求位置钻孔，放入锚杆，进行灌浆，待达到设计强度，装上锚杆，然后继续下挖至设计深度，如设有 2~3 层锚杆，每挖一层装一层锚杆，采用快凝砂浆灌浆
挡土护坡桩支撑	开挖较大较深（>6m）基坑，临近有建筑，不允许支撑有较大变形时		在开挖基坑的周围，用钻机钻孔，现场灌注钢筋混凝土桩，待达到强度，在中间用机械或人工挖土，下挖1m左右，装上横撑，在桩背面已挖沟槽内拉上锚杆，并将它固定在已预先灌注的锚桩上拉紧，然后继续挖土至设计深度，在桩中间土方挖成向外拱形。使其起土拱作用，如临近有建筑物，不能设置锚拉杆，则采取加密桩距或加大桩径处理
挡土护坡桩与锚杆结合支撑	大型较深基坑开挖，临近有高层建筑物，不允许支护有较大变形时		在开挖基坑的周围钻孔，浇筑钢筋混凝土灌注桩，达到强度，在柱中间沿桩垂直挖土，挖到一定深度，安上横撑，每隔一定距离向桩背面斜下方用锚杆钻机打孔，在孔内放钢筋锚杆，用水泥压力灌浆，达到强度后，拉紧固定，在桩中间进行挖土直至设计深度，如设两层锚杆，可挖一层土，装设一次锚杆
板桩中央横顶支撑	开挖较大、较深基坑，板桩刚度不够，又不允许设置过多支撑时		在基坑周围先打板桩或灌注钢筋混凝土护坡桩，然后在内侧放坡挖中央部分土方到坑底，先施工中央部分框架结构至地面，然后再利用此结构作支承，向板桩支撑水平横顶梁，再挖去这部分土方，每挖一层、支一层横顶梁，直至坑底，最后建造靠近板桩部分的结构
板中央斜顶支撑	开挖较大，较深基坑，板桩刚度不够，坑内又不允许设置过多支撑时		在基坑周围先打板桩或灌注护坡桩，在内侧放坡开挖中央部分土方至坑底，并先灌注好中央部分基础，再从这个基础向板桩上方斜顶梁，然后再把放坡的土方逐层挖除运出，每挖去一层支一道斜顶撑，直至设计深度，最后建靠近板桩部分地下结构

75

支撑名称	适 用 范 围	支 撑 简 图	支 撑 方 法
分层板桩支撑	开挖较大、较深基坑，当主体与群房基础标高不等而又无重型板桩时	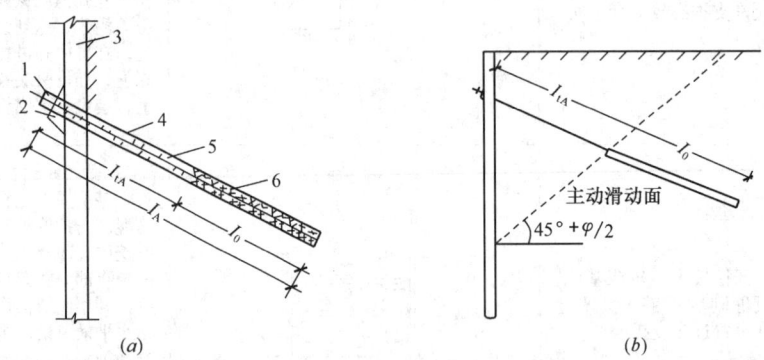	在开挖裙房基础周围先打钢筋混凝土板桩或钢板支护，然后在内侧普遍挖土至裙房基础底标高。再在中央主体结构基础四周打二级钢筋混凝土板桩，或钢板桩挖主体结构基础土方，施工主体结构至地面。最后施工裙房基础，或边继续向上施工主体结构、边分段施工裙房基础

表中图注：1—钢板桩；2—钢横撑；3—钢撑；4—钢筋混凝土地下连续墙；5—地下室梁板；6—土层锚杆；7—直径 400～600mm 现场钻孔灌注钢筋混凝土桩，间距 1～1.5m；8—斜撑；9—连系板；10—先施工框架结构或设备基础；11—后挖土方；12—后施工结构；13—锚筋；14——级混凝土板桩；15—二级混凝土板桩；16—拉杆；17—锚杆

4.5 土 层 锚 杆

近年来国外大量地将土层锚杆用于地下结构作护壁的支撑，它不仅用于基坑立壁的临时支护，而且在永久性建筑工程中亦得到广泛应用。土层锚杆由锚头、拉杆、锚固体等组成，如图 3-4（a）所示，同时根据主动滑动面分为锚固段和非锚固段，如图 3-4（b）所示。土层锚杆目前还是根据经验数据进行设计，然后通过现场试验进行检验，一般包括：确定基坑支护承受的荷载及锚杆布置；锚杆承载能力计算，锚杆的稳定性计算；确定锚固体长度、直径和拉杆直径等。

图 3-4 土层锚杆示意图

（a）土层锚杆示意图；（b）锚固段与非锚固段的划分

1—锚头；2—锚头垫座；3—支护；4—钻孔；5—拉杆；6—锚固体；

I_0—锚固段长度；I_{tA}—非锚固段长度；I_A—锚杆长度

4.6 挡 土 墙

4.6.1 挡土墙构造和基本形式

（1）挡土墙的作用

它主要用来维护土体边坡的稳定，防止坡体的滑动或边坡的坍塌，因而在建筑工程中得到广泛的使用。但由于处理不当，使挡土墙崩塌而发生的伤亡事故也不少，因此挡土墙的安全使用是十分必要的。

（2）挡土墙的基本构造和形式

挡土墙有重力式挡土墙、钢筋混凝土挡土墙、锚杆挡土墙、锚碇板挡土墙和其他轻型挡土墙等，对于高度在5m以内的，一般多采用重力式挡土墙，即主要靠自身的重力来抵抗倾覆，这类挡土墙构造简单、施工方便，也便于就地取材。

挡土墙常用的基本形式有垂直式和倾斜式两种（如图3-5所示），一般墙面坡度采用（1:0.05）～（1:0.25）。其基础埋置深度，应根据地基的容许承载力、冻结深度、岩石风化程度、雨水冲刷等因素来确定。挡土墙基础埋深一般为1.0～1.2m；对于岩石地基，挡土墙埋深则视风化程度而定，一般为0.25～1.0m。基础宽与墙高之比为1/2～2/3，沿水平方向每隔10～25m要设置一道宽20～30mm的伸缩缝或沉降缝，缝内填塞沥青等柔性防水材料。

在墙体的纵横方向，每隔2～3m，外斜5%，留置孔眼尺寸不小于$\phi 100mm$的泄水孔，并在墙后做滤水层或必要的排水盲沟，地面铺设防水层；当墙后有山坡时，还应在坡下设置排水沟，以便减少土压力。

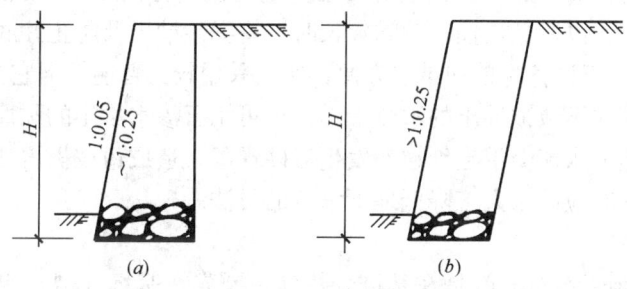

图3-5　重力式挡土墙示意图
（a）垂直式；（b）倾斜式

4.6.2　挡土墙的计算

按选定的形式，参考有关的资料或经验，初步估计确定一个墙身的截面尺寸，并验算墙身的稳定性和地基的强度，若所得结果过大或不足时，应重新选定尺寸再验算，直到满足设计要求及合理为止。计算的内容主要是：土压力计算、倾覆稳定性验算、滑动稳定性验算、墙身强度验算等。挡土墙本身的尺寸较大，不需做墙体抗压、抗拉验算。

4.7　大面积场地地面排水

4.7.1　大面积场地地面排水

（1）大面积场地地面坡度不大，场地平整时，按向低洼地带或可泄水地带平整成漫坡，以便排出地表水。场地四周设排水沟，分段设渗水井，以便排出地表水。

（2）大面积场地地面坡度较大，在场地四周设排水主沟，并在场地范围内设置纵横向排水支沟，将水流疏干，也可在下游设集水井，再由水泵排出。

（3）大面积场地地面遇有山坡地段时，应在山坡底脚处挖出截水沟，使地表水流入截水沟内再排出场地外。

4.7.2 基坑（槽）排水

（1）开挖底面低于地下水位的基坑（槽）时，地下水会不断渗入坑内。当雨期施工时，地表水也会流入基坑内。如果坑内积水，不及时排走，不仅会使施工条件恶化，还会使土被水泡软后，造成边坡塌方和坑底承载能力下降。因此，为安全生产，在基坑（槽）开挖前和开挖时，必须做好排水工作，保持土体干燥才能保障安全。

（2）基坑（槽）的排水工作，应持续到基础工程施工完毕，并进行回填后才能停止。基坑的排水方法，可分为明排水和人工降低地下水位两种方法。

1) 明排水法：

a. 雨期施工时，应在基坑四周或水的上游，开挖截水沟或修筑土堤，以防地表水流入坑槽内；

b. 基坑（槽）开挖过程中，在坑底设置集水井，并沿坑底的周围或中央开挖排水沟，使水流入集水井中，然后用水泵抽走，抽出的水应予以引开，严防倒流；

c. 四周排水沟及集水井应设置在基础范围以外，地下水走向的上游，并根据地下水量大小、基坑平面形状及水泵能力，集水井每隔 20~40m 设置一个。集水井的直径或宽度一般为 0.6~0.8m，其深度随着挖土的加深而加深，随时保持低于挖土面 0.7~1.0m。井壁可用竹、木等进行简单加固。当基坑（槽）挖至设计标高后，井底应低于坑底 1~2m，并铺设碎石滤水层，以避免在抽水时间较长时，将泥砂抽出及防止井底的土被扰动；

d. 明排水法由于设备简单和排水方便，所以采用较为普遍，但它只宜用于粗粒土层，因水流虽大，但土粒不致被抽出的水流带走，也可用于渗水量小的黏性土。当土为细砂和粉砂时，抽出的地下水流会带走细粒而发生流砂现象，造成边坡坍塌、坑底隆起、无法排水和难以施工，此时应改用人工降低地下水位的方法。

2) 人工降水：

a. 人工降低地下水位，就是在基坑开挖前，预先在基坑（槽）四周埋设一定数量的滤水管（井），利用抽水设备从中抽水，使地下水位降落到坑底以下；同时在基坑开挖过程中仍然继续不断地抽水。使所挖的土始终保持干燥状态，从根本上防止细砂和粉砂土产生流砂现象，改善挖土工作的条件；同时土内的水分排出后，边坡坡度可变动，以便减小挖土量；

b. 人工降水的方法有：轻型井点、喷射井点、管井井点、深井泵以及电渗井点等。究竟采用何种方法，可根据土的渗透系数、降低水位的深度、工程特点及设备条件等确定。

4.8 顶 管 施 工

4.8.1 概述

市政工程施工中，常采用顶管法施工，这是在地下工作坑内，借助顶进设备的顶力将管子逐渐顶入土中，并将阻挡管道向前顶进的土壤，从管内用人工或机械挖出。这种方法比开槽挖土减少大量土方，并节约施工用地，特别是要穿越建筑物和构筑物时，采用此法更为有利。随着城市建设的发展，顶管法在地下工程中普遍采用。顶管法所用的管子通常采用钢筋混凝土管或钢管，管径一般为 700~2600mm，顶管施工主要包括：作业坑设置、后背（又称后座）修筑与导轨铺设、顶进设备布置、工作管准备、降水与排水、顶进、挖土与出土、下管与接口等。

4.8.2　顶管法施工的分类

目前顶管法施工可分为对顶法、对拉法、顶拉法、中继法、后顶法、牵引法、深覆土减摩顶进法等。在地下工程采用顶管法施工时，可按照地下工程项目的特点、设计要求、技术标准、有关规程，工程环境的实际情况、施工的力量和经济效益采取不同的顶管法施工。

4.8.3　顶管法施工准备工作

（1）施工单位应组织有关人员，对勘察、设计单位所提供的顶管施工沿线的工程地质及水文情况，以及地质勘察报告进行学习了解；尤其是对土壤种类、物理力学性质、含石量及其粒径分析、渗透性以及地下水位等的情况进行熟悉掌握。

（2）调查清楚顶管沿线的地下障碍物的情况，对管道穿越地段上部的建筑物、构筑物所必须采取的安全防护措施。

（3）编制工程项目顶管施工组织设计方案，其中必须制订有针对性、实效性的安全技术措施和专项方案。

（4）建立各类安全生产管理制度，落实有关的规范、标准，明确安全生产责任制，职责、责任落实到具体人员。

4.8.4　物资、设备的施工准备工作

（1）采用的钢筋混凝土管、钢管或其他辅助材料均须合格。

（2）顶管前必须对所用的顶管机具（如油泵车、千斤顶等）进行检查，保养完好后方能投入使用。

（3）顶管工作坑的位置、水平与纵深尺寸、支撑方法与材料平台的结构与规模、后背的结构与安装、坑底基础的处理与导轨的安装、顶进设备的选用及其在坑底的平面布置等均应符合规定要求。尤其是后背（承压壁）在承受最大顶力时，必须具有足够的强度和稳定性，必须保证其平面与所顶钢管轴线垂直，其倾斜允许误差±5mm/m。

（4）在顶进千斤顶安装时必须符合有关规定、规程要求，尤其是要按照理论计算或经验选定的总顶力的1.2倍来配备千斤顶。千斤顶的个数，一般以偶数为宜。

（5）开挖工作坑的所有作业人员都应严格执行工程技术人员的安全技术交底，熟知地上、地下的各种建筑物、构筑物的位置、深度、走向及可能发生危害所必须采取的劳动保护措施。

4.8.5　顶管法施工应注意事项

（1）顶管前，根据地下顶管法施工技术要求，按实际情况制定出符合规范、标准、规程的专项安全技术方案和措施。

（2）顶管后座安装时，如发现后背墙面不平或顶进时枕木压缩不均匀，必须调整加固后方可顶进。

（3）顶管工作坑采用机械挖上部土方时，现场应有专人指挥装车，堆土应符合有关规定，不得损坏任何构筑物和预埋立撑；工作坑如果采用混凝土灌注桩连续墙，应严格执行有关的安全技术规程操作；工作坑四周或坑底必须有排水设备及措施；工作坑内应设符合规定的和固定牢固的安全梯，下管作业的全过程中，工作坑内严禁有人。

（4）在吊装顶铁或钢管的时候，严禁在扒杆回转半径内停留；往工作坑内下管时，应穿保险钢丝绳，并缓慢地将管子送入导轨就位，以便防止滑脱坠落或冲击导轨，同时坑下人员应站在安全角落。

（5）插管及止水盘根处理必须按操作规程要求，尤其要在工具管就位（应严格复测管子的中线和前、后端管底标高，确认合格后）并接长管子，安装水力机械、千斤顶、油泵车、高压水泵、压浆系统等设备全部运转正常后方可开封插扳管顶进。

（6）对于垂直运输设备的操作人员，作业前要对卷扬机等设备各部分进行安全检查，确认无异常后方可作业，作业时要精力集中，服从指挥，严格执行卷扬机和起重作业有关的安全操作规定。

（7）安装后的导轨应牢固，不得在使用中产生位移，并应经常检查校核；两导轨应顺直、平行、等高，其纵坡应与管道设计坡度一致。

（8）在拼接管段前或因故障停顿时，应加强联系，及时通知工具管头部操作人员停止冲泥出土，防止由于冲吸过多造成塌方，并应在长距离顶进过程中，加强通风。

（9）当因吸泥莲蓬头堵塞、水力机械失效等原因，需要打开胸板上的清石孔进行处理时，必须采取防止冒顶塌方的安全措施。

（10）顶进过程中，油泵操作工应严格注意观察油泵车压力是否均匀渐增，若发现压力骤然上升，应立即停止顶进，待查明原因后方能继续顶进。

（11）管子的顶进或停止，应以工具管头部发出信号为准。遇到顶进系统发生故障或在拼管子前 20min 时，即应发出信号给工具管头部的操作人员引起注意。

（12）顶进过程中，一切操作人员不得在顶铁两侧操作，以防发生崩铁伤人事故。

（13）如顶进不是连续三班作业，在中班下班时，应保持工具管头部有足够多的土塞；若遇土质差、因地下水渗流可能造成塌方时，则应将工具管头部灌满以增大水压力。

（14）管道内的照明电信系统应采用安全电压，每班顶管前电工要仔细检查各种线路是否正常，确保安全施工。工具管中的纠偏千斤顶应绝缘良好，操作电动高压油泵应戴绝缘手套。

（15）顶进中应有防毒、防燃、防爆、防水淹的措施，顶进长度超 50m 时，应有预防缺氧、窒息的措施；氧气瓶与乙炔瓶（罐）不得进入坑内。

课题 5 模 板 工 程

5.1 概 述

模板工程是混凝土结构工程施工中的重要组成部分，在建设施工中也占有相当重要的位置。特别是近年来高层建筑增多，模板工程的重要性更为突出。

一般模板通常由三部分组成：模板面、支撑结构（包括水平支承结构，如龙骨、桁架、小梁等；垂直支承结构，如立柱、格构柱等）和连接配件（包括穿墙螺栓、模板面连接卡扣、模板面与支承构件以及支承构件之间连接零配件等）。

模板使用时是要经过设计计算的，主要是模板的结构（包括模板面、支撑体系和连接件）的设计计算，这些计算虽然是工程技术人员的责任，但安全管理人员必须熟悉计算原则和计算方法。模板的结构设计，必须能承受作用于模板结构上的所有垂直荷载和水平荷载（包括混凝土的侧压力、振捣和倾倒混凝土时产生的侧压力、风力等）。在所有可能产生的荷载中要选择最不利的组合验算模板整体结构，包括模板面、支撑结构、连接配件的强度、稳定性和刚度。当然首先在模板结构设计上必须保证模板支撑系统形成空间稳定的结构体系。

模板工程的支撑杆必须经过设计计算，并绘制模板施工图，制订相应的施工安全技术措施。光凭经验去选择模板结构断面尺寸和间距是不可靠的，特别是当前高层与大跨度水平混凝土构件日益增多，因支撑体系失稳造成模板坍塌事故时有发生。为了保证模板工程设计与施工的安全，安全专职人员应具有相应的基本常识，如混凝土对模板的侧压力、作用在模板上的荷载、模板材料的物理力学性质和结构及支撑体系计算等。了解模板工程的关键所在，才能在施工过程中进行有效的安全监督。

按照《建筑法》和《建设工程安全生产管理条例》的要求，模板工程施工前应编制专项施工方案，其内容主要包括：该工程现浇混凝土工程的概况，拟选定的模板类型，模板支撑体系的设计计算及布料点的设置，绘制模板施工图，模板搭设的程序、步骤及要求，浇筑混凝土时的注意事项，模板拆除的程序及要求。

5.2 模 板 分 类

5.2.1 定型组合模板

定型组合模板包括定型组合钢模板、钢木定型组合模板、组合铝模板以及定型木模板。目前我国推广应用量较大的是定型组合钢模板。从 1987 年起我国开始推广钢与木（竹）胶合板组合的定型模板，并配以固定立柱早拆水平支撑和模板面的早拆支撑体系，这是目前我国较先进的一种定型组合模板，也是国际上较先进的一种组合模板。组合铝模板是从美国引进的一种铸铝合金模板，具有刚度大、精度高的优点，但造价高，目前我国难以全面推广应用。

5.2.2 墙体大模板

20 世纪 70 年代我国高层剪力墙结构兴起，整体快速周转的工具式墙模板迅速得到推广，从北京前三门大街高层住宅一条街开始发展到上海、天津等其他大城市。大模板有钢制大模板、钢木组合大模板以及由大模板组合而成的筒子模等。

5.2.3 飞模（台模）

飞模是用于楼盖结构混凝土浇筑的整体式、工具式模板，具有支拆方便、周转快等特点。飞模有铝合金桁架与木（竹）胶合板面组成的铝合金飞模，有轻钢桁架与木（竹）胶合板面组成的轻钢飞模，也有用门式钢脚手架或扣件式钢管脚手架与胶合板或定型模板组成的脚手架飞模，也有将楼面与墙体模板连成整体的工具式模板——隧道模。

5.2.4 滑模

滑动模板是整体现浇混凝土结构施工的一项新工艺。我国从 20 世纪 70 年代开始采用，现已广泛应用于工业建筑的烟囱、水塔、筒仓、竖井和民用高层建筑剪力墙、框剪、框架结构施工。滑动模板主要由模板面、围圈、提升架、液压千斤顶、操作平台、支承杆等组成，滑动模板一般采用钢模板面，也可用木，或木（竹）胶合板面。围圈、提升架、操作平台一般为钢结构，支承杆一般用直径 $\phi 25$ 的圆钢制成。

5.2.5 一般木模板

板面采用木板或木胶合板，支承结构采用木龙骨、木立柱，连接件采用螺栓或铁钉。

5.3 模板工程使用的材料

模板工程所使用的材料，主要有钢材、木材和铝合金等。下面介绍其规格和性能。

5.3.1 钢材

对钢材的选用必须根据其设计要求、模板体系的重要性、荷载特征、连接方法等不同的情况，选择其钢号和材质，且宜采用平炉或氧气转炉 3 号钢、16Mn 钢、16Mnq 钢。钢材质量应分别符合下列规定：

（1）钢材应符合国家标准《普通碳素结构钢技术条件》、《低合金结构钢技术条件》。

（2）钢管应符合现行国家标准《直缝电焊钢管》（GB/T13793）或《低压流体输送用焊接钢管》（GB/T3092）中规定的 3 号普通钢管，其质量应符合现行国家标准《碳素结构钢》（GB/T700）中 Q235A 级钢的规定。有严重锈蚀、弯曲、压扁及裂纹等疵病的不得使用。

（3）钢铸件必须符合我国现行国家标准《一般工程用铸造碳钢》中规定的 ZG 200—420、ZG230—450、ZG270—500 和 ZG310—570 号钢的要求。

（4）钢管扣件应符合现行国家标准《钢管脚手架扣件》（GB15831）的规定。

（5）连接用的焊条应符合现行国家标准《碳钢焊条》或《低合金钢焊条》中的规定，连接用的普通螺栓应符合现行国家标准《普通碳素结构钢技术条件》中规定的 3 号钢的要求。

（6）组合钢模板及配件制作质量必须符合现行的国家标准《组合钢模板技术规范》（GB50214—2001）的规定。

钢材的强度设计值（材料强度的标准值除以抗力分项系数），对于 3 号钢（Q235A 级钢）应根据钢材厚度或直径（按表 3-5 的分组）来采用。

3 号钢（Q235A）钢材分组尺寸　　　　　　　　　　　　　表 3-5

组　别	圆钢、方钢和扁钢的直径或厚度（mm）	角钢、工字钢和槽钢的厚度（mm）	钢板的厚度（mm）
第一组	≤40	≤15	≤20
第二组	40~100	15~20	20~40
第三组	—	>20	40~50

注：工字钢和槽钢的厚度指腹板的厚度。

5.3.2 木材

木材的树种可根据各地实际情况选用，材质不宜低于Ⅲ等材。有腐蚀、折裂、枯节等疵病的木材不得使用。木材选择时，应根据模板构件受力种类选择。木材的强度设计值及弹性模量见表 3-6，并应符合下列调整规定：

木材的强度设计值及弹性模量　　　　　　　　　　　　　表 3-6

树　种	强度等级	抗弯 f_w	顺纹抗压与承压 f_c	顺纹抗拉 f_t	顺纹抗剪 f_v	横纹承压 $f_{c,90}$ 全表面	局部表面	拉力螺栓垫板	弹性模量 E_1
东北落叶松	TC17	17	15	9.5	1.6	2.3	3.5	4.6	10000
铁杉、油杉	TC15	15	13	9	1.6	2.1	3.1	4.2	10000
鱼鳞云杉、西南云杉			12	9	1.5				

树　种	强度等级	抗弯 f_w	顺纹抗压与承压 f_c	顺纹抗拉 f_t	顺纹抗剪 f_v	横纹承压 $f_{c,90}$ 全表面	局部表面	拉力螺栓垫板	弹性模量 E_1
油杉、新疆落叶松、马尾松			12	8.5	1.5				10000
红皮云杉、丽江云杉、红杉、樟子松	TC13	13	10	8.0	1.4	1.9	2.9	3.8	9000
西北云杉、新疆云杉	TC11	11	10	7.5	1.4	1.8	2.7	3.6	9000
杉木、冷杉			10	7.0	1.2				

注：木材树种归类说明见《木结构设计规范》（GBJ 5—88）附录五。

（1）对于露天模板结构，其强度设计值应乘以 0.9 的折减系数；弹性模量应乘以 0.85 的折减系数。

（2）按施工荷载考虑，强度设计值乘 1.3 的提高系数。

（3）当使用原木验算部位未经切削时，强度设计值和弹性模量均应乘以 1.15 的提高系数。

（4）木材含水率小于 25% 时，强度设计值应乘以 1.10 的提高系数。

（5）当采用湿材时，各种木材的横纹承压、强度设计值和弹性模量，以及落叶松木材的抗弯强度设计值，乘 0.9 的折减系数。

（6）使用有钉孔或各种损伤的旧木材时，强度设计值应根据实际情况予以降低。

（7）当若干条件同时出现，上列各系数应连乘。

5.3.3　铝合金材

建筑模板结构若采用铝合金材时，应采用纯铝加入锰、镁等合金元素后的铝合金型材。常用铝合金型材的强度设计值应按表 3-7 采用。

铝合金型材的强度设计值 表 3-7

牌　号	材料状态	壁厚（mm）	抗拉极限强度 σ_b（N/mm²）	屈服强度 $\sigma_{0.2}$（N/mm²）	抗拉、抗压、抗弯强度设计值 f_{Lm}（N/mm²）	抗剪强度设计值 f_{jv}（N/mm²）	伸长率 δ（%）	弹性模量 E_c（N/mm²）
LD₂	C_Z	所有尺寸	≥180	—	—	—	≥14	1.83×10^5
	C_S	所有尺寸	≥280	≥210	140	80	≥12	
LY₁₁	C_Z	≤10.0	≥360	≥220	146	84	≥12	
	C_S	10.1～20.0	≥380	≥230	153	88	≥12	
LY₁₂	C_Z	<5.0	≥400	≥300	200	116	≥10	2.14×10^5
		5.1～10.0	≥420	≥300	200	116	≥10	
		10.1～20.0	≥430	≥310	206	119	≥10	
LC₄	C_S	≤10.0	≥510	≥440	293	170	≥6	2.14×10^5
		10.1～20.0	≥540	≥450	300	174	≥6	

注：1. 材料状态代号名称：C_Z—淬火（自然时效）；C_S—淬火（人工时效）。
　　2. 材料使用前必须具有复检合格报告。

5.3.4 面板材料

面板除采用钢、木外，可采用胶合板、复合纤维板、塑料板、玻璃钢板等。其中胶合板应符合《混凝土模板用胶合板》（ZB 70006—88）的有关规定。

覆面木胶合板的规格和技术性能应符合下列规定：

（1）厚度应采用 12～18mm 的板材。

（2）其剪切强度应符合下列要求：

1）不浸泡，不蒸煮：$1.4～1.8N/mm^2$；

2）室温水浸泡：$1.2～1.8N/mm^2$；

3）沸水煮 24h：$1.2～1.8N/mm^2$；

4）含水率：$5\%～13\%$；

5）密度：$4.5～8.8kN/m^3$。

（3）抗弯强度和弹性模量可查表取得。

5.4 模板工程的设计计算

5.4.1 一般规定

模板及其支架的设计应根据工程结构形式、荷载大小、地基土类别、施工设备和材料供应等条件进行。

（1）模板及其支架的设计应符合下列要求

1）具有足够的承载能力、刚度和稳定性，能可靠地承受新浇混凝土的自重、侧压力和施工过程中所产生的荷载及风荷载；

2）构造简单，装拆方便，便于钢筋的绑扎、安装和混凝土的浇筑、养护。

（2）模板设计包括下列内容

1）根据混凝土的施工工艺和季节性施工措施，确定其构造和所承受的荷载；

2）绘制配板设计图、支撑设计布置图、细部构造和异型模板大样图；

3）按模板承受荷载的最不利组合对模板进行验算；

4）制定模板安装及拆除的程序和方法；

5）编制模板及配件的规格、数量汇总表和周转使用计划。

5.4.2 钢模板

钢模板及其支撑的设计应符合现行国家标准《钢结构设计规范》的规定，其截面塑性发展系数取 1.0。组合钢模板、大模板、滑动模板等的设计尚应符合国家现行标准《组合钢模板技术规范》、《大模板多层住宅结构设计与施工规程》和《液压滑动模板施工技术规范》的相应规定。

5.4.3 木模板

木模板及其支架的设计应符合现行国家标准《木结构设计规范》的规定，其中受压立杆除满足计算需要外，且其梢径不得小于 60mm。

5.4.4 模板结构构件的长细比

模板结构构件的长细比应符合下列规定：

（1）受压构件长细比：支架立柱及桁架不应大于 150；拉条、缀条、斜撑等连接构件不应大于 200。

（2）受拉构件长细比：钢杆件不应大于 350；木杆件不应大于 250。

5.4.5　扣件式钢管脚手架支架立柱规定

（1）连接扣件和钢管立杆底座应符合现行国家标准《钢管脚手架扣件》（GB15831）的规定。

（2）采用四柱形，并于四面两横杆间设有斜缀条时，可按格构式柱计算，否则应按单立杆计算，其荷载应直接作用于四角立杆的轴线上。

（3）支架立柱为群柱架时，高宽比不应大于 5，否则应架设抛撑或缆风绳，保证该方向的稳定。

5.4.6　门式钢管脚手架支架立柱规定

用门式钢管脚手架作支架立柱时，应符合下列规定：

（1）几种门架混合使用时，必须取支承力最小的门架作为设计依据。

（2）荷载可直接作用在门架两边立杆的轴线上，必要时可设横梁将荷载传于两立杆顶端，且应按单榀门架进行承载力计算。

（3）门架结构使用的剪刀撑线刚度应满足要求。

（4）门架使用可调支座时，调节螺杆伸出长度不得大于 200mm。

（5）门架支架立柱为群柱架时的高宽比大于 5 时，必须使用缆风绳保证该方向的稳定。

5.4.7　水平支承梁防倾倒措施

如遇有下列情况时，水平支承梁的设计应采取防倾倒措施，不得改动销紧装置的作用。

（1）水平支承梁倾斜或由倾斜的托板支承以及偏心荷载情况存在。

（2）纵梁由多杆件（即两根 20mm×50mm、20mm×80mm 等）组成。

5.4.8　水平支承梁

水平支承梁应符合下列要求：

（1）当纵梁的高宽比大于 2.5 时，水平支承梁不能支承在 50mm 宽的单托板面上；

（2）水平支承梁应避免承受集中荷载。

5.5　现浇混凝土模板计算

5.5.1　面板计算

面板可按简支梁计算，并应验算跨中和悬臂端的最不利抗弯强度和挠度。

5.5.2　支承楞梁计算

（1）次楞是两跨以上连续楞梁，当跨度不等时，应按不等跨连续楞梁或悬臂楞梁设计。

（2）主楞可根据实际情况按连续梁、简支梁或悬臂梁设计；同时主次楞梁均应进行最不利抗弯强度与挠度验算。

5.5.3　柱箍

柱箍主要应用于直接支承和夹紧柱模板，采用扁钢、角钢、槽钢和木楞制成，其受力状态为拉弯杆件。

（1）柱箍间距应按不同的面板用不同的计算方法计算所得。如柱模为钢面板时的柱箍间距应按钢材弹性模量（N/mm²）、柱模板一块板的惯性矩（mm⁴）、新浇混凝土作用于柱模板的侧压力、柱模板一块板的宽度（mm）等计算。

（2）柱箍强度应按拉弯杆件计算。

（3）挠度计算，最大挠度计算公式如下：

$$V_{\max} = 0.677 qL^4/100EI$$

式中　　q——作用在梁模板的均布荷载（N/mm）；

　　　　L——梁底模板的跨度（mm）；

　　　　E——模板弹性模量（N/mm²）；

　　　　I——面板截面惯性矩（mm⁴）。

5.6　支撑结构计算

施工现场现浇的水平混凝土构件包括梁、板（楼板、屋面板）的模板支撑结构（支撑体系）是模板工程的重要组成部分，也是一项重要的安全技术。对于混凝土梁的模板支撑可用单根立柱、双根立柱或工具式立柱，为使其稳定，应加设水平拉杆或称拉条。现浇混凝土楼板的模板支撑结构应是由多立杆组成的一个整体，即是除按一定间距设置的立杆外在纵横向还应设置水平杆，使其成为空间的结构。

常用的模板支撑杆件为钢和木的支柱。设计时，支柱应按承受由模板传来的垂直荷载。当支柱上下端之间不设纵横向水平拉条或构造拉条时，按两端铰接的轴心受压杆件计算，其计算长度 $L_0 = L$（支柱长度）；当支柱上下端之间设有多层不小于 4mm×50mm 的方木或脚手架钢管的纵横向水平拉条时，仍按两端铰接轴心受压杆件计算，其计算长度应取支柱上多层纵横向水平拉条之间最大的长度，当多层纵横向水平拉条之间的间距相等时，应取底层。

扣件式钢管支柱计算

（1）单杆计算：用对接扣件连接的钢管支柱应按轴心受压构件计算，计算跨度采用纵横向水平拉条的最大步距；用回转扣件搭连接件的钢管支柱应按压弯杆件计算，计算跨度为纵横拉条最大步距；

（2）四角用扣件式钢管脚手架作立杆（间距不大于 1m），纵横向水平杆按 1.0～1.2m 设置，各边所有水平横杆之间设有斜杆连接，且斜杆与横杆之间的夹角 ≥45°时，应按格构式组合柱的轴心受压构件计算，计算高度为格构柱全高，其轴向力应直接作用于四角立杆顶端，同时虚轴的长细比应采用换算长细比。

5.7　模 板 的 安 装

5.7.1　模板安装的规定

（1）安装前要审查设计审批手续是否齐全，模板结构设计与施工说明中的荷载、计算方法、节点构造是否符合实际情况，是否有安装拆除方案。

（2）对模板施工队伍进行全面详细的安全技术交底，使用合格的模板和配件。

（3）模板安装应按设计与施工说明循序拼装。

（4）竖向模板支架支承部分安装在基土上时，应加设垫板；如用钢管作支撑时在垫板上应加钢底座。垫板应有足够强度和支承面积，并应中心承载。基土应坚实，并有排水措施。对湿陷性黄土应有防水措施；对特别重要的结构工程须采用防止支架柱下沉的措施。对冻胀性土应有防冻融措施。

（5）模板及其支架在安装过程中，必须采取有效的防倾覆临时固定设施。

（6）现浇钢筋混凝土梁、板，当跨度大于 4m 时，模板应起拱；当设计无具体要求时，起拱高度可为全跨长度的 1/1000～3/1000。

（7）现浇多层或高层房屋、构筑物，安装上层模板及其支架应符合下列规定：

1）下层楼板应具有承受上层荷载的承载能力或加设支架支撑；

2）上层支架立柱应对准下层支架立柱，并于立柱底铺设垫板；

3）当采用悬臂吊模板、桁架支模方法时，其支撑结构的承载能力和刚度必须符合要求。

（8）当层间高度大于 5m 时，宜选用桁架支模或多层支架支模。当采用多层支架支模时，支架的横垫板应平整，支柱应垂直，上下层支柱应在同一竖向中心线上，其支柱不得超过二层，并必须待下层形成空间整体后，才能支安上层支架。

（9）模板安装作业高度超过 2.0m 时，必须搭设脚手架或平台。

（10）模板安装时，上下应有人接应，随装随运，严禁抛掷。且不得将模板支搭在门窗框上，也不得将脚手板支搭在模板上，不能将模板与井字架、脚手架或操作平台连成一体。

（11）垂直吊运模板时，必须符合下列要求：

1）在升、降过程中应设专人指挥，统一信号，密切配合；

2）吊运大块或整体模板时，竖向吊运应不少于两个吊点，水平吊运应不少于四个吊点。必须使用卡环连接，并应稳起稳落，待模板就位连接牢固后，方可摘除卡环；

3）吊运散装模板时，必须码放整齐，待捆绑牢固后方可起吊。

（12）拼装高度为 2m 以上的竖向模板，不得站在下层模板上拼装上层模板。安装过程中应设置足够的临时固定设施。若中途停歇，应将已就位的模板固定牢固。

（13）当承重焊接钢筋骨架和模板一起安装时，应符合下列要求：模板必须固定在承重焊接钢筋骨架的节点上；安装钢筋模板组合体时，吊索应按模板设计的吊点位置绑扎。

（14）当支撑呈一定角度倾斜，或其支撑的表面倾斜时，应采取可靠措施确保支点稳定，支撑底脚必须有可靠的防滑移措施。

（15）除设计图另有规定者外，所有垂直支架柱应保证其垂直。其垂直允许偏差，当层高不大于 5m 时为 6mm，当层高大于 5m 时为 8mm。

（16）对梁和板安装二次支撑时，在梁、板上不得有施工荷载，支撑的位置必须准确。安装后所传给支撑或连接件的荷载不应超过其允许值。支架柱或桁架必须有保持稳定的可靠措施。如若碰上五级以上风应停止一切吊运作业。

（17）已安装好的模板上的实际荷载不得超过设计值。已承受荷载的支架和附件，不得随意拆除或移动。

（18）组合钢模板、大模板、滑动模板等的安装，尚应符合国家现行标准（《组合钢模板技术规范》、《大模板多层住宅结构设计与施工规程》和《液压滑动模板施工技术规范》）的相应规定。

5.7.2 梁式或桁架式支架

(1) 采用伸缩式桁架时，其搭接长度不得小于 500mm，上下弦连接销钉规格、数量应符合设计规定，但不得少于两个 U 形卡或钢销钉销紧，卡距或销距不得小于 400mm。

(2) 安装的梁式或桁架式支架的间距设置应与模板设计图一致。

(3) 支承梁式或桁架式支架的结构应具有足够强度，否则，应另设立柱支撑。

(4) 若桁架采用多榀成组排放，在下弦折角处必须加设用木条锯口卡住的水平撑。

5.7.3 单立柱支撑

(1) 工具式钢管单立柱支撑的间距应符合支撑设计的规定，立柱不得接长使用。所有夹具、螺栓、销子和其他配件都应处在闭合或拧紧的状态。

(2) 木立柱宜选用整料，当不能满足要求时，立柱的接头不宜超过两个，并应采用对接夹板接头方式。立柱底部可采用垫块垫高，但不得采用砖块垫高。

(3) 立柱支撑群（或称满堂架）应沿纵、横向设水平拉杆，其间距按设计规定；在立杆上、下两端 20cm 处设置纵、横向扫地杆；架体外侧每隔 6m 设置一道剪刀撑，并沿竖向连续设置，剪刀撑与地面的夹角应为 45°～60°；当楼层高超过 10m 时，尚应设置水平方向剪刀撑，拉杆和剪刀撑必须与立柱牢固连接。

(4) 单立柱支撑的底座或支撑顶端应与底座和顶部模板紧密接触，支撑头不得承受偏心荷载；采用对角楔木进行支撑高度调整时，楔木与垫木应接触紧密，并应用铁钉固定牢靠。

5.7.4 扣件式钢管脚手架立柱支撑安装要求

(1) 钢管规格、间距、扣件应符合设计要求，每根立杆底部应设置底座及垫板；立杆必须设置纵横向扫地杆，纵上横下。用直角扣件在离地 200mm 处与立杆扣牢。

(2) 立杆接长必须采用对接扣件连接，且相邻两立杆的对接接头不得在同步内，而隔一根立杆的对接接头沿竖向错开的距离不宜小于 500mm，各接头中心距主节点不宜大于步距的 1/3。搭接接头的长度不应小于 1m，且应采用不少于两个旋转扣件固定，端部扣件盖板边缘至杆端不应小于 100mm。

(3) 扣件式钢管脚手架作组合式格构柱使用时，主立杆间距不得大于 1m，纵横杆步距不应大于 1.2m，且柱的每一边应于两横杆间加设斜杆。

5.7.5 门式钢管脚手架支撑安装要求

(1) 门架的跨距和间距应按设计规定布置，但间距宜小于 1.2m；支撑架底部垫木上设固定底座或可调底座。

(2) 门架支撑可沿梁轴线垂直和平行布置，当垂直布置时，在两门架间的两侧应设置交叉支撑；当平行布置时，在两门架间的两侧亦应设置交叉支撑，交叉支撑应与立杆上的锁销锁牢，上下门架的组装连接必须设置连接棒及锁臂。

(3) 门架支撑宽度为 4 个间距及以上时，应在周边底层、顶层、中间每 5 列、5 排于每榀门架立杆根部设 $\phi48 \times 3.5$ 通长水平加固杆，并应用扣件与门架立杆扣牢。

(4) 门架支撑高度超过 10m 时，应在外侧周边和内部每隔 15m 间距设置剪刀撑，剪刀撑不应大于 4 个间距，与水平夹角应为 45°～60°，沿竖向应连续设置，并用扣件与门架立杆扣牢；顶部操作层应采用挂扣式脚手板。

5.7.6 悬挑结构立柱支撑安装要求

(1) 多层悬挑结构模板的上下立柱应保持在同一条垂线上。

(2) 多层悬挑结构模板的立柱应连续支撑，并不得少于三层。

5.7.7 基础及地下工程模板安装要求

(1) 地面以下支模应先检查土壁的稳定情况，当有裂纹及塌方危险迹象时，应采取安全防范措施后，方可作业。当深度超过 2m 时，应为操作人员设置上下扶梯。

(2) 距基槽（坑）上口边缘 lm 内不得堆放模板。向基槽（坑）内运料应使用起重机、溜槽或绳索；上、下人员应互相呼应，运下的模板严禁立放于基槽（坑）土壁上。

(3) 斜支撑与侧模的夹角不应小于 45°，支撑在土壁上的斜支撑应加设垫板，底部的对角楔木应与斜支撑连接牢固。高大长脖基础若采用分层支模时，其下层模板应经就位校正并支撑稳固后，再进行上一层模板的安装。两侧模板间应用水平支撑连成整体。

5.7.8 柱模板安装要求

(1) 现场拼装柱模时，应及时加设临时支撑进行固定，斜撑与地面的倾角宜为 60°，不能将大片模板系于柱子钢筋上。

(2) 四片柱模就位组拼经对角线校正无误后，应立即自下而上安装柱箍。

(3) 若为整体预组合柱模，吊装时应采用卡环和柱模连接，不得用钢筋钩代替。

(4) 柱模校正（用四根斜支撑或用连接在柱模顶四角带花篮螺丝的缆风绳，底端与楼板钢筋拉环固定进行校正）后，应采用斜撑或水平撑进行四周支撑，以确保整体稳定。当柱模高度超过 4m 时，应群体或成列同时支模，并应将支撑连成一体，形成整体框架体系。当需单根支模时，柱宽大于 500mm，应每边在同一标高上不得少于两根斜支撑或水平撑。斜撑与地面的夹角为 45°~60°，下端还应有防滑移的措施。

(5) 边、角柱模板的支撑，除满足上述要求外，在模板里面还应与外边对应的点设置既能承拉又能承压的斜撑。

5.7.9 墙模板安装要求

墙模板的安装应符合下列要求：

(1) 用散拼定型模板支模时，应自下而上进行，必须在下一层模板全部紧固后，方准进行上一层安装。当下层不能独立安设支撑件时，应采取临时固定措施。

(2) 采用预拼装的大块墙模板进行支模安装时，严禁同时起吊两块模板，并应边就位、边校正、边连接固定后方可摘钩。

(3) 安装电梯井内墙模前，必须于板底下 200mm 处满铺一层脚手板。

(4) 模板未安装对拉螺栓前，板面应向后倾一定角度。安装过程应随时拆换支撑或增加支撑，以保证墙模随时处于稳定状态。

(5) 当钢楞需接长时，接头处应增加相同数量和不小于原规格的钢楞，搭接长度不得小于墙模宽或高的 15%~20%。

(6) 拼接时的 U 形卡应正反交替安装，间距不得大于 300mm；两块模板对接接缝处的 U 形卡应满装。

(7) 对拉螺栓与墙模板应垂直、松紧一致，并能保证墙厚尺寸正确。

(8) 墙模板内外支撑必须坚固、可靠，应确保模板的整体稳定。当墙模板外面无法设置支撑时，应于里面设置能承受拉和受压的支撑。多排并列且间距不大的墙模板，当其支撑互成一体时，应有防止浇筑混凝土时引起临近模板变形的措施。

5.7.10 独立梁结构模板安装要求

（1）安装独立梁模板时应设操作平台，高度超过 3.5m 时，应搭设脚手架并设防护栏。严禁操作人员站在独立梁底模或柱模支架上操作及上下通行。

（2）底模与横楞应拉结好，横楞与支架、立柱应连接牢固。起拱应在侧模内外楞连接牢固前进行。

（3）安装梁侧模时，应边安装边与底模连接，侧模多于两块高时，应设临时斜撑。

（4）单片预组合梁模，钢楞与面板的拉接应按设计规定制作，并按设计吊点试吊无误后方可正式吊运安装，待侧模与支架支撑稳定后方准摘钩。

（5）支架立柱底部基土应按规定处理；单排立柱时，应于单排立柱的两边每隔 3m 加设斜支撑，且每边不得少于两根，斜支撑与地面的夹角应为 60°。

5.7.11 预组合板模板安装要求

（1）预组合模板采用桁架支模时，桁架与支点连接应牢固可靠，同时桁架支承应采用平直通长的型钢或木方。

（2）预组合模板块较大时，应加钢楞后吊运。当组合模板为错缝拼配时，板下横楞应均匀布置，并应在模板端穿插销。

（3）单块模就位安装，必须待支架搭设稳固，板下横楞与支架连接牢固后进行。

（4）U 形卡应按设计规定安装。

5.7.12 其他结构模板安装要求

（1）安装圈梁、阳台、雨篷及挑檐等模板时，其支撑应独立设置，不得支搭在施工脚手架上。在悬空部位作业时，操作人员应系好安全带。

（2）安装悬挑结构模板时，应搭设脚手架或悬挑工作台，并应设置防护栏杆和安全网。作业处的下方不得有人通行或停留。

5.8 模 板 拆 除

5.8.1 一般要求

（1）拆模时混凝土的强度应符合设计要求；当设计无要求时，应符合下列规定：

1）不承重的侧模板，包括梁、柱、墙的侧模板，只要混凝土强度能保证其表面及棱角不因拆除模板而受损坏，即可拆除；

2）承重模板，包括梁、板等水平结构构件的底模，应根据与结构同条件养护的试块强度达到符合国家规定，才可能拆除；

3）后张预应力混凝土结构或构件模板的拆除，侧模应在预应力张拉前拆除，其混凝土强度达到侧模拆除条件即可，进行预应力张拉必须待混凝土强度达到设计规定值方可进行，底模必须在预应力张拉完毕时方能拆除；

4）在拆模过程中，如发现实际混凝土强度并未达到要求，有影响结构安全的质量问题时，应暂停拆模，经妥当处理，实际强度达到要求后，方可继续拆除；

5）已拆除模板及其支架的混凝土结构，应在混凝土强度达到设计的混凝土强度标准值后，才允许承受全部设计的使用荷载。当承受施工荷载的效应比使用荷载更为不利时，必须经过核算，加设临时支撑；

6）拆除芯模或预留孔的内模，应在混凝土强度能保证不发生塌陷和裂缝时，方可拆除。

（2）拆模之前必须有拆模申请，并根据同条件养护试块强度记录达到规定时，技术负责人方可批准拆模。

（3）冬期施工模板的拆除应遵守冬期施工的有关规定，其中主要是要考虑混凝土模板拆除后的保温养护，如果不能进行保温养护，必须暴露在大气中，要考虑混凝土受冻的临界强度。

（4）对于大体积混凝土，除应满足混凝土强度要求外，还应考虑保温措施，拆模之后要保证混凝土内外温差不超过 20℃，以免发生温差裂缝。

（5）各类模板拆除的程序和方法，应根据其模板设计的规定进行。如果模板设计无规定时，可按先支的后拆、后支的先拆，先拆非承重的模板、后拆承重的模板及支架的顺序进行拆除。

（6）拆除的模板必须随拆随清理，以免钉子扎脚、阻碍通行发生事故。

（7）拆模时下方不能有人，拆模区应设警戒线，以防有人误入被砸伤。

（8）拆除的模板向下运送传递，要上下呼应，不能采取猛撬，以致大片塌落的方法拆除。用起重机吊运拆除的模板时，模板应堆码整齐并捆牢，才可吊运，否则在空中造成"天女散花"是很危险的。

5.8.2 各类模板的拆除

（1）基础拆模

基坑内拆模，要注意基坑边坡的稳定，特别是拆除模板支撑时，可能使边坡土发生震动而塌方，拆除的模板应及时运到离基坑较远的地方进行清理。

（2）现浇楼盖及框架结构拆模

一般现浇楼盖及框架结构的拆模顺序如下：拆柱模斜撑与柱箍→拆柱侧模→拆楼板底模→拆梁侧模→拆梁底模。

1）楼板小钢模的拆除，应设置供拆模人员站立的平台或架子，还必须将洞口和临边进行封闭后，才能开始工作，拆除时先拆除钩头螺栓和内外钢楞，然后拆下 U 形卡、L 形插销，再用钢钎轻轻撬动钢模板，用木锤或带胶皮垫的铁锤轻击钢模板，把第一块钢模板拆下，然后将钢模逐块拆除，不得采取猛撬，以致大片塌落的方法拆除。拆下的钢模板不准随意向下抛掷；

2）已经活动的模板，必须一次连续拆除完方可停歇，以免落下伤人；

3）模板立柱有多道水平拉杆，应先拆除上面的，按由上而下的顺序拆除，拆除最后一道连杆应与拆除立柱同时进行，以免立柱倾倒伤人；

4）多层楼板模板支柱的拆除，应根据混凝土强度增长的情况、结构设计荷载与支模施工荷载的情况通过计算确定。

（3）现浇柱模板拆除

柱模板拆除顺序如下：拆除斜撑或拉杆（或钢拉条）→自上而下拆除柱箍或横楞→拆除竖楞并由上向下拆除模板连接件、模板面。

（4）滑动模板的拆除

1）滑模装置拆除必须编制详细的施工方案，明确拆除的内容、方法、程序、使用的机械设备、安全措施及指挥人员的职责等，并报上级主管部门审批后方可实施；

2）滑模装置拆除必须组织专业拆除队伍，指定熟悉该项专业技术的专人负责统一指挥。参加拆除的作业人员，必须经过技术培训，考核合格方能上岗。不能随意更换作业人员；

3）拆除中使用的垂直运输设备和机具，必须经检查合格后方准使用；

4）滑模装置拆除前应检查各支承点埋设件牢固情况，以及作业人员上下走道是否安全可靠，当拆除工作利用施工的结构作为支承点时，结构混凝土强度的要求应经结构验算确定，且不低于 $15N/mm^2$；

5）拆除作业必须在白天进行，宜采用分段整体拆除，运至地面解体。拆除的部件及操作平台上的一切物品，均不得从高空抛下；

6）当遇到雷雨、雾、雪或风力达到五级以上的天气时，不得进行滑模拆除作业；

7）高大类构筑物宜在顶端设置安全行走平台。

（5）大模板拆除

大模板拆除顺序与模板组装顺序相反，大模板拆除后停放的位置，无论是短期停放还是较长期停放，一定要支撑牢固，采取防倾倒的措施。拆除大模板过程中应注意不损坏混凝土墙体。

（6）飞模的拆除

1）拆飞模必须有专人统一指挥，升降飞模要同步进行；

2）当不采用专用的悬挑起飞平台时，结构边沿的地滚轮一定要比里边高出 1～2cm，以免飞模自动滑出。并将飞模的重心位置用红油漆标在飞模侧面明显位置，飞模挂钩前，严格控制其重心不能到达外边沿第一个滚轮，以免飞模外倾；

3）飞模尾部要绑安全绳，安全绳另一端绕套在施工结构坚固的物体上，徐徐放松；

4）信号工与司索人员必须经过专门培训，上下两个信号工责任要分清，一人在下层负责指挥飞模的推出、打掩、挂安全绳、挂钩起吊工作；另一人在上层负责电动倒链的吊绳调整，以保证飞模在推出过程中一直处于平衡状态，而且吊绳逐步调整到使飞模保持与水平面基本平行，并负责指挥飞模的就位与摘钩，信号工及司索人员要系好安全带，不得穿塑料底及其他硬底鞋，以防滑倒出事故。司索人员挂好钩立即离开飞模，信号工必须待操作人员全部撤离出飞模方可指挥起吊；

5）飞模吊装挂钩，必须采用卡环将飞模的吊环与吊绳绳扣卡牢的方法，以保证不脱钩；

6）五级以上大风天气，禁止吊装飞模；

7）飞模飞出后，楼层外边缘立即绑好护身栏。飞模每使用一次，必须逐个检查螺栓，发现有松动现象，立即拧紧。

5.9 盾构机械施工

5.9.1 盾构机

盾构是一种暗挖法隧道施工的机具，是一种机械化程度较高，集支护、开挖、推进、出渣、衬砌拼装（或浇筑）于一体的机具。一般有一个钢质外壳，俗称盾壳，支护四周土体；正面有支撑板或纲格、刀盘、密封舱等支护正面土体，在支护下保护工人和设备的安全，犹如盾牌。盾构即从这个意义上而得名。

盾构机械是用来修建铁路（公路）隧道、城市地下铁道及地下水道、电力通信地下道、水利水坝的水道、海底隧道及各种地下洞室等构筑物的施工机械。

盾构施工法的工作过程：在盾壳与正面支护下，由液压系统的心脏——油泵供应高压油，输入千斤顶的油缸，在 32~40MPa 液压作用下，千斤顶伸出抵住管片或后座，盾构随之前进，土体进入泥舱，由排泥系统排出。千斤顶伸出一环距离后，即可拼装衬砌，拼装程序是由下而上，左右交叉，最后封顶，即完成一环衬砌的作业循环。然后再推进、排渣、衬砌拼装，周而复始，使盾构逐环前进，隧道即逐环建成，如图3-6所示。

盾构机的基本构造包括盾构机壳体、推进系统和拼装系统。盾构机壳体由切口环、支承环及盾尾组成，盾构机的推进系统由液压设备和盾构千斤顶组成。

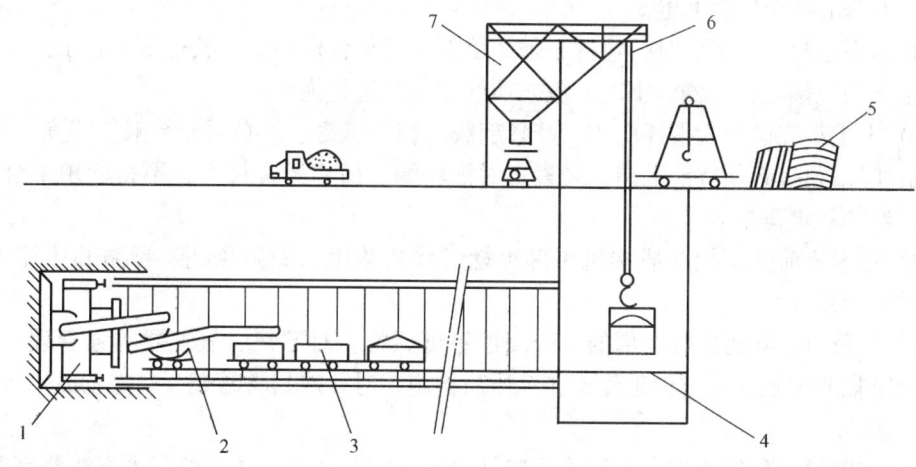

图 3-6 盾构施工过程示意图

1—盾构；2—管片台车；3—装土斗车；4—轨道；5—材料场；6—起重机；7—弃土仓

5.9.2 盾构施工

（1）随着施工技术的不断革新与发展，盾构机的种类也越来越多，目前在我国地下工程施工中主要有：手掘式盾构机、挤压式盾构机、半机械式盾构机、机械式盾构机等四大类。

（2）盾构施工前，必须进行地表环境调查、障碍物调查以及工程地质勘察，确保盾构施工过程中的安全生产。

（3）在盾构施工组织设计中，必须要有安全专项方案和措施，这是盾构设计方案中的关键问题。必须建立供电、变电、照明、通信联络、隧道运输、通风、人行通道、给水和排水的安全管理及安全措施。

（4）必须有盾构机进洞、盾构机推进开挖、盾构机出洞这三个盾构施工过程中的安全保护措施。在盾构法施工前，必须编制好应急预案，配备必要的急救物品和设备。

5.9.3 盾构施工应注意的事项

（1）拼装盾构机的操作人员必须按顺序进行拼装，并对使用的起重索具逐一检查，认为可靠方可吊装。

（2）机械在运转中，须谨慎操作，严禁超负荷作业。发现盾构机械运转有异常或振动等现象，应立即停机进行检查。电缆头的拆除与装配，必须切断电源方可进行作业。

（3）操作盘的门严禁开着使用，防止触电事故。动力盘的接地线必须可靠，并经常检查，防止松动发生事故。

（4）禁止同时启动二台以上电动机。连续启动二台以上电动机时，必须在第一台电动机运转指示灯亮后，再启动下一个电动机。

（5）应定期对过滤器的指示器、油管、排放管等进行检查保养。

（6）开始作业时，应对盾构机各部件、液压系统、油箱、千斤顶、电压等仔细检查，严格执行锁荷"均匀运转"。

（7）盾构机出土皮带运输机，应设防护，并应专人负责。

（8）装配皮带运输机时，必须清扫干净；在制动开关周围，不得堆放障碍物，并有专人操作，检修时必须停机断电。

（9）利用电瓶车作牵引时，司机必须经培训、考核合格持证驾驶；不准将手伸入电瓶车与出土车的连接处；车辆牵引时，应按照约定信号进行拖运。

（10）出土车应设专人指挥引车，严禁超载。在轨道终端，必须安装限位装置。

（11）门吊司机必须持证上岗，司索工对钢丝绳、吊钩经常检查，不得使用不合格的吊索具，严禁超负荷吊运。

（12）每天班前必须检测盾构机头部可燃气体的浓度，做好预测、预防和序控工作，并认真做好记录。

（13）要及时清除盾构机内部的油渣及零星可燃物。对乙炔、氧气要加强管理，严格执行动火审批制度及动火监护工作。在气压盾构施工时，严禁将易燃、易爆物品带入气压盾构施工区。

（14）在隧道工程施工中，土层采用冻结法加固时，必须以适当的观测方法测定温度，掌握土层的冻结状态，必须对附近的建筑物或地下埋设物及盾构隧道本身采取防护措施。

课题6 施工机械的安全技术规程

6.1 土石方施工机械

6.1.1 基本要求

（1）土石方机械进入现场前，应查明行驶路线上的桥梁、涵洞的上部净空和下部承载能力，保证机械安全通过。

（2）作业前，应查明施工场地明、暗设置物（电线、地下电缆、管道、坑道等）的地点及走向，并采用明显记号表示。严禁在离电缆1m距离以内作业。

（3）在施工作业中，应随时监视机械各部位的运转及仪表指示值，如发现有异常情况，应立即停机检修。

（4）机械运行中，严禁接触转动部位和检修。在修理（焊、铆等）工作装置时，应使其降到最低位置，并应在悬空部位垫上垫木。

（5）在电杆附近取土时，对不能取消的拉线、地垄和杆身，应留出土台。土台半径如下：电杆应为1.0～1.5m，拉线应为1.5～2.0m。并应根据土质情况确定坡度。

（6）机械不得靠近架空输电线路作业，并应按照有关规定留出安全距离。

（7）机械通过桥梁时，应采用低速挡慢行，在桥面上不得转向或制动。承载力不够的桥梁，事先应采取加固措施。

（8）在施工中遇下列情况之一时应立即停工，待符合作业安全条件时，方可继续施工。

1）填挖区土体不稳定，有发生坍塌的危险时；气候突变，发生暴雨、水位暴涨或山洪暴发时；

2）在爆破警戒区内发出爆破信号时；地面涌水冒泥，出现陷车或因雨发生坡道打滑时；

3）工作面净空不足以保证安全作业时；施工标志、防护设施损毁失效时。

（9）配合机械作业的清底、平地、修坡等人员，应在机械回转半径以外工作。当必须在回转半径以内工作时，应停止机械回转并制动好后，方可作业。

（10）雨季施工，机械作业完毕后，应停放在较高的坚实地面上。

（11）挖掘基坑时，当坑底无地下水，坑深在 5m 以内，边坡坡度符合规定时，可不加支撑。当挖土深度超过 5m 或发现有地下水以及土质发生特殊变化等情况时，应根据土垢实际性能计算其稳定性，再确定边坡坡度。

（12）当对石方或冻土进行爆破作业时，所有人员、机具应撤至安全地带或采取安全保护措施。

6.1.2　单斗挖掘机

（1）单斗挖掘机的作业和行走场地应平整坚实，对松软地面应垫以枕木或垫板，沼泽地区应先作路基处理，或更换湿地专用履带板。

（2）轮胎式挖掘机使用前应支好支腿并保持水平位置，支腿应置于作业面的方向，转向驱动桥应置于作业面的后方。采用液压悬挂装置的挖掘机，应锁住两个悬挂液压缸。履带式挖掘机的驱动轮应置于作业面的后方。

（3）平整作业场地时，不得用铲斗进行横扫或用铲斗对地面进行夯实。

（4）挖掘岩石时，应先进行爆破。挖掘冻土时，应采用破冰锤或爆破法使冻土层破碎。

（5）挖掘机正铲作业时，除松散土壤外，其最大开挖高度和深度，不应超过机械本身性能规定。在拉铲或反铲作业时，履带距工作面边缘距离应大于 1.0m，轮胎距工作面边缘距离应大于 1.5m。

（6）作业前重点检查项目应符合下列要求：

1）照明、信号及报警装置等齐全有效；燃油、润滑油、液压油符合规定；

2）各铰接部分连接可靠；液压系统无泄漏现象；轮胎气压符合规定。

（7）启动前，应将主离合器分离，各操纵杆放在空挡位置，并应按有关规定启动内燃机。

（8）启动后，接合动力输出，应先使液压系统从低速到高速空载循环 10～20min，无吸空等不正常噪音，工作有效，并检查各仪表指示值，待运转正常再接合主离合器，进行空载运转，顺序操纵各工作机构并测试各制动器，确认正常后，方可作业。

（9）作业时，挖掘机应保持水平位置，将行走机构制动住，并将履带或轮胎楔紧。

（10）遇较大的坚硬石块或障碍物时，应待清除后方可开挖，不得用铲斗破碎石块、冻土、或用单边斗齿硬啃。

（11）挖掘悬崖时，应采取防护措施。作业面不得留有伞沿及松动的大块石，当发现有塌方危险时，应立即处理或将挖掘机撤至安全地带。

（12）作业时，应待机身停稳后再挖土，当铲斗未离开工作面时，不得作回转、行走等动作。回转制动时，应使用回转制动器，不得用转向离合器反转制动。

（13）作业时，各操纵过程应平稳，不宜紧急制动，铲斗升降不得过猛，下降时，不得撞碰车架或履带。

（14）斗臂在抬高及回转时，不得碰到洞壁、沟槽侧面或其他物体。

（15）向运土车辆装车时，宜降低挖铲斗，减小卸落高度，不得偏装或砸坏车厢。在汽车未停稳或铲斗需越过驾驶室而司机未离开前不得装车。

（16）作业中，当液压缸伸缩将达到极限位时，应动作平稳，不得冲撞极限块；作业中，当需制动时，应将变速阀置于低速位置；作业中，当发现挖掘力突然变化，应停机检查，严禁在未查明原因前擅自调整分配阀压力。

（17）作业中不得打开压力表开关，且不得将工况选择阀的操纵手柄放在高速档位置。

（18）反铲作业时，斗臂应停稳后再挖土。挖土时，斗柄伸出不宜过长，提斗不得过猛。

（19）作业中，履带式挖掘机作短距离行走时，主动轮应在后面，斗臂应在正前方与履带平行，制动住回转机构，铲斗应离地面 1m。上、下坡道不得超过机械本身允许最大坡度，下坡应慢速行驶，不得在坡道上变速和空挡滑行。

（20）轮胎式挖掘机行驶前，应收回支腿并固定好，监控仪表和报警信号灯应处于正常显示状态、气压表压力应符合规定，工作装置应处于行驶方向的正前方，铲斗应离地面 lm。长距离行驶时，应采用固定销将回转平台锁定，并将回转制动板踩下后锁定。

（21）当在坡道上行走且内燃机熄火时，应立即制动并楔住履带或轮胎，待重新发动后，方可继续行走。

（22）作业后，挖掘机不得停放在高边坡附近和填方区，应停放在坚实、平坦、安全的地带，将铲斗收回平放在地面上，所有操纵杆置于中位，关闭操纵室和机棚。

（23）履带式挖掘机转移工地应采用平板拖车装运。短距离自行转移时，应低速缓行，每行走 500～1000m 应对行走机构进行检查和润滑。

（24）保养或检修挖掘机时，除检查内燃机运行状态外，必须将内燃机熄火，并将液压系统卸荷，铲斗落地。利用铲斗将底盘顶起进行检修时，应使用垫木将抬起的轮胎垫稳，并用木楔将落地轮胎楔牢，然后将液压系统卸荷，否则严禁进入底盘下工作。

6.1.3 挖掘装载机

（1）挖掘装载机的挖掘及装载作业应符合本规程挖掘机及轮胎式装载机中的有关规定，并不宜挖掘三类及以上的土壤。

（2）挖掘作业前应先将装载斗翻转，使斗口朝地，并使前轮稍离开地面，踏下并锁住制动踏板，然后伸出支腿，使后轮离地并保持水平位置。

（3）作业时，操纵手柄应平稳，不得急剧移动；动臂下降时不得中途制动，挖掘时不得使用高速档；回转应平稳，不得撞击并用于砸实沟槽的侧面。

（4）动臂后端的缓冲块应保持完好；如有损坏时，应修复后方可使用。

（5）移位时，应将挖掘装置处于中间运输状态，收起支腿，提起提升臂后方可进行。

（6）装载作业前，应将挖掘装置的回转机构置于中间位置，并用拉板固定；在装载过程中，应使用低速挡；铲斗提升臂在举升时，不应使用阀的浮动位置。

（7）在前四阀工作时，后四阀不得同时进行工作。

（8）在行驶或作业中，除驾驶室外，挖掘装载机任何地方均严禁乘坐或站立人员。

（9）行驶中，不应高速和急转弯，下坡时不得空挡滑行；行驶时，支腿应完全收回，挖掘装置应固定牢靠，装载装置宜放低，铲斗和斗柄液压活塞杆应保持完全伸张位置。

（10）当停放时间超过1h时，应支起支腿，使后轮离地；停放时间超过1天时，应使后轮离地，并应在后悬架下面用垫块支撑。

6.1.4 推土机

（1）推土机在坚硬土壤或多石土壤地带作业时，应先进行爆破或用松土器翻松。在沼泽地带作业时，应更换湿地专用履带板。

（2）推土机行驶通过或在其上作业的桥、涵、堤、坝等，应具备相应的承载能力。

（3）不得用推土机推石灰、烟灰等粉尘物料和用作碾碎石块的作业。

（4）牵引其他机械设备时，应有专人负责指挥。钢丝绳的连接应牢固可靠。在坡道或长距离牵引时，应采用牵引杆连接。

（5）作业前重点检查项目应符合下列要求：

1）各部件无松动，连接良好；

2）燃油、润滑油、液压油等符合规定；

3）各系统管路无裂纹或泄漏；

4）各操纵杆和制动踏板的行程、履带的松紧度或轮胎气压均符合要求。

（6）启动前，应将主离合器分离，各操纵杆放在空挡位置。启动后应检查各仪表指示值，液压系统应工作有效；当运转正常、水温达到55℃、机油温度达到45℃时，可全载荷作业。

（7）推土机行驶前，严禁有人站在履带或刀片的支架上，机械四周应无障碍物，确认安全后，方可开动。

（8）采用主离合器传动的推土机接合应平稳，起步不得过猛，不得使离合器处于半接合状态下运转；液力传动的推土机，应先解除变速杆的锁紧状态，踏下减速器踏板，变速杆应在一定挡位，然后缓慢释放减速踏板。

（9）在块石路面行驶时，应将履带张紧。当需要原地旋转或急转弯时，应采用低速挡进行。当行走机构夹入块石时，应采用正、反向往复行驶使块石排除。

（10）在浅水地带行驶或作业时，应查明水深，冷却风扇叶不得接触水面。下水前和出水后，均应对行走装置加注润滑脂。

（11）推土机上、下坡或越过障碍物时应采用低速挡。上坡不得换挡，下坡不得空挡滑行。行驶横向的坡度不得超过10°，当需要在陡坡上推土时，应先进行填挖，使机身保持平衡，方可作业。

（12）在上坡途中，当内燃机突然熄灭，应立即放下铲刀，并锁住制动踏板。在分离主离合器后，方可重新启动内燃机。

（13）下坡时，当推土机下行速度大于内燃机传动速度时，转向动作的操纵应与平地行走时操纵的方向相反，此时不得使用制动器。

（14）填沟作业驶近边坡时，铲刀不得越出边缘。后退时，应先换挡，方可提升铲刀进行倒车；在深沟、基坑或陡坡地区作业时，应有专人指挥，其垂直边坡高度不应大于2m。

（15）在推土或松土作业中不得超载，不得作有损于铲刀、推土架、松土器等装置的动作，各项操作应缓慢平稳。无液力变矩器装置的推土机，在作业中有超载趋势时，应稍微提升刀片或变换低速挡。

（16）推树时，树干不得倒向推土机及高空架设物。推屋墙或围墙时，其高度不宜超过2.5m。严禁推带有钢筋或与地基基础连接的混凝土桩等建筑物。

（17）两台以上推土机在同一地区作业时，前后距离应大于8.0m；左右距离应大于1.5m。在狭窄道路上行驶时，未得前机同意，后机不得超越。

（18）推土机顶推铲运机作助铲时，应符合下列要求：

1）进入助铲位置进行顶推中，应与铲运机保持同一直线行驶；

2）铲刀的提升高度应适当，不得触及铲斗的轮胎；

3）助铲时应均匀用力，不得猛推猛撞，应防止将铲斗后轮胎顶离地面或使铲斗吃土过深；

4）铲斗满载提升时，应减少推力，待铲斗提离地面后即减速脱离接触；

5）后退时，应先看清后方情况，当需绕过正后方驶来的铲运机倒向助铲位置时，宜从来车的左侧绕行。

（19）推土机转移行驶时，铲刀距地面宜为400mm，不得用高速挡行驶和进行急转弯。不得长距离倒退行驶。

（20）作业完毕后，应将推土机开到平坦安全的地方，落下铲刀，有松土器的，应将松土器爪落下。在坡道上停机时，应将变速杆挂低速挡，接合主离合器，锁住制动踏板，并将履带或轮胎楔住。

（21）停机时，应先降低内燃机转速，变速杆放在空挡，锁紧液力传动的变速杆，分开主离合器，踏下制动踏板并锁紧，待水温降到75℃以下，油温降到90℃以下时，方可熄火。

（22）推土机长途转移工地时，应采用平板拖车装运。短途行走转移时，距离不宜超过10km，并在行走过程中应经常检查和润滑行走装置。

（23）在推土机下面检修时，内燃机必须熄火，铲刀应放下或垫稳。

6.1.5 拖式铲运机

（1）拖式铲运机牵引用拖拉机的使用应符合有关规程（推土机）中的规定。

（2）铲运机在符合四类土壤作业时，应先采用松土器翻松。铲运机作业区内应无树根、树桩、大的石块和过多的杂草等。

（3）铲运机行驶道路应平整结实，路面比机身应宽出2m。

（4）作业前，应检查钢丝绳、轮胎气压、铲土斗及卸土板回缩弹簧、拖把万向接头、撑架以及各部位滑轮等；液压式铲运机铲斗与拖拉机连接的叉座与牵引连接块应锁定，各液压管路连接应可靠，确认正常后，方可启动。

（5）开动前，应使铲斗离开地面，机械周围应无障碍物，确认安全后，方可开动。作业中，严禁任何人上下机械，传递物件，以及在铲斗内、拖把或机架上坐立。

（6）多台铲运机联合作业时，各机之间前后距离不得小于10m（铲土时不得小于5m），左右距离不得小于2m。行驶中，应遵守下坡让上坡、空载让重载、支线让干线的原则。

（7）在狭窄地段运行时，未经前机同意，后机不得超越。两机交会或超越平行时应减速，两机间距不得小于0.5m。

（8）铲运机上、下坡道时，应低速行驶，不得中途换挡，下坡时不得空挡滑行，行驶的横向坡度不得超过6°，坡宽应大于机身2m以上。

（9）在新填筑的土堤上作业时，离堤坡边缘不得小于1m。需要在斜坡横向作业时，应先将斜坡挖填，使机身保持平衡。

（10）在坡道上不得进行检修作业。在陡坡上严禁转弯、倒车或停车。在坡上熄火时，应将铲斗落地、制动牢靠后再行启动。下陡坡时，应将铲斗触地行驶，帮助制动。

（11）铲土时，铲斗与机身应保持直线行驶。助铲时应有助铲装置，应正确掌握斗门开启的大小，不得切土过深。两机动作应协调配合，做到平稳接触，等速助铲。

（12）在下陡坡铲土时，铲斗装满后，在铲斗后轮未到达缓坡地段前，不得将铲斗提离地面，应防铲斗快速下滑冲击主机。

（13）在凹凸不平地段行驶转弯时，应放低铲斗，不得将铲斗提升到最高位置。

（14）拖拉陷车时，应有专人指挥，前后操作人员应协调，确认安全后，方可起步。

（15）作业后，应将铲运机停放在平坦地面，并应将铲斗落在地面上。液压操纵的铲运机应将液压缸缩回，将操纵杆放在中间位置，进行清洁、润滑后，锁好门窗。

（16）非作业行驶时，铲斗必须用锁紧链条挂牢在运输行驶位置上，机上任何部位均不得载人或装载易燃、易爆物品。

（17）修理斗门或在铲斗下检修作业时，必须将铲斗提起后用销子或锁紧链条固定，再用垫木将斗身顶住，并用木楔楔住轮胎。

6.1.6 自行式铲运机

（1）自行式铲运机的行驶道路应平整坚实，单行道宽度不应小于5.5m。

（2）多台铲运机联合作业时，前后距离不得小于20m（铲土时不得小于10m），左右距离不得小于2m。作业前，应检查铲运机的转向和制动系统，并确认灵敏可靠。

（3）铲土时，或在利用推土机助铲时，应随时微调转向盘，铲运机应始终保持直线前进。不得在转弯情况下铲土。

（4）下坡时，不得空挡滑行，应踩下制动踏板辅以内燃机制动，必要时可放下斗，以降低下滑速度。

（5）转弯时，应采用较大回转半径低速转向，操纵转向盘不得过猛；当重载行驶或在弯道上、下坡时，应缓慢转向。

（6）不得在大于15°的横坡上行驶，也不得在横坡上铲土。

（7）沿沟边或填方边坡作业时，轮胎离路肩不得小于0.7m，并应放低铲斗，降速缓行。

（8）在坡道上不得进行检修作业。遇在坡道上熄火时，应立即制动，下降铲斗，把变速杆放在空挡位置，然后方可启动内燃机。

（9）穿越泥泞或软地面时，铲运机应直线行驶，当一侧轮胎打滑时，可踏下差速器锁止踏板；当离开不良地面时，应停止使用差速器锁止踏板；不得在差速器锁止时转弯。

（10）夜间作业时，前后照明应齐全完好，前大灯应能照至30m；当对方来车时，应在100m以外将大灯光改为小灯光，并低速靠边行驶。

6.1.7　静作用压路机

（1）压路机碾压的工作面，应经过适当平整，对新填的松软路基，应先用羊足碾或打夯机逐层碾压或夯实后，方可用压路机碾压。

（2）当土的含水量超过30%时不得碾压，含水量少于5%时，宜适当洒水。

（3）地段的纵坡不应超过压路机最大爬坡能力，横坡不应大于20°。

（4）应根据碾压要求选择机重。当光轮压路机需要增加机重时，可在滚轮内加砂或水，当气温降至0℃时，不得用水增重。轮胎压路机不宜在大块石基础层上作业。

（5）作业前，各系统管路及接头部分应无裂纹、松动和泄漏现象，滚轮的刮泥板应平整良好，各紧固件不得松动，轮胎压路机还应检查轮胎气压，确认正常后方可启动。

（6）不得用牵引法强制启动内燃机，也不得用压路机拖拉任何机械或物件。

（7）启动后，应进行试运转，确认运转正常，制动及转向功能灵敏可靠，方可作业。开动前，压路机周围应无障碍物或人员。

（8）碾压时应低速行驶，变速时必须停机。速度宜控制在3～4km/h范围内，在一个碾压行程中不得变速。碾压过程应保持正确的行驶方向，碾压第二行时必须与第一行重叠半个滚轮压痕。

（9）变换压路机前进、后退方向，应待滚轮停止后进行，不得利用换向离合器作制动用。

（10）在新建道路上进行碾压时，应从中间向两侧碾压。碾压时，距路基边缘不应少于0.5m。

（11）碾压傍山道路时，应由里侧向外侧碾压，距路基边缘不应少于1m。

（12）上、下坡时，应事先选好挡位，不得在坡上换挡，下坡时不得空挡滑行。

（13）两台以上压路机同时作业时，前后间距不得小于3m，在坡道上不得纵队行驶。

（14）在运行中，不得进行修理或加油。需要在机械底部进行修理时，应将内燃机熄火，用制动器制动住，并楔住滚轮。

（15）对有差速器锁住装置的三轮压路机，当只有一只轮子打滑时，方可使用差速器锁住装置，但不得转弯。

（16）作业后，应将压路机停放在平坦坚实的地方，并制动住。不得停放在土路边缘及斜坡上，也不得停放在妨碍交通的地方；严寒季节停机时，应将滚轮用木板垫离地面。

（17）压路机转移工地的距离较远时，应该采用汽车或平板拖车装运，坚决不得用其他车辆拖拉牵运。

6.1.8　振动压路机

（1）作业时，压路机应先起步后才能起振，内燃机应先置于中速，然后再调至高速。

（2）变速与换向时应先停机，变速时应降低内燃机转速。

（3）严禁压路机在坚实的地面上进行振动。

（4）碾压松软路基时，应先在不振动情况下碾压 1 ~ 2 遍，然后再振动辗压。

（5）碾压时，振动频率应保持一致。对可调振频的振动压路机，应先调好振动频率后再作业，不得在没有起振情况下调整振动频率。

（6）换向离合器、起振离合器和制动器的调整，应在主离合器脱开后进行。

（7）上、下坡时，不得使用快速挡。在急转弯时，包括铰接式振动压路机在小转弯绕圈碾压时，严禁使用快速挡。压路机在高速行驶时不得接合振动。

（8）停机时应先停振，然后将换向机构置于中间位置，变速器置于空挡，最后拉起手制动操纵杆，内燃机怠速运转数分钟后熄火。

（9）其他作业要求，应符合本规程静作用压路机的有关规定。

6.1.9 平地机

（1）在平整不平度较大的地面时，应先用推土机推平，再用平地机平整。

（2）平地机作业区应无树根、石块等障碍物。对土质坚实的地面，应先用齿耙翻松。

（3）作业区的水准点及导线控制桩的位置、数据应清楚，放线、验线工作应提前完成。

（4）作业前重点检查项目应符合下列要求：照明、音响装置齐全有效；燃油、润滑油、液压油等符合规定；各连接件无松动；液压系统无泄漏现象；轮胎气压符合规定。

（5）不得用牵引法强制启动内燃机，也不得用平地机拖拉其他机械。

（6）启动后，各仪表指示值应符合要求，待内燃机运转正常后，方可开动。

（7）起步前，检视机械周围应无障碍物及行人，先响喇叭示意后，用低速挡起步，并应测试并确认制动器灵敏有效。

（8）作业时，应先将刮刀下降到接近地面，起步后再下降刮刀铲土。铲土时，应根据铲土阻力大小，随时少量调整刮刀的切土深度，控制刮刀的升降量差不宜过大，不宜造成波浪形工作面。

（9）刮刀的回转与铲土角的调整以及向机外侧斜，都必须在停机时进行；但刮刀左右端的升降动作，可在机械行驶中随时调整。

（10）各类铲刮作业都应低速行驶，角铲土和使用齿耙时必须用一挡；刮土和平整作业可用二、三挡；换挡必须在停机时进行。

（11）遇到坚硬土质需用齿耙翻松时，应缓慢下齿；不得使用齿耙翻松石渣或混凝土路面。

（12）当使用平地机清除积雪时，应在轮胎上安装防滑链，并应逐段探明路面的深坑、沟槽情况。

（13）平地机在转弯或调头时，应使用低速挡；在正常行驶时，应采用前轮转向，当场地特别狭小时，方可使用前、后轮同时转向。

（14）行驶时，应将刮刀和齿耙升到最高位置，并将刮刀斜放，刮刀两端不得超出后轮外侧，行驶速度不得超过 20km/h。下坡时，不得空挡滑行。

（15）作业中，应随时注意变矩器油温，超过 120℃时应立即停止作业，待降温后再继续工作。作业后，应停放在平坦、安全的地方，将刮刀落在地面上，拉上手制动器。

6.1.10 轮胎式装载机

（1）装载机工作距离不宜过大，超过合理运距时，应由自卸汽车配合装运作业。自卸汽车的车厢容积应与铲斗容量相匹配。

(2) 装载机不得在倾斜度超过出厂规定的场地上施工作业。作业区内不得有障碍物，无关人员不得在场。

(3) 装载机作业场地和行驶道路应平坦。在石方施工场地作业时，应在轮胎上加装保护链条或用钢质链板直边轮胎。

(4) 作业前重点检查项目应符合下列要求：照明、音响装置齐全有效；燃油、润滑油、液压油符合规定；各连接件无松动；液压及液力传动系统无泄漏现象；转向、制动系统灵敏有效；轮胎气压符合规定。

(5) 启动内燃机后，应怠速空运转，各仪表指示值应正常，各部分管路密封良好，待水温达到 55℃、气压达到 0.45MPa 后，可起步行驶。

(6) 起步前，应先鸣声示意，宜将铲斗提升离地 0.5m。行驶过程中应测试制动器的可靠性。并避开路障或高压线等。除规定的操作人员外，不得搭乘其他人员，严禁铲斗载人。

(7) 高速行驶时应采用前两轮驱动；低速铲装时，应采用四轮驱动。行驶中，应避免突然转向。铲斗装载后升起行驶时，不得急转弯或紧急制动。

(8) 在公路上行驶时，必须由持有操作证的人员操作，并应遵守交通规则，下坡不得空挡滑行和超速行驶。

(9) 装料时，应根据物料的密度确定装载量，铲斗应从正面铲料，不得使铲斗单边受力。卸料时，举臂翻转铲斗应低速缓慢动作。

(10) 操纵手柄换向时，不应过急过猛，满载操作时，铲臂不得快速下降。

(11) 在松散不平的场地作业时，应把铲臂放在浮动位置，使铲斗平稳地推进；当推进时阻力过大时，可稍稍提升铲臂。

(12) 铲臂向上或向下动作到最大限度时，应速将操纵杆回到空挡位置。

(13) 不得将铲斗提升到最高位置运输物料，运载物料时，宜保持铲臂下铰点离地面0.5m，并保持平稳行驶。

(14) 铲装或挖掘应避免铲斗偏载，不得在收斗或半收斗而未举臂时前进。铲斗装满后，应举臂到距地面约 0.5m 时，再后退、转向、卸料。

(15) 当铲装阻力较大，出现轮胎打滑时，应立即停止铲装，排除过载后再铲装。

(16) 在向自卸汽车装料时，铲斗不得在汽车驾驶室上方越过。当汽车驾驶室顶无防护板装料时，驾驶室内不得有人。

(17) 在向自卸汽车装料时，宜降低铲斗及减小卸落高度，不得偏载、超载和砸坏车厢。

(18) 在边坡、壕沟、凹坑卸料时，轮胎离边缘距离应大于 1.5m，铲斗不宜过于伸出。在大于 3° 的坡面上，不得前倾卸料。

(19) 作业时，内燃机水温不得超过 90℃，变矩器油温不得超过 110℃，当超过上述规定时，应停机降温。

(20) 施工作业后，装载机应停放在安全场地，铲斗平放在地面上，操纵杆置于中位，并制动锁定。

(21) 装载机转向架未锁闭时，严禁站在前后车架之间进行检修保养。

（22）装载机铲臂升起后，在进行润滑或调整等作业之前，应装好安全销，或采取其他措施支住铲臂。

（23）停车时，应使内燃机转速逐步降低，不得突然熄火；应防止液压油因惯性冲击而溢出油箱。

6.1.11 蛙式夯实机

（1）蛙式夯实机应适用于夯实灰土和素土的地基、地坪及场地平整，不得夯实坚硬或软硬不一的地面、冻土及混有砖石碎块的杂土。作业前重点检查项目应符合下列要求：

1）除接零或接地外，应设置漏电保护器，电缆线接头绝缘良好；

2）传动皮带松紧度合适，皮带轮与偏心块安装牢固；

3）转动部分有防护装置，并进行试运转，确认正常后，方可作业。

（2）作业时夯实机扶手上的按钮开关和电动机的接线均应绝缘良好。当发现有漏电现象时，应立即切断电源，进行检修。

（3）夯实机作业时，应一人扶夯，一人传递电缆线，且必须戴绝缘手套和穿绝缘鞋。递线人员应跟随夯机后或两侧调顺电缆线，电缆线不得扭结或缠绕，且不得张拉过紧，应保持有 3～4m 的余量。

（4）作业时，应防止电缆线被夯击。移动时，应将电缆线移至夯机后方，不得隔机抢扔电缆线，当转向倒线困难时，应停机调整。

（5）作业时，手握扶手应保持机身平衡，不得用力向后压，并应随时调整行进方向。转弯时不得用力过猛，不得急转弯。

（6）夯实填高土方时，应在边缘以内 100～150mm 夯实 2～3 遍后，再夯实边缘。

（7）在较大基坑作业时，不得在斜坡上夯行，应避免造成夯头后折。

（8）夯实房心土时，夯板应避开房心内地下构筑物、钢筋混凝土塞桩、机座及地下管道等。在建筑物内部作业时，夯板或偏心块不得打在墙壁上。

（9）多机作业时，其平列间距不得小于 5m，前后间距不得小于 10m。

（10）夯机前进方向和夯机四周 1m 范围内，不得站立非操作人员。

（11）夯机连续作业时间不应过长，当电动机超过额定温升时，应停机降温。

（12）夯机发生故障时，应先切断电源，然后排除故障。

（13）作业后，应切断电源，卷好电缆线，清除夯机上的泥土，并妥善保管。

6.1.12 振动冲击夯

（1）振动冲击夯适用于黏性土、砂及砾石等散状物料的压实，不得在水泥路面和其他坚硬地面上作业。在施工作业前，必须重点检查项目应符合下列要求：各部件连接良好，无松动；内燃冲击夯有足够的润滑油，油门控制器转动灵活；电动冲击夯有可靠的接零或接地，电缆线表面绝缘完好。

（2）内燃冲击夯启动后，内燃机应怠速运转 3～5min，然后逐渐加大油门，待夯机跳动稳定后，方可作业。

（3）电动冲击夯在接通电源启动后，应检查电动机旋转方向，有错误时应倒换相线。

（4）作业时应正确掌握夯机，不得倾斜，手把不宜握得过紧，能控制夯机前进速度即可。

（5）作业时，不得使劲往下压手把，影响夯机跳起高度。在较松的填料上作业或上坡时，可将手把稍向下压，并应能增加夯机前进速度。

(6) 在需要增加密实度的地方，可通过手把控制夯机在原地反复夯实。

(7) 根据作业要求，内燃冲击夯应通过调整油门的大小，在一定范围内改变夯机振动频率。内燃冲击夯不宜在高速下连续作业。在内燃机高速运转时不得突然停车。

(8) 电动冲击夯应装有漏电保护装置，操作人员必须戴绝缘手套，穿绝缘鞋。作业时，电缆线不应拉得过紧，应经常检查接头安装，不得松动及引起漏电。严禁冒雨作业。

(9) 作业中，当冲击夯有异常的响声，应立即停机检查。当短距离转移时，应先将冲击夯手把稍向上抬起，将运输轮装入冲击夯的挂钩内，再压下手把，使重心后倾，方可推动手把转移冲击夯。

(10) 作业后，应清除夯板上的泥沙和附着物，保持夯机清洁，并妥善保管。

6.1.13　风动凿岩机

(1) 风动凿岩机的使用条件：风压宜为 0.5～0.6MPa，风压不得小于 0.4MPa；水压应符合要求；压缩空气应干燥；水应用洁净的软水。

(2) 使用前，应检查风、水管，不得有漏水、漏气现象，并应采用压缩空气吹出风管内的水分和杂物。

(3) 使用前，应向自动注油器注入润滑油，不得无油作业。

(4) 将钎尾插入凿岩机机头，用手顺时针应能够转动钎子，如有卡塞现象，应排除后开钻，开钻前，应检查作业面，周围石质应无松动，场地应清理干净，不得遗留瞎炮。

(5) 在深坑、沟槽、井巷、隧道、洞室施工时，应根据地质和施工要求，设置边坡、顶撑或固壁支护等安全措施，并应随时检查及严防冒顶塌方。

(6) 严禁在废炮眼上钻孔和骑马式操作，钻孔时，钻杆与钻孔中心线应保持一致。

(7) 风管和水管不得缠绕、打结，并不得受各种车辆辗压。不应用弯折风管的方法停止供气。

(8) 开钻时，应先开风管、后开水管；停钻后，应先关水管、后关风管；并应保持水压低于风压，不得让水倒流入凿岩机气缸内部。

(9) 开孔时，应慢速运转，不得用手、脚去挡钎头。应待孔深达 10～15mm 后再逐渐转入全速运转。退钎时，应慢速徐徐拔出，若岩粉较多，应强力吹孔。

(10) 运转中，当遇卡钎或转速减慢时，应立即减少轴向推力；当钎杆仍不转时，应立即停机排除故障。

(11) 使用手持式凿岩机垂直向下作业时，体重不得全部压在凿岩机上，应防止钎杆断裂伤人。凿岩机向上方作业时，应保持作业方向并防止钎杆突然折断，并不得长时间全速空转。

(12) 当钻孔深度达 2m 以上时，应先采用短钎杆钻孔，待钻到 1.0～1.3m 深度后，再换用长钎杆钻孔。

(13) 在离地 3m 以上或边坡上作业时，必须系好安全带。不得在山坡上拖拉风管，当需要拖拉时，应先通知坡下的作业人员撤离。

(14) 在巷道或洞室等通风条件差的作业面，必须采用湿式作业。在缺乏水源或不适合湿式作业的地方作业时，应采取防尘措施。

(15) 在装完炸药的炮眼 5m 以内，严禁钻孔。

（16）夜间作业时，应有足够的照明。洞室施工不但应有足够的照明还应有良好的通风措施。

（17）作业后，应关闭水管阀门，卸掉水管，进行空运转，吹净机内残存水滴，再关闭风管阀门。

6.2 桩工与水工机械

6.2.1 基本要求

（1）打桩机所配置的电动机、内燃机、卷扬机、液压装置等的使用应执行有关规程。

（2）打桩机类型应根据桩的类型、桩长、桩径、地质条件、施工工艺等综合考虑选择。打桩作业前，应由施工技术人员向机组人员进行安全技术交底。

（3）施工现场应按地基承载力不小于 83kPa 的要求进行整平压实。在基坑和围堰内打桩，应配置足够的排水设备。

（4）打桩机作业区内应无高压线路。作业区应有明显标志或围栏，非工作人员不得进入。桩锤在施打过程中，操作人员必须在距离桩锤中心 5m 以外监视。

（5）机组人员作登高检查或维修时，必须系安全带；工具和其他物件应放在工具包内，高空人员不得向下随意抛物。

（6）水上打桩时，应选择排水量比桩机重量大 4 倍以上的作业船或牢固排架，打桩机与船体或排架应可靠固定，并采取有效的锚固措施。当打桩船或排架的偏斜度超过 3°时，应停止作业。

（7）安装时，应将桩锤运到立柱正前方 2m 以内，并不得斜吊。吊桩时，应在桩上拴好拉绳，不得与桩锤或机架碰撞。

（8）严禁吊桩、吊锤、回转或行走等动作同时进行。打桩机在吊有桩和锤的情况下，操作人员不得离开岗位。

（9）插桩后，应及时校正桩的垂直度。桩入土 3m 以上时，严禁用打桩机行走或回转动作来纠正桩的倾斜度。

（10）拔送桩时，不得超过桩机起重能力；起拔载荷应符合以下规定

1）打桩机为电动卷扬机时，起拔载荷不得超过电动机满载电流；

2）打桩机卷扬机以内燃机为动力，拔桩时发现内燃机明显降速，应立即停止起拔；

3）每米送桩深度的起拔载荷可按 40kN 计算。

（11）卷扬钢丝绳应经常润滑，不得干摩擦。钢丝绳的使用及报废标准应执行有关规程（起重机械的基本要求）中的规定。

（12）作业中，当停机时间较长时，应将桩锤落下垫好。检修时不得悬吊桩锤。

（13）遇有雷雨、大雾和六级及以上大风等恶劣气候时，应停止一切作业。当风力超过七级或有风暴警报时，应将打桩机顺风向停置，并应增加缆风绳，或将桩立柱放倒地面上。立柱长度在 27m 及以上时，应提前放倒。

（14）作业后，应将打桩机停放在坚实平整的地面上，将桩锤落下垫实，并切断动力电源。

6.2.2 柴油打桩锤

（1）柴油打桩锤应使用规定配合比的燃油。作业前，应将燃油箱注满，并将出油阀门

打开。

(2) 作业前，应打开放气螺塞，排出油路中的空气，并应检查和试验燃油泵，从清扫孔中观察喷油情况；发现不正常时，应予调整。

(3) 作业前，应使用起落架将上活塞提起稍高于上汽缸，打开贮油室油塞，按规定加满润滑油。对自动润滑的桩锤，应采用专用油泵向润滑油管路加入润滑油，并应排除管路中的空气。

(4) 对新启用的桩锤，应预先沿上活塞一周浇入 0.5L 润滑油，用油枪对下活塞加注一定量的润滑油。

(5) 应检查所有紧固螺栓，并应重点检查导向板的固定螺栓，不得在松动及缺件情况下作业。桩锤启动前，应使桩锤、桩帽和桩在同一轴线上，不得偏心打桩。

(6) 应检查并确认起落架各工作机构安全可靠，启动钩与上活塞接触线在 5 ~ 10mm 之间。

(7) 提起桩锤脱出砧座后，其下滑长度不宜超过 200mm。超过时应调整桩帽绳扣。

(8) 应检查导向板磨损间隙，当间隙超过 7mm 时，应予更换。

(9) 应检查缓冲胶垫，当砧座和橡胶垫的接触面小于原面积三分之二时，或下汽缸法兰与砧座间隙小于 7mm 时，均应更换橡胶垫。

(10) 对水冷式桩锤，应将水箱内的水加满。冷却水必须使用软水，冬季应加温水。

(11) 在桩贯入度较大的软土层启动桩锤时，应先关闭油门冷打，待每击贯入度小于 100mm 时，再开启油门启动桩锤。

(12) 锤击中，上活塞最大起跳高度不得超出厂说明书规定，目视测定高度宜符合出厂说明书上的目测表或计算公式，当超过规定高度时，应减少油门，控制落距。

(13) 当上活塞下落而柴油锤未燃爆时，上活塞可发生短时间的起伏，此时起落架不得落下，应防撞击碰块。

(14) 打桩过程中，应有专人负责拉好曲臂上的控制绳；在意外情况下，可使用控制绳紧急停锤。

(15) 当上活塞与启动钩脱离后，应将起落架继续提起，使它与上汽缸达到或超过 2m 的距离。桩帽中的填料不得偏斜，作业中应保证锤击桩帽中心。

(16) 作业中，应重点观察上活塞的润滑油是否从油孔中泄出。当下汽缸为自动加油泵润滑时，应经常打开油管头，检查有无油喷出；当无自动加油泵时，应每隔 15mm 向下活塞润滑点注入润滑油。当一根桩打进时间超过 15min 时，则应在打完后立即加注润滑油。

(17) 作业中，当桩锤冲击能量达到最大能量时，其最后 10 锤的贯入值不得小于 5mm。

(18) 作业中，当水套的水因蒸发而低于下汽缸吸排气口时，应及时补充，严禁无水作业。

(19) 停机后，应将桩锤放到最低位置，盖上汽缸盖和吸气孔及排气孔塞子，关闭燃料阀，将操作杆于停机位置，起落架升至高于桩锤 1m 处，锁住安全限位装置。

(20) 长期停用的桩锤，应从桩机上卸下，放掉冷却水、燃油及润滑油，将燃烧室及上、下活塞打击面清洗干净，并应做好防腐措施，盖上保护套，入库保存。

6.2.3 振动桩锤

（1）作业场地至电源变压器或供电主干线的距离应在200m以内。

（2）电源容量与导线截面应符合出厂使用说明书的规定，启动时，电压降应按有关规程规定执行。

（3）液压箱、电气箱应置于安全平坦的地方，电气箱和电动机必须安装保护接地设施。

（4）长期停放重新使用前，应测定电动机的绝缘值，且不得小于0.5MΩ，并应对电缆芯线进行导通试验，电缆外包橡胶层应完好无损。

（5）作业前，应检查振动桩锤减震器与连接螺栓的紧固性，不得在螺栓松动或缺件的状态下启动。应检查并确认电气箱内各部件完好，接触无松动，接触器触点无烧毛现象。

（6）应检查并确认振动箱内润滑油位在规定范围内。用手盘转胶带轮时，振动箱内不得有任何异响。

（7）应检查各传动胶带的松紧度，过松或过紧时应进行调整。胶带防护罩不应有破损。

（8）夹持器与振动器连接处的紧固螺栓不得松动。液压缸根部的接头防护罩应齐全。

（9）应检查夹持片的齿形。当齿形磨损超过4mm时，应更换或用堆焊修复。使用前，应在夹持片中间放一块10～15mm厚的钢板进行试夹。试夹中液压缸应无渗漏，系统压力应正常，不得在夹持片之间无钢板时试夹。

（10）悬挂振动桩锤的起重机，其吊钩上必须有防松脱的保护装置。振动桩锤悬挂钢架的耳环上应加装保险钢丝绳。

（11）启动振动桩锤应监视启动电流和电压，一次启动时间不应超过10s。当启动困难时，应查明原因，排除故障后，方可继续启动。启动后，应待电流降到正常值时，方可转到运转位置。

（12）振动桩锤启动运转后，应待振幅达到规定值时，方可作业。当振幅正常后，对工字桩应夹紧腹板的中央。如钢板桩和工字桩的头部有钻孔时，应将钻孔焊平或将钻孔以上割掉，亦可在钻孔处焊加强板，应严防拔断钢板桩。

（13）夹桩时，不得在夹持器和桩的头部之间留有空隙，并应待压力表显示压力达到额定值后，方可指挥起重机起拔。

（14）拔桩时，当桩身埋入部分被拔起1.0～1.5m时，应停止振动，拴好吊桩用钢丝绳，再起振拔桩。当桩尖在地下只有1～2m时，应停止振动，由起重机直接拔桩。待桩完全拔出后，在吊桩钢丝绳未吊紧前，不得松开夹持器。

（15）沉桩前，应以桩的前端定位，调整导轨与桩的垂直度，不应使倾斜度超过20°。

（16）沉桩时，吊桩的钢丝绳应紧跟桩下沉速度而放松。在桩入土3m之前，可利用桩机回转或导杆前后移动，校正桩的垂直度；在桩入土超过3m时，不得再进行校正。

（17）沉桩过程中，当电流表指数急剧上升时，应降低沉桩速度，使电动机不超载；但当桩沉入太慢时，可在振动桩锤上加一定量的配重。

（18）作业中，当遇液压软管破损、液压操纵箱失灵或停电（包括熔丝烧断）时，应立即停机，将换向开关放在"中间"位置，并应采取安全措施，不得让桩从夹持器中脱落。

（19）作业中，应保持振动桩锤减振装置各摩擦部位具有良好的润滑。

（20）作业后，应将振动桩锤沿导杆放至低处，并采用木块垫实，带桩管的振动桩锤可将桩管插入地下一半。

（21）作业后，除应切断操纵箱上的总开关外，尚应切断配电盘上的开关，并应采用防雨布将操纵箱遮盖好。

6.2.4 履带式打桩机（三支点式）

（1）打桩机的安装场地应平坦坚实，当地基承载力达不到规定的压应力时，应在履带下铺设路基箱或30mm厚的钢板，其间距不得大于300mm。

（2）打桩机的安装、拆卸应按照出厂说明书规定程序进行。用伸缩式履带的打桩机，应将履带扩张后方可安装。履带扩张应在无配重情况下进行，上部回转平台应转到与履带成90°的位置。

（3）立柱底座安装完毕，应对水平微调液压缸进行试验，确认无问题时，应再将活塞杆缩尽，并准备安装立柱。

（4）立柱安装时，履带驱动轮应置于后部，履带前倾覆点应采用铁楔块填实，并应制动住行走机构和回转机构，用销轴将水平伸缩臂定位。在安装垂直液压缸时，应在下面铺木垫板将液压缸顶实，并使主机保持平衡。

（5）安装立柱时，应按规定扭矩将连接螺栓拧紧，立柱支座下方应垫千斤顶并顶实。安装后的立柱，其下方搁置点不应少于3个。立柱的前端和两侧应系揽风绳。

（6）立柱竖立前应向顶梁各润滑点加注润滑油，再进行卷扬筒制动试验。试验时，应先将立柱拉起300～400mm后制动住，然后放下，同时应检查并确认前后液压缸千斤顶牢固可靠。

（7）立柱的前端应垫高，不得在水平以下位置扳起立柱。当立柱扳起时，应同步放松缆风绳。扳到75°～83°时，应停止卷扬，并收紧缆风绳，再装上后支撑，用后支撑液压缸使立柱竖直。当立柱接近垂直位置时，应减慢竖立速度。

（8）安装后支撑时，应有专人将液压缸向主机外侧拉住，不得撞击机身。

（9）安装桩锤时，桩锤底部冲击块与桩帽之间应有下述厚度的缓冲垫木。对金属桩，垫木厚度应为100～150mm；对混凝土桩，垫木厚度应为200～250mm。作业中应观察垫木的损坏情况，损坏严重时应予更换。

（10）连接桩锤与桩帽的钢丝绳张紧度应适宜，过紧或过松时，应予调整，拉紧后应留有200～250mm的滑出余量，并应防止绳头插入汽缸法兰与冲击块内损坏缓冲垫。

（11）拆卸应按与安装时相反程序进行。放倒立柱时，应使用制动器使立柱缓缓放下，并用缆风绳控制，不得不加控制地快速下降。

（12）正前方吊桩时，对混凝土预制桩，立柱中心与桩的水平距离不得大于4m；对钢管桩，水平距离不得大于7m，严禁偏心吊桩或强行拉桩等。

（13）使用双向立柱时，应待立柱转向到位，并用锁销将立柱与基杆锁住后，方可起吊。

（14）打斜桩时，应先将桩锤提升到预定位置，并将桩吊起，套入桩帽，桩尖插入桩位后再后仰立柱，并用后支撑杆顶紧，立柱后仰时打桩机不得回转及行走。

（15）打桩机带锤行走时，应将桩锤放至最低位。行走时，驱动轮应在尾部位置，并应有专人指挥。在斜坡上行走时，应将打桩机重心置于斜坡的上方，斜坡的坡度不得大于5°，在斜坡上不得回转。

（16）作业后，应将桩锤放在已打入地下的桩头或地面垫板上，将操纵杆置于停机位置，起落架升至比桩锤高 1m 的位置，锁住安全限位装置，并应使全部制动生效。

6.2.5 静力压桩机

（1）压桩机安装地点应按施工要求进行先期处理，应平整场地，地面应达到 35kPa 的平均地基承载力。

（2）安装时，应控制好两个纵向行走机构的安装间距，使底盘平台能正确对位。电源在导通时，应检查电源电压并使其保持在额定电压范围内。

（3）各液压管路连接时，不得将管路强行弯曲。安装过程中，应防止液压油过多流损。

（4）安装配重前，应对各紧固件进行检查，在紧固件未拧紧前不得进行配重安装。

（5）安装完毕，应对整机进行试运转，对吊桩用的起重机，应进行满载试吊。

（6）作业前应检查并确认各传动机构、齿轮箱、防护罩等良好，各部件连接牢固。

（7）作业前应检查并确认起重机起升、变幅机构正常，吊具、钢丝绳、制动器等良好。

（8）应检查并确认电缆表面无损伤，保护接地电阻符合规定，电源电压正常，旋转方向正确。同时应确认润滑油、液压油的油位符合规定，液压系统无泄漏，液压缸动作灵活。

（9）冬季应清除机上积雪，工作平台应有防滑措施。

（10）压桩作业时，应有统一指挥，压桩人员和吊桩人员应密切联系，相互配合。

（11）当压桩机的电动机尚未正常运行前，不得进行压桩。

（12）起重机吊桩进入夹持机构进行接桩或插桩作业中，应确认在压桩开始前吊钩已安全脱离桩体。接桩时，上一节应提升 350~400mm，此时不得松开夹持板。

（13）压桩时，应按桩机技术性能表作业，不得超载运行。操作时动作不应过猛，避免冲击。

（14）顶升压桩机时，四个顶升缸应二个一组交替动作，每次行程不得超过 100mm。当单个顶升缸动作时，行程不得超过 50mm。

（15）压桩时，非工作人员应离机 10m 以外。起重机的起重臂下，严禁站人。

（16）压桩过程中，应保持桩的垂直度，如遇地下障碍物使桩产生倾斜时，不得采用压桩机行走的方法强行纠正，应先将桩拔起，待地下障碍物清除后，重新插桩。

（17）当桩在压入过程中，夹持机构与桩侧出现打滑时，不得任意提高液压缸压力，强行操作，而应找出打滑原因，排除故障后，方可继续进行。

（18）当桩的贯入阻力太大，使桩不能压至标高时，不得任意增加配重。应保护液压元件和构件不受损坏。

（19）当桩顶不能最后压到设计标高时，应将桩顶部分凿去，不得用桩机行走的方式，将桩强行推断。

（20）当压桩引起周围土体隆起，影响桩机行走时，应将桩机前进方向隆起的土铲平，不得强行通过。

（21）压桩机行走时，长、短船与水平坡度不得超过5°。纵向行走时，不得单向操作一个手柄，应二个手柄一起动作。

（22）压桩机在顶升过程中，船形轨道不应压在已入土的单一桩顶上。

（23）作业完毕，应将短船运行至中间位置，停放在平整地面上，其余液压缸应全部回程缩进，起重机吊钩应升至最上部，并应使各部位制动生效，最后应将外露活塞杆擦干净。

（24）作业后，应将控制器放在"零位"，并依次切断各部位电源，锁闭门窗，冬季应放尽各部位积水。

（25）转移工地时，应按规定程序拆卸后，用汽车装运。所有油管接头处应加闷头螺栓，不得让尘土进入。液压软管不得强行弯曲。

6.2.6 转盘钻孔机

（1）安装钻孔机前，应掌握勘探资料，并确认地质条件符合该钻机的要求，地下无埋设物，作业范围内无障碍物，施工现场与架空输电线路的安全距离符合规定。

（2）安装钻孔机时，钻机钻架基础应夯实、整平。轮胎式钻机的钻架下应铺设枕木，垫起轮胎，钻机垫起后应保持整机处于水平位置。

（3）钻机的安装和钻头的组装应按照说明书规定进行，竖立或放倒钻架时，应由熟练的专业人员进行。钻架的吊重中心、钻机的卡孔和护进管中心应在同一垂直线上，钻杆中心允许偏差为20mm。

（4）钻头和钻杆连接螺纹应良好，滑扣时不得使用。钻头焊接应牢固，不得有裂纹。钻杆连接处应加便于拆卸的厚垫圈。

（5）作业前重点检查项目应符合下列要求：

1）各部件安装紧固，转动部位和传动带有防护罩，钢丝绳完好，离合器、制动带功能良好；

2）润滑油符合规定，各管路接头密封良好，无漏油、漏气、漏水现象；

3）电气设备齐全、电路配置完好；

4）钻机作业范围内无障碍物。

（6）作业前，应将各部位操纵手柄先置于空挡位置，用人力盘动无卡阻，再启动电动机空载运转，确认一切正常后，方可作业。

（7）开机时，应先送浆后开钻；停机时，应先停钻后停浆。泥浆泵应有专人看管，对泥浆质量和浆面高度应随时测量和调整，保证浓度合适。停钻时，出现漏浆应及时补充。并应随时清除沉淀池中杂物，保持泥浆纯净和循环不中断，防止塌孔和埋钻。

（8）开钻时，钻压应轻，转速应慢。在钻进过程中，应根据地质情况和钻进深度，选择合适的钻压和钻速，均匀给进。变速箱换挡时，应先停机，挂上挡后再开机。

（9）加接钻杆时，应使用特制的连接螺栓均匀紧固，保证连接处的密封性，并做好连接处的清洁工作。

（10）钻进中，应随时观察钻机的运转情况，当发生异响、吊索具破损、漏气、漏渣以及其他不正常情况时，应立即停机检查，排除故障后，方可继续开钻。

（11）提钻、下钻时，应轻提轻放。钻机下和井孔周围2m以内及高压胶管下，不得站人。严禁钻杆在旋转时提升。

（12）发生提钻受阻时，应先设法使钻具活动后再慢慢提升，不得强行提升。如钻进受阻时，应采用缓冲击法解除，并查明原因，采取措施后，方可钻进。

（13）钻架、钻台平车、封口平车等的承载部位不得超载。使用空气反循环时，其喷浆口应遮拦，并应固定管端。

（14）钻进进尺达到要求时，应根据钻杆长度换算孔底标高，确认无误后，再把钻头略为提起，降低转速，空转 5~20min 后再停钻。停钻时，应先停钻后停风。

（15）钻机的移位和拆卸，应按照说明书规定进行，在转移和拆运过程中，应防止碰撞机架。作业完毕后，应对钻机进行清洗和润滑，并应将主要部位遮盖妥当。

6.2.7 螺旋钻孔机

（1）使用钻机的现场，应按钻机说明书的要求清除孔位及周围的石块等障碍物。作业场地距电源变压器或供电主干线距离应在 200m 以内，启动时电压降不得超过额定电压的 10%。电动机和控制箱应有良好的接地装置。

（2）安装前，应检查并确认钻杆及各部件无变形；安装后，钻杆与动力头的中心线允许偏斜为全长的 1%。

（3）安装钻杆时，应从动力头开始，逐节往下安装。不得将所需钻杆长度在地面上全部接好后一次起吊安装。动力头安装前，应先拆下滑轮组，将钢丝绳穿绕好。钢丝绳的选用，应按说明书规定的要求配备。

（4）安装完毕后，电源的频率与控制箱内频率转换开关上的指针应相同，不同时，应采用频率转换开关予以转换。

（5）钻机应放置平稳、坚实，汽车式钻孔机应架好支腿，将轮胎支起，并应用自动微调或线锤调整挺杆，使之保持垂直。

（6）启动前应检查并确认钻机各部件连接牢固，传动带的松紧度适当，减速箱内油位符合规定，钻深限位报警装置有效。

（7）启动前，应将操纵杆放在空挡位置。启动后，应作空运转试验，检查仪表、温度、音响、制动等各项工作正常，方可作业。

（8）施钻时，应先将钻杆缓慢放下，使钻头对准孔位，当电流表指针偏向无负荷状态时即可下钻。在钻孔过程中，当电流表超过额定电流时，应放慢下钻速度。

（9）钻机发出下钻限位报警信号时，应停钻，并将钻杆稍稍提升，待解除报警信号后，方可继续下钻。

（10）钻孔中卡钻时，应立即切断电源，停止下钻。未查明原因前，不得强行启动。

（11）作业中，当需改变钻杆回转方向时，应待钻杆完全停转后再进行。钻孔时，当机架出现摇晃、移动、偏斜或钻头内发出有节奏的响声时，应立即停钻检查，经认真处理后，方可继续施钻。

（12）扩孔达到要求孔径时，应停止扩削，并拢扩孔刀管，稍松数圈，使管内存土全部输送到地面，即可停钻。

（13）作业中停电时，应将各控制器放置零位，切断电源，并及时将钻杆全部从孔内拔出，使钻头接触地面。钻机运转时，应防止电缆线缠入钻杆中，必须有专人看护。

（14）钻孔时，严禁用手清除螺旋片中的泥土。发现紧固螺栓松动时，应立即停机，在紧固后方可继续作业。成孔后，应将孔口加盖保护。

（15）作业后，应将钻杆及钻头全部提升至孔外，先清除钻杆和螺旋叶片上的泥土，再将钻头按下接触地面，各部位制动住，操纵杆放到空挡位置，切断电源。

（16）当钻头磨损量达 20mm 时，应予更换。

6.2.8　全套管钻机

（1）钻机安装场地应平整、夯实、能承载该机的工作压力；当地基不良时，钻机下应加铺钢板防护。

（2）安装钻机时，应在专业技术人员指挥下进行。安装人员必须经过培训，熟悉安装工艺及指挥信号，并有保证安全的技术措施。

（3）与钻机相匹配的起重机，应根据成桩时所需的高度和起重量进行选择。当钻机与起重机连接时，各个部位的连接均应牢固可靠。钻机与动力装置的液压油管和电缆线应按出厂说明书规定连接。

（4）引入机组的照明电源，应安装低压变压器，电压不应超过 36V。

（5）作业前应进行外观检查并应符合下列要求：钻机各部位外观良好，各连接螺栓无松动；燃油、润滑油、液压油、冷却水等符合规定，无渗漏现象；各部位钢丝绳无损坏和锈蚀，连接正确；各卷扬机的离合器、制动器无异常现象，液压装置工作有效；套管和浇注管内侧无明显的变形和损伤，未被混凝土粘结。

（6）应通过检查确认无误后，方可启动内燃机，并怠速运转逐步加速至额定转速，按照指定的桩位对位，通过试调，使钻机纵向和横向达到水平、位正，再进行作业。

（7）机组人员应监视各仪表指示数据，倾听运转声响，发现异状或异响等情况时，应立即停机处理。

（8）第一节套管入土后，应随时调整套管的垂直度。当套管入土 5m 以下时，不得强行纠偏。在作业过程中，当发现主机在地面及液压支撑处下沉时，应立即停机。在采用 30mm 厚钢板或路基箱扩大托承面、减小接地应力等措施后，方可继续作业。

（9）在套管内挖掘土层中，碰到坚硬土岩和风化岩硬层时，不得用锤式抓斗冲击硬层，应采用十字凿锤将硬层有效地破碎后，方可继续挖掘。

（10）用锤式抓斗挖掘管内土层时，应在套管上加装保护套管接头的喇叭口。

（11）套管在对接时，接头螺栓应按出厂说明书规定的扭矩，对称拧紧。接头螺栓拆下时，应立即洗净后浸入油中。

（12）起吊套管时，应使用专用工具吊装，不得用卡环直接吊在螺纹孔内，亦不得使用其他损坏套管螺纹的起吊方法。

（13）挖掘过程中，应保持套管的摆动。当发现套管不能摆动时，应用拔出液压缸将套管上提，再用起重机助拔，直至拔起部分套管能摆动为止。

（14）浇注混凝土时，钻机操作和灌注作业密切配合，应根据孔深、桩长适当配管，套管与浇注管保持同心，在浇注管埋入混凝土 2～4m 之间时，应同步拔管和拆管，并应确保浇注成桩的质量。

（15）作业后，应就地清除机体、锤式抓斗及套管等外表的混凝土和泥砂，将机架放回行走的原位，将机组转移至安全场所。

6.2.9　离心水泵

（1）水泵放置地点应坚实，安装应牢固、平稳，并应有防雨设施。多级水泵的高压软管接头应牢固可靠，放置宜平直，转弯处应固定牢靠。数台水泵并列安装时，其扬程宜相同，每台之间应有 0.8~1.0m 的距离；串联安装时，应有相同的流量。

（2）冬季运转时，应做好管路、泵房的防冻、保温工作。

（3）启动前检查项目应符合下列要求：

1）电动机与水泵的连接同心，联轴器的螺栓紧固，联轴节的转动部分有防护装置，泵的周围无障碍物；

2）管路支架牢固，密封可靠，泵体、泵轴、填料和压盖严密，吸水管底阀无堵塞或漏水；

3）排气阀畅通，进、出水管接头严密不漏，泵轴与泵体之间不漏水。

（4）启动时应加足引水，并将出水阀关闭；当水泵达到额定转速时，旋开真空表和压力表的阀门，待指针位置正常后，方可逐步打开出水阀。

（5）运转中发现下列情况，应立即停机检修：漏水、漏气、填料部分发热；底阀滤网堵塞，运转声音异常；电动机温升过高，电流突然增大；机械零件松动或其他故障。

（6）升降吸水管时，应在有护栏的平台上操作。运转过程中，严禁人员从机上跨越。

（7）水泵停止作业时，应先关闭压力表，再关闭出水阀，然后切断电源。冬季使用时，应将各部分放水阀打开，放净水泵和水管中积水。

6.2.10　潜水泵

（1）潜水泵宜先装在坚固的篮篓里再放入水中，亦可在水中将泵的四周设立坚固的防护围网。泵应直立于水中，水深不得小于 0.5m，不得在含泥砂的水中使用。

（2）当将潜水泵放入水中或者提出水面时，首先应该切断电源，并严禁拉拽电缆或者出水管。

（3）潜水泵应装设保护接零或漏电保护装置，工作时泵周围 30m 以内水面，不得有人、畜进入。若潜水泵设在集水井内时，井顶应设计其盖板，并且潜水泵出水管上应安装压力表、止回阀等。

（4）启动前检查项目应符合下列要求：水管结扎牢固；放气、放水、注油等螺塞均旋紧；叶轮和进水节无杂物；电缆绝缘良好。

（5）接通电源后，应先试运转，并应检查并确认旋转方向正确，在水外运转时间不得超过 5min。

（6）应经常观察水位变化，叶轮中心至水平距离应在 0.5~3.0m 之间，泵体不得陷入污泥或露出水面。电缆不得与井壁、池壁相擦。

（7）新泵或新换密封圈，在使用 50h 后，应旋开放水封口塞，检查水、油的泄漏量。当泄漏量超过 5 毫升时，应进行 0.2MPa 的气压试验，查出原因，予以排除，以后应每月检查一次；当泄漏量不超过 25 毫升时，可继续使用。检查后应换上规定的润滑油。

（8）经过修理的油浸式潜水泵，应先经 0.2MPa 气压试验，检查各部位无泄漏现象，然后将润滑油加入上、下壳体内。

（9）当气温降到 0℃ 以下时，在停止运转后，应从水中提出潜水泵擦干后存放室内。

（10）每周应测定一次电动机定子绕组的绝缘电阻，其值应无下降。

6.2.11　泥浆泵

（1）泥浆泵应安装在稳固的基础架或地基上，不得松动。

（2）启动前，检查项目应符合下列要求：各连接部位牢固；电动机旋转方向正确；离合器灵活可靠；管路连接牢固，密封可靠，底阀灵活有效。

（3）启动前，吸水管、底阀及泵体内应注满引水，压力表缓冲器上端应注满油。

（4）启动前应使活塞往复两次，无阻梗时方可空载启动。启动后，应待运转正常，再逐步增加载荷。

（5）运转中，应经常测试泥浆含砂量。泥浆含砂量不得超过 10%。

（6）有多挡速度的泥浆泵，在每班运转中应将几挡速度分别运转，运转时间均不得少于 30min。运转中不得变速；当需要变速时，应停泵进行换挡。

（7）运转中，当出现异响或水量、压力不正常，或有明显高温时，应停泵检查。

（8）在正常情况下，应在空载时停泵。停泵时间较长时，应全部打开放水孔，并松开缸盖，提起底阀放水杆，放尽泵体及管道中的全部泥砂。

（9）泥浆泵长期停用时，应清洗各部位泥砂、油垢，将曲轴箱内润滑油放尽，并应对泥浆泵采取防锈、防腐措施。

6.3 起 重 机 械

6.3.1 基本要求

（1）起重机的内燃机、电动机和电气、液压装置部分，应执行我国的有关规程。

（2）操作人员在作业前必须对工作现场环境、行驶道路、架空电线、建筑物以及构件重量和分布情况进行全面了解。

（3）现场施工负责人应为起重机作业提供足够的工作场地，清除或避开起重臂起落及回转半径内的障碍物。

（4）各类起重机应装有音响清晰的喇叭、电铃或汽笛等信号装置。在起重臂、吊钩、平衡重等转动体上应标以鲜明的色彩标志。

（5）起重吊装的指挥人员必须持证上岗，作业时应与操作人员密切配合，执行规定的指挥信号。操作人员应按照指挥人员的信号进行作业，当信号不清或错误时，操作人员可拒绝执行。

（6）操纵室远离地面的起重机，在正常指挥发生困难时，地面及作业层（高空）的指挥人员均应采用对讲机等有效的通讯联络进行指挥。

（7）在露天有六级及以上大风或大雨、大雪、大雾等恶劣天气时，应停止起重吊装作业。雨雪过后作业前，应先试吊，确认制动器灵敏可靠后方可进行作业。

（8）起重机的变幅指示器、力矩限制器、起重量限制器以及各种行程限位开关等安全保护装置，应完好齐全、灵敏可靠，不得随意调整或拆除。严禁利用限制器和限位装置代替操纵机构。

（9）操作人员进行起重机回转、变幅、行走和吊钩升降等动作前，应发出音响信号示意。

（10）起重机作业时，起重臂和重物下方严禁有人停留、工作或通过。重物吊运时，严禁从人上方通过。严禁用起重机载运人员。

（11）操作人员应按规定的起重性能作业，不得超载。在特殊情况下需超载使用时，必须经过验算，有保证安全的技术措施，并写出专题报告，经企业技术负责人批准，有专人在现场监护下，方可作业。

（12）严禁使用起重机进行斜拉、斜吊和起吊地下埋设或凝固在地面上的重物以及其他不明重量的物体。现场浇注的混凝土构件或模板，必须全部松动后方可起吊。

（13）起吊重物应绑扎平稳、牢固，不得在重物上再堆放或悬挂零星物件。易散落物件应使用吊笼栅栏固定后方可起吊。标有绑扎位置的物件，应按标记绑扎后起吊。吊索与物件的夹角宜采用45°～60°，且不得小于30°，吊索与物件棱角之间应加垫块。

（14）当起吊载荷达到起重机额定起重量的90%及以上时，应先将重物吊离地面200～500mm后，检查起重机的稳定性，制动器的可靠性，重物的平稳性，绑扎的牢固性，确认无误后方可继续起吊。对易晃动的重物应拴拉绳。

（15）重物起升和下降速度应平稳、均匀，不得突然制动。左右回转应平稳，当回转未停稳前不得作反向动作。非重力下降式起重机，不得带载自由下降。

（16）严禁起吊重物长时间悬挂在空中，作业中遇突发故障，应采取措施将重物降落到安全地方，并关闭发动机或切断电源后进行检修。在突然停电时，应立即把所有控制器拨到零位，断开电源总开关，并采取措施使重物降到地面。

（17）起重机不得靠近架空输电线路作业。起重机的任何部位与架空输电导线的安全距离不得小于表3-8的规定。

起重机与架空输电导线的安全距离　　　　　　　　　表3-8

安全距离 电压（kV）	<1	1～15	20～40	60～110	220
沿垂直方向（m）	1.5	3.0	4.0	5.0	6.0
沿水平方向（m）	1.0	1.5	2.0	4.0	6.0

（18）起重机使用的钢丝绳，应有钢丝绳制造厂签发的产品技术性能和质量的证明文件。当无证明文件时，必须经过试验合格后方可使用。

（19）起重机使用的钢丝绳，其结构形式、规格及强度应符合该型起重机使用说明书的要求。钢丝绳与卷筒应连接牢固，放出钢丝绳时，卷筒上应至少保留三圈，收放钢丝绳时应防止钢丝绳打环、扭结、弯折和乱绳，不得使用扭结、变形的钢丝绳。使用编结的钢丝绳，其编结部分在运行中不得通过卷筒和滑轮。

（20）钢丝绳采用编结固接时，编结部分的长度不得小于钢丝绳直径20倍，并不应小于300mm，其编结部分应捆扎细钢丝。当采用绳卡固接时，与钢丝绳直径匹配的绳卡的规格、数量应符合表3-9的规定。最后一个绳卡距绳头的长度不得小于140mm。绳卡滑鞍（夹板）应在钢丝绳承载时受力的一侧，"U"螺栓应在钢丝绳的尾端，不得正反交错。绳卡初次固定后，应待钢丝绳受力后再度紧固，并宜拧紧到使两绳直径高度压扁1/3。作业中应经常检查紧固情况。

与绳径匹配的绳卡数　　　　　　　　　表3-9

钢丝绳直径（mm）	10以下	10～20	21～26	28～36	36～40
最少绳卡（个）	3	4	5	6	7
绳卡间距（mm）	80	140	160	220	240

（21）每班作业前，应检查钢丝绳及钢丝绳的连接部位。当钢丝绳在一个节距内断丝根数达到或超过表 3-10 给定的根数时，应予报废。当钢丝绳表面锈蚀或磨损使钢丝绳直径显著减少时，应将表 3-10 报废标准按表 3-11 折减，并按折减后的断丝数报废。

钢丝绳报废标准 表 3-10

采用的安全系数	钢 丝 绳 规 格					
	6×19+1		6×37+1		6×61+1	
	交互捻	同向捻	交互捻	同向捻	交互捻	同向捻
6 以下	12	6	22	11	36	18
6~7	14	7	26	13	38	19
7 以上	16	8	30	15	40	20

钢丝绳锈蚀或磨损时报废标准的折减系数 表 3-11

钢丝绳表面锈蚀或磨损量（%）	10	15	20	25	30~40	大于 40
折减系数	85	75	70	60	50	报废

（22）向转动的卷筒上缠绕钢丝绳时，不得用手拉或脚踩来引导钢丝绳。钢丝绳涂抹润滑脂，必须在停止运转后进行。

（23）起重机的吊钩和吊环严禁补焊。当出现下列情况之一时应更换：表面有裂纹、破口；危险断面及钩颈有永久变形；挂绳处断面磨损超过高度 10%；吊钩衬套磨损超过原厚度 50%；心轴（销子）磨损超过其直径的 3%~5%。

（24）当起重机制动器的制动鼓表面磨损达 1.5~2.0mm（小直径取小值，大直径取大值）时，应更换制动鼓，同样，当起重机制动器的制动带磨损超过原厚度 50%时，应更换制动带。

6.3.2 履带式起重机

（1）起重机应在平坦坚实的地面上作业、行走和停放。正常作业时，坡度不得大于 3°，并应与沟渠、基坑保持安全距离。

（2）起重机启动前重点检查项目应符合下列要求：各安全防护装置及各指示仪表齐全完好；钢丝绳及连接部位符合规定；燃油、润滑油、液压油、冷却水等添加充足；各连接件无松动。

（3）起重机启动前应将主离合器分离，各操纵杆放在空挡位置，并应按照有关规程规定启动内燃机。

（4）内燃机启动后，应检查各仪表指示值，待运转正常再接合主离合器，进行空载运转，顺序检查各工作机构及其制动器，确认正常后，方可作业。

（5）作业时，起重臂的最大仰角不得超过出厂规定。当无资料可查时，不得超过 78°。

（6）变幅应缓慢平稳，严禁在起重臂未停稳前变换挡位；起重机载荷达到额定起重量的 90%及以上时，严禁下降起重臂。

（7）在起吊载荷达到额定起重量的 90%及以上时，升降动作应慢速进行，并严禁同时进行两种及以上动作。

（8）起吊重物时应先稍离地面试吊，当确认重物已挂牢，起重机的稳定性和制动器的可靠性均良好，再继续起吊。在重物升起过程中，操作人员应把脚放在制动踏板上，密切注意起升重物，防止吊钩冒顶。当起重机停止运转而重物仍悬在空中时，即使制动踏板被固定，仍应脚踩在制动踏板上。

（9）采用双机抬吊作业时，应选用起重性能相似的起重机进行。抬吊时应统一指挥，动作应配合协调，载荷应分配合理，单机的起吊载荷不得超过允许载荷的80%。在吊装过程中，两台起重机的吊钩滑轮组应保持垂直状态。

（10）当起重机如需带载行走时，载荷不得超过允许起重量的70%，行走道路应坚实平整，重物应在起重机正前方向，重物离地面不得大于500mm，并应拴好拉绳，缓慢行驶。严禁长距离带载行驶。

（11）起重机行走时，转弯不应过急；当转弯半径过小时，应分次转弯；当路面凹凸不平时，不得转弯。

（12）起重机上下坡道时应无载行走，上坡时应将起重臂仰角适当放小，下坡时应将起重臂仰角适当放大。严禁下坡空挡滑行。

（13）作业后，起重臂应转至顺风方向，并降40°～60°之间，吊钩应提升到接近顶端的位置，应关停内燃机，将各操纵杆放在空挡位置，各制动器加保险固定，操纵室和机棚应关门加锁。

（14）起重机转移工地，应采用平板拖车运送。特殊情况需自行转移时，应卸去配重，拆短起重臂，主动轮应在后面，机身、起重臂、吊钩等必须处于制动位置，并应加保险固定。每行驶500～1000m时，应对行走机构进行检查和润滑。

（15）起重机通过桥梁、水坝、排水沟等构筑物时，必须先查明允许载荷后再通过。必要时应对构筑物采取加固措施。通过铁路、地下水管、电缆等设施时，应铺设木板保护，并不得在上面转弯。

（16）用火车或平板拖车运输起重机时，所用跳板的坡度不得大于15°；起重机装上车后，应将回转、行走、变幅等机构制动，并采用三角木楔紧履带两端，再牢固绑扎；后部配重用枕木垫实，不得使吊钩悬空摆动。

6.3.3　汽车、轮胎式起重机

（1）起重机行驶和工作的场地应保持平坦坚实，并应与沟渠、基坑保持安全距离。

（2）起重机启动前重点检查项目应符合下列要求：各安全保护装置和指示仪表齐全完好；钢丝绳及连接部位符合规定；燃油、润滑油、液压油及冷却水添加充足；各连接件无松动；轮胎气压符合规定。

（3）起重机启动前，应将各操纵杆放在空挡位置，手制动器应锁死，并应按有关规程的规定启动内燃机。启动后，应怠速运转，检查各仪表指示值，运转正常后接合液压泵，待压力达到规定值，油温超过30℃时，方可开始作业。

（4）作业前，应全部伸出支腿，并在撑脚板下垫方木，调整机体使回转支承面的倾斜度在无载荷时不大于1/1000（水准泡居中）。支腿有定位销的必须插上。底盘为弹性悬挂的起重机，放支腿前应先收紧稳定器。

（5）作业中严禁扳动支腿操纵阀。调整支腿必须在无载荷时进行，并将起重臂转至正前或正后方可再行调整。

（6）应根据所吊重物的重量和提升高度，调整起重臂长度和仰角，并应估计吊索和重物本身的高度，留出适当空间。

（7）起重臂伸缩时，应按规定程序进行，在伸臂的同时应相应下降吊钩。当限制器发出警报时，应立即停止伸臂。起重臂缩回时，仰角不宜太小。

（8）起重臂伸出后，出现前节臂杆的长度大于后节伸出长度时，必须进行调整，消除不正常情况后，方可作业。

（9）起重臂伸出后，或主副臂全部伸出后，变幅时不得小于各长度所规定的仰角。

（10）汽车式起重机起吊作业时，汽车驾驶室内不得有人，重物不得超越驾驶室上方，且不得在车的前方起吊。起吊重物达到额定起重量的50%及以上时，应使用低速挡。

（11）采用自由（重力）下降时，载荷不得超过该工况下额定起重量的20%，并应使重物有控制地下降，下降停止前应逐渐减速，不得使用紧急制动。

（12）作业中发现起重机倾斜、支腿不稳等异常现象时，应立即使重物下降落在安全的地方，下降中严禁制动。重物在空中需要停留较长时间时，应将起升卷筒制动锁住，操作人员不得离开操纵室。

（13）起吊重物达到额定起重量的90%以上时，严禁同时进行两种及以上的操作动作。

（14）起重机带载回转时，操作应平稳，避免急剧回转或停止，换向应在停稳后进行。

（15）当轮胎式起重机带载行走时，道路必须平坦坚实，载荷必须符合出厂规定，重物离地面不得超过500mm，并应拴好拉绳，缓慢行驶。

（16）作业后，应将起重臂全部缩回放在支架上，再收回支腿。吊钩应用专用钢丝绳拴牢；应将车架尾部两撑杆分别撑在尾部下方的支座内，并用螺母固定；应将阻止机身旋转的销式制动器插入销孔，并将取力器操纵手柄放在脱开位置，最后应锁住起重操纵室门。

（17）行驶前，应检查并确认各支腿的收存无松动，轮胎气压应符合规定。行驶时水温应在80~90℃范围内，水温未达到80℃时，不得高速行驶。

（18）行驶时应保持中速，不得紧急制动，过铁道口或起伏路面时应减速，下坡时严禁空挡滑行，倒车时应有人监护。行驶时，严禁人员在底盘走台上站立或蹲坐，并不得堆放物件。

6.3.4 塔式起重机

（1）起重机的轨道基础应符合下列要求：

1）路基承载能力：轻型（起重量30kN以下）应为60~100kPa；中型（起重量31~150kN）应为101~200kPa；重型（起重量150kN以上）应为200kPa以上；

2）每间隔6m应设轨距拉杆一个，轨距允许偏差为公称值的1/1000，且不超过±3mm；

3）在纵横方向上，钢轨顶面的倾斜度不得大于1/1000；

4）钢轨接头间隙不得大于4mm，并应与另一侧轨道接头错开，错开距离不得小于1.5m，接头处应架在轨枕上，两轨顶高度差不得大于2mm；

5）距轨道终端1m处必须设置缓冲止挡器，其高度不应小于行走轮的半径。在距轨道终端2m处必须设置限位开关碰块；

6）鱼尾板连接螺栓应紧固，垫板应固定牢靠。

（2）起重机的混凝土基础应符合下列要求：混凝土强度等级不低于C35；基础表面平

整度允许偏差 1/1000；埋设件的位置、标高和垂直度以及施工工艺符合出厂说明书要求。

（3）起重机的轨道基础或混凝土基础在验收合格后，方可使用。

（4）起重机的轨道基础两旁、混凝土基础周围应修筑边坡和排水设施，并应与基坑保持一定安全距离。

（5）起重机的金属结构、轨道及所有电气设备的金属外壳，应有可靠的接地装置，接地电阻不应大于 4Ω。

（6）起重机的拆装必须由取得建设行政主管部门颁发的拆装资质证书的专业队进行，并应有技术和安全人员在场监护。

（7）起重机拆装前，应按照出厂有关规定，编制拆装作业方法、质量要求和安全技术措施，经企业技术负责人审批后，作为拆装作业技术方案，并向全体作业人员交底。

（8）拆装作业前检查项目应符合下列要求：

1）路基和轨道铺设或混凝土基础应符合技术要求；

2）对所拆装起重机的各机构、各部位、结构焊缝、重要部位螺栓、销轴、卷扬机构和钢丝绳、吊钩、吊具以及电气设备、线路等进行检查，使隐患排除于拆装作业之前；

3）对自升塔式起重机顶升液压系统的液压缸和油管、顶升套架结构、导向轮、顶升撑脚（爬爪）等进行检查，及时处理存在的问题；

4）对采用旋转塔身法所用的主副地锚架、起落塔身卷扬钢丝绳以及起升机构制动系统等进行检查，确认无误后方可使用；

5）对拆装人员所使用的工具、安全带、安全帽等进行检查，不合格者立即更换；

6）检查拆装作业中配备的起重机、运输汽车等辅助机械，应状况良好，技术性能应保证拆装作业的需要；

7）拆装现场电源电压、运输道路、作业场地等应具备拆装作业条件；

8）安全监督岗的设置及安全技术措施的贯彻落实已达到要求。

（9）起重机拆装作业应在白天进行。当遇大风、浓雾和雨雪等恶劣天气时，应停止作业。

（10）指挥人员应熟悉拆装作业方案，遵守拆装工艺和操作规程，使用明确的指挥信号进行指挥。所有参与拆装作业的人员，都应听从指挥，如发现指挥信号不清或有错误时，应停止作业，待联系清楚后再进行。

（11）拆装人员在进入工作现场时，应穿戴安全保护用品，高处作业时应系好安全带，熟悉并认真执行拆装工艺和操作规程，当发现异常情况或疑难问题时，应及时向技术负责人反映，不得自行其是，应防止处理不当而造成事故。

（12）在拆装上回转、小车变幅的起重臂时，应根据出厂说明书的拆装要求进行，并应保持起重机的平衡。采用高强度螺栓连接的结构，应使用原厂制造的连接螺栓，自制螺栓应有质量合格的试验证明，否则不得使用。连接螺栓时，应采用扭矩扳手或专用扳手，并应按装配技术要求拧紧。

（13）在拆装作业过程中，当遇天气剧变、突然停电、机械故障等意外情况，短时间不能继续作业时，必须使已拆装的部位达到稳定状态并固定牢靠，经检查确认无隐患后，方可停止作业。

（14）安装起重机时，必须将大车行走缓冲止挡器和限位开关碰块安装牢固可靠，并应将各部位的栏杆、平台、挟杆、护圈等安全防护装置装齐。

（15）在拆除因损坏或其他原因而不能用正常方法拆卸的起重机时，必须按照技术部门批准的安全拆卸方案进行。

（16）起重机安装过程中，必须分阶段进行技术检验。整机安装完毕，应进行整机技术检验和调整，各机构动作应正确、平稳、无异响，制动可靠，各安全装置应灵敏有效；在无载荷情况下，塔身和基础平面的垂直度允许偏差为4/1000，经分阶段及整机检验合格后，应填写检验记录，经技术负责人审查签证后，方可交付使用。

（17）起重机塔身升降时，应符合下列要求：

1）升降作业过程，必须有专人指挥，专人照看电源，专人操作液压系统，专人拆装螺栓。非作业人员不得登上顶升套架的操作平台。操纵室内应只准一人操作，必须听从指挥信号；

2）升降应在白天进行，特殊情况需在夜间作业时，应有充分的照明；

3）风力在四级及以上时，不得进行升降作业。在作业中风力突然增大达到四级时，必须立即停止作业，并应紧固上、下塔身各连接螺栓；

4）顶升前应预先放松电缆，其长度宜大于顶升总高度，并应紧固好电缆卷筒。下降时应适时收紧电缆；

5）升降时，必须调整好顶升套架滚轮与塔身标准节的间隙，并应按规定使起重臂和平衡臂处于平衡状态，并将回转机构制动住，当回转台与塔身标准节之间的最后一处连接螺栓（销子）拆卸困难时，应将其对角方向的螺栓重新插入，再采取其他措施，不得以旋转起重臂动作来松动螺栓（销子）；

6）升降时，顶升撑脚（爬爪）就位后，应插上安全销，方可继续下一动作；

7）升降完毕，各连接螺栓应按规定紧固，液压操纵杆回到中间位置，并切断液压升降机构电源。

（18）起重机的附着锚固应符合下列要求：

1）起重机附着的建筑物，其锚固点的受力强度应满足起重机的设计要求。附着杆系的布置方式、相互间距和附着距离等，应按出厂使用说明书规定执行。有变动时，应另行设计；

2）装设附着框架和附着杆件，应采用经纬仪测量塔身垂直度，并应采用附着杆进行调整，在最高锚固点以下垂直度允许偏差为2/1000；

3）在附着框架和附着支座布设时，附着杆倾斜角不得超过10°；

4）附着框架宜设置在塔身标准节连接处，箍紧塔身。塔架对角处在无斜撑时应加固；

5）塔身顶升接高到规定锚固间距时，应及时增设与建筑物的锚固装置。塔身高出锚固装置的自由端高度，应符合出厂规定；

6）起重机作业过程中，应经常检查锚固装置，发现松动或异常情况时，应立即停止作业，故障未排除，不得继续作业；

7）拆卸起重机时，应随着降落塔身的进程拆卸相应的锚固装置。严禁在落塔之前先拆锚固装置；

8）遇有六级及以上大风时，严禁安装或拆卸锚固装置；

9）锚固装置的安装、拆卸、检查和调整，均应有专人负责，工作时应系安全带和戴安全帽，并应遵守高处作业有关安全操作的规定；

10）轨道式起重机作附着式使用时，应提高轨道基础的承载能力和切断行走机构的电源，并应设置阻挡行走轮移动的支座。

（19）起重机内爬升时应符合下列要求：

1）内爬升作业应在白天进行。风力在五级及以上时，应停止作业；

2）内爬升时，应加强机上与机下之间的联系以及上部楼层与下部楼层之间的联系，遇有故障及异常情况，应立即停机检查，故障未排除，不得继续爬升；

3）内爬升过程中，严禁进行起重机的起升、回转、变幅等各项动作；

4）起重机爬升到指定楼层后，应立即拔出塔身底座的支承梁或支腿，通过内爬升框架固定在楼板上，并应顶紧导向装置或用楔块塞紧；

5）内爬升塔式起重机的固定间隔不宜小于3个楼层；

6）对固定内爬升框架的楼层楼板，在楼板下面应增设支柱作临时加固。搁置起重机底座支承梁的楼层下方两层楼板，也应设置支柱作临时加固；

7）每次内爬升完毕，楼板上遗留下来的开孔，应立即采用钢筋混凝土封闭；

8）起重机完成内爬升作业后，应检查内爬升框架的固定，底座支承梁的紧固以及楼板临时支撑的稳固等，确认可靠后，方可进行吊装作业。

（20）每月或连续大雨后，应及时对轨道基础进行全面检查，检查内容包括：轨距偏差，钢轨顶面的倾斜度，轨道基础的弹性沉陷，钢轨的不直度及轨道的通过性能等。对混凝土基础，应检查其是否有不均匀的沉降。

（21）应保持起重机上所有安全装置灵敏有效，如发现失灵的安全装置，应及时修复或更换。所有安全装置调整后，应加封（火漆或铅封）固定，严禁擅自调整。

（22）配电箱应设置在轨道中部，电源电路中应装设错相及断相保护装置及紧急断电开关，电缆卷筒应灵活有效，不得拖缆。

（23）起重机在无线电台、电视台或其他强电磁波发射天线附近施工时，与吊钩接触的作业人员，应戴绝缘手套和穿绝缘鞋，并应在吊钩上挂接临时放电装置。

（24）当同一施工地点有两台以上起重机时，应保持两机间任何接近部位（包括吊重物）距离不得小于2m。

（25）起重机作业前，应检查轨道基础平直无沉陷，鱼尾板连接螺栓及道钉无松动，并应清除轨道上的障碍物，松开夹轨器并向上固定好。

（26）启动前重点检查项目应符合下列要求：金属结构和工作机构的外观情况正常；各安全装置和各指示仪表齐全完好；各齿轮箱、液压油箱的油位符合规定；主要部位连接螺栓无松动；钢丝绳磨损情况及各滑轮穿绕符合规定；供电电缆无破损。

（27）送电前，各控制器手柄应放在零位。当接通电源时，应采用试电笔检查金属结构部分，确认无漏电后，方可上机。

（28）作业前，应进行空载运转，试验各工作机构是否运转正常，有无噪音及异响，各机构的制动器及安全防护装置是否有效，确认正常后方可作业。

（29）起吊重物时，重物和吊具的总重量不得超过起重机相应幅度下规定的起重量。

（30）应根据起吊重物和现场情况，选择适当的工作速度，操纵各控制器时应从停止点（零点）开始，依次逐级增加速度，严禁越挡操作。在变换运转方向时，应将控制器手柄扳到零位，待电动机停转后再转向另一方向，不得直接变换运转方向、突然变速或制动。

（31）在吊钩提升、起重小车或行走大车运行到限位装置前，均应减速缓行到停止位置，并应与限位装置保持一定距离（吊钩不得小于 lm，行走轮不得小于 2m）。严禁采用限位装置作为停止运行的控制开关。

（32）动臂式起重机的起升、回转、行走可同时进行，变幅应单独进行。每次变幅后应对变幅部位进行检查。允许带载变幅的，当载荷达到额定起重量的 90% 及以上时，严禁变幅。

（33）提升重物时，严禁自由下降。重物就位时，可采用慢就位机构或利用制动器使之缓慢地下降。提升重物作水平移动时，应高出其跨越的障碍物 0.5m 以上。

（34）对于无中央集电环及起升机构不安装在回转部分的起重机，在作业时，不得顺一个方向连续回转。装有上、下两套操纵系统的起重机，不得上、下同时使用。

（35）作业中，当停电或电压下降时，应立即将控制器扳到零位，并切断电源。如吊钩上挂有重物，应稍松稍紧反复使用制动器，使重物缓慢地下降到安全地带。

（36）采用涡流制动调速系统的起重机，不得长时间使用低速挡或慢就位速度作业。

（37）作业中如遇六级及以上大风或阵风，应立即停止作业，锁紧夹轨器，将回转机构的制动器完全松开，起重臂应能随风转动。对轻型俯仰变幅起重机，应将起重臂落下并与塔身结构锁紧在一起。

（38）作业中，操作人员临时离开操纵室时，必须切断电源，锁紧夹轨器。

（39）起重机载人专用电梯严禁超员，其断绳保护装置必须可靠。当起重机作业时，严禁开动电梯。电梯停用时，应降至塔身底部位置，不得长时间悬在空中。

（40）作业完毕，起重机应停放在轨道中间位置，起重臂应转到顺风方向，并松开回转制动器，小车及平衡重应置于非工作状态，吊钩宜升到离起重臂顶端 2～3m 处。

（41）停机时，应将每个控制器拨回零位，依次断开各开关，关闭操纵室门窗，下机后，应锁紧夹轨器，使起重机与轨道固定，断开电源总开关，打开高空指示灯。

（42）检修人员上塔身、起重臂、平衡臂等高空部位检查或修理时，必须系好安全带。

（43）在寒冷季节，对停用起重机的电动机、电器柜、变阻器箱、制动器等，应严密遮盖。

（44）动臂式和尚未附着的自升式塔式起重机塔身上不得悬挂标语牌。

6.3.5 桅杆式起重机

（1）桅杆式起重机的安装和拆卸应划出警戒区，清除周围的障碍物，在专人统一指挥下，按照出厂说明书或制定的拆装技术方案进行。

（2）安装起重机的地基应平整夯实，底座与地面之间应垫两层枕木，并应采用木块楔紧缝隙。

（3）缆风绳的规格、数量及地锚的拉力、埋设深度等，应按照起重机性能经过计算确定，缆风绳与地面的夹角应在 30°～45° 之间，缆绳与桅杆和地钻的连接应牢固。

（4）缆风绳的架设应避开架空电线。在靠近电线的附近，应装有绝缘材料制作的护线架。

（5）提升重物时，吊钩钢丝绳应垂直，操作应平稳，当重物吊起刚离开支承面时，应检查并确认各部位无异常时，方可继续起吊。

（6）在起吊满载重物前，应有专人检查各地锚的牢固程度。各缆风绳都应均匀受力，主杆应保持直立状态。

（7）作业时，起重机的回转钢丝绳应处于拉紧状态。回转装置应有安全制动控制器。

（8）起重机移动时，其底座应垫以足够承重的枕木排和滚杠，并将起重臂收紧处于移动方向的前方。移动时，主杆不得倾斜，缆风绳的松紧应配合一致。

6.3.6 卷扬机

（1）安装时，基座应平稳牢固、周围排水畅通、地锚设置可靠，并应搭设工作棚。操作人员的位置应能看清指挥人员和拖动或起吊的物件。

（2）作业前，应检查卷扬机与地面的固定，弹性联轴器不得松旷。并应检查安全装置、防护设施、电气线路、接零或接地线、制动装置和钢丝绳等，全部合格后方可使用。

（3）使用皮带或开式齿轮传动的部分，均应设防护罩，导向滑轮不得用开口拉板式滑轮。

（4）以动力正反转的卷扬机，卷筒旋转方向应与操纵开关上指示的方向一致。

（5）从卷筒中心线到第一个导向滑轮的距离，带槽卷筒应大于卷筒宽度的15倍。无槽卷筒应大于卷筒宽度的20倍。当钢丝绳在卷筒中间位置时，滑轮的位置应与卷筒轴线垂直，其垂直度允许偏差为6°。

（6）钢丝绳应与卷筒及吊笼连接牢固，不得与机架或地面摩擦，通过道路时，应设过路保护装置。

（7）在卷扬机制动操作杆的行程范围内，不得有障碍物或阻卡现象。

（8）卷筒上的钢丝绳应排列整齐，当重叠或斜绕时，应停机重新排列，严禁在转动中用手拉脚踩钢丝绳。

（9）作业中，任何人不得跨越正在作业的卷扬钢丝绳。物件提升后，操作人员不得离开卷扬机，物件或吊笼下面严禁人员停留或通过。休息时应将物件或吊笼降至地面。

（10）作业中如发现异响、制动不灵、制动带或轴承等温度剧烈上升等异常情况时，应立即停机检查，排除故障后方可使用。

（11）作业中停电时，应切断电源，将提升物件或吊笼降至地面。作业完毕，应将提升吊笼或物件降至地面，并应切断电源，锁好开关箱。

6.4 运 输 机 械

6.4.1 基本要求

（1）运输机械的内燃机、电动机、空气压缩机和液压装置的使用，应执行有关规程的规定。对运送超宽、超高和超长物件前，应制定妥善的运输方法和安全措施。

（2）启动前应进行重点检查：灯光、喇叭、指示仪表等应齐全完整；燃油、润滑油、冷却水等应添加充足；各连接件不得松动；轮胎气压应符合要求，确认无误后，方可启动。燃油箱应加锁。

（3）启动内燃机后，应观察各仪表指示值、检查内燃机运转情况、测试转向机构及制动器等性能，确认正常并待水温达到40℃以上、制动气压达到安全压力以上时，方可低挡起步。起步前，车旁及车下应无障碍物及人员。

（4）水温未达到70℃时，不得高速行驶。行驶中，变速时应逐级增减，正确使用离合器，不得强推硬拉，使齿轮撞击发响。前进和后退交替时，应待车停稳后，方可换挡。

（5）行驶中，应随时观察仪表的指示情况，当发现机油压力低于规定值，水温过高或有异响、异味等异常情况时，应立即停车检查，排除故障后，方可继续运行。

（6）严禁超速行驶。应根据车速与前车保持适当的安全距离，选择较好路面行进，应避让石块、铁钉或其他尖锐铁器。遇有凹坑、明沟或穿越铁路时，应提前减速，缓慢通过。

（7）上、下坡应提前换入低速挡，不得中途换挡。下坡时，应以内燃机阻力控制车速，必要时，可间歇轻踏制动器。严禁踏离合器或空挡滑行。

（8）在泥泞、冰雪道路上行驶时，应降低车速，宜沿前车辙迹前进，必要时应加装防滑链。当车辆陷入泥坑、砂窝内时，不得采用猛松离合器踏板的方法来冲击起步。当使用差速器锁时，应低速直线行驶，不得转弯。

（9）车辆涉水过河时，应先探明水深、流速和水底情况，水深不得超过排水管或曲轴皮带盘，并应低速直线行驶，不得在中途停车或换挡。涉水后，应缓行一段路程，轻踏制动器使浸水的制动蹄片上水分蒸发掉。

（10）通过危险地区或狭窄便桥时，应先停车检查，确认可以通过后，应由有经验人员指挥前进。停放时，应将内燃机熄火，拉紧手制动器，关锁车门。内燃机运转中驾驶员不得离开车辆；在离开前应熄火并锁住车门。在坡道上停放时，下坡停放应挂上倒挡，上坡停放应挂上一挡，并应使用三角木楔等塞紧轮胎。

（11）平头型驾驶室需前倾时，应清除驾驶室内物件，关紧车门，方可前倾并锁定。复位后，应确认驾驶室已锁定，方可启动。

（12）在车底下进行保养、检修时，应将内燃机熄火、拉紧手制动器并将车轮垫牢。

（13）车辆经修理后需要试车时，应由合格人员驾驶，车上不得载人、载物，当需在道路上试车时，应挂交通管理部门颁发的试车牌照。

6.4.2 载重汽车

（1）装载物品应捆绑稳固牢靠。轮式机具和圆筒形物件装运时应采取防止滚动的措施。

（2）不得人货混装。因工作需要搭人时，人不得在货物之间或货物与前车厢板间隙内。严禁攀爬或坐卧在货物上面。

（3）拖挂车时，应检查与挂车相连的制动气管、电气线路、牵引装置、灯光信号等，挂车的车轮制动器和制动灯、转向灯应配备齐全，并应与牵引车的制动器和灯光信号同时起作用。确认后方可运行。起步应缓慢并减速行驶，宜避免紧急制动。

（4）运载易燃、有毒、强腐蚀等危险品时，其装载、包装、遮盖必须符合有关的安全规定，并应各有性能良好的灭火器。途中停放应避开火源、火种、居民区、建筑群等，炎热季节应选择阴凉处停放。装卸时严禁火种。除必要的行车人员外，不得搭乘其他人员。严禁混装备用燃油。

（5）装运易爆物资或器材时，车厢底面应垫有减轻货物振动的软垫层。装载重量不得超过额定载重量的70%。装运炸药时，层数不得超过两层。

（6）装运氧气瓶时，车厢板的油污应清除干净，严禁混装油料或盛油容器。

6.4.3 自卸汽车

（1）自卸汽车应保持顶升液压系统完好，工作平稳，操纵灵活，不得有卡阻现象。各个液压缸表面应保持清洁。

（2）非顶升作业时，应将顶升操纵杆放在空挡位置。顶升前，应拔出车厢固定销。作业后，应插入车厢固定销。

（3）配合挖装机械装料时，自卸汽车就位后应拉紧手制动器，在铲斗需越过驾驶室时，驾驶室内严禁有人。

（4）卸料前，车厢上方应无电线或障碍物，四周应无人员来往。卸料时，应将车停稳，不得边卸边行驶。举升车厢时，应控制内燃机中速运转，当车厢升到顶点时，应降低内燃机转速，减少车厢振动。

（5）向坑洼地区卸料时，应和坑边保持安全距离，防止塌方翻车。严禁在斜坡侧向倾卸。

（6）卸料后，应及时使车厢复位，方可起步，不得在倾斜情况下行驶。严禁在车厢内载人。车厢举升后需进行检修、润滑等作业时，应将车厢支撑牢靠后，方可进入车厢下面工作。

（7）装运混凝土或黏性物料后，应将车厢内外清洗干净，防止凝结在车厢上。

6.4.4 平板拖车

（1）行车前，应检查并确认拖挂装置、制动气管、电缆接头等连接良好，且轮胎气压符合规定。

（2）运输超限物件时，必须向交通管理部门办理通行手续，在规定时间内按规定路线行驶。超限部分白天应插红旗，夜晚应挂红灯。超高物体应有专人照管，并应配电工随带工具保护途中输电线路，保证运行安全。

（3）拖车装卸机械时，应停放在平坦坚实的路面上，轮胎应制动并用三角木楔塞紧。

（4）拖车搭设的跳板应坚实，在装卸履带式起重机、挖掘机、压路机时，跳板与地面夹角不应大于15°；装卸履带式推土机、拖拉机时，跳板与地面夹角不应大于25°。

（5）装卸能自行上下拖车的机械，应由机长或熟练的驾驶人员操作，并应由专人统一指挥。指挥人员应熟悉指挥的拖车及装运机械的性能、特点。上、下车动作应平稳，不得在跳板上调整方向。

（6）装运履带式起重机，起重臂应拆短，使之不超过机棚最高点，起重臂向后，吊钩不得自由晃动。拖车转弯时应降低速度。装运推土机时，当铲刀超过拖车宽度时，应拆除铲刀。

（7）机械装车后，各制动器应制动住，各保险装置应锁牢，履带或车轮应楔紧，并应绑扎牢固。雨、雪、霜冻天气装卸车时，应采取防滑措施。

（8）上、下坡道时，应提前换低速挡，不得中途换挡和紧急制动。严禁下坡空挡滑行。

（9）拖车停放地应坚实平坦。长期停放或重车停放过夜时，应将平板支起，轮胎不应承压。使用随车卷扬机装卸物件时，应有专人指挥，拖车应制动住，并应将车轮楔紧。

（10）严寒地区停放过夜时，应将贮气筒中空气和积水放尽。

6.4.5 散装水泥车

（1）装料前，应检查并清除罐体及出料管道内的积灰和结渣等物；各管道，阀门应启闭灵活，不得有堵塞、漏气等现象；各连接部件应牢固可靠。

（2）在打开装料口前，应先打开排气阀，排除罐内残余气压。

（3）装料时应打开料罐内料位器开关，待料位器发出满位声响信号时，应立即停止装料。

（4）装料完毕，应将装料口边缘上堆积的水泥清扫干净，盖好进料口盖，并把插销插好锁紧。

（5）卸料前，应将车辆停放在平坦的卸料场地，装好卸料管，关闭卸料管蝶阀和卸压管球阀，打开二次风管并接通压缩空气，保证空气压缩机在无载情况下启动。

（6）在向罐内加压时，应确认卸料阀处于关闭状态。待罐内气压达到卸料压力时，应先稍开二次风嘴阀后再打开卸料阀，并调节二次风嘴阀的开启度来调整空气与水泥的最佳比例。

（7）卸料过程中，应观察压力表压力变化情况，如压力突然上升，而输气软管堵塞，不再出料，应停止送气并放出管内压气，然后清除堵塞。

（8）卸料作业时，空气压缩机应有专人负责，其他人员不得擅自操作。在进行加压卸料时，不得改变内燃机转速。卸料结束，应打开放气阀，放尽罐内余气，并关闭各部位阀门。车辆行驶过程中，罐内不得有压力。

（9）雨天不得露天装卸水泥。应经常检查并确认进料口盖关闭严实，不得让水或湿空气进入罐内。

6.4.6 机动翻斗车

（1）行驶前，应检查锁紧装置并将料斗锁牢，不得在行驶时掉斗。行驶时应从一挡起步，不得用离合器处于半结合状态来控制车速。

（2）上坡时，当路面不良或坡度较大时，应提前换入低挡行驶；下坡时严禁空挡滑行；转弯时应先减速；急转弯时应先换入低挡。

（3）翻斗车制动时，应逐渐踩下制动踏板，并应避免紧急制动。

（4）通过泥泞地段或雨后湿地时，应低速缓行，避免换挡、制动、急剧加速，且不得靠近路边或沟旁行驶，并应防侧滑。

（5）翻斗车排成纵队行驶时，前后车之间应保持 8m 的间距，在下雨或冰雪的路面上，应加大间距。

（6）在坑沟边缘卸料时，应设置安全挡块，车辆接近坑边时，应减速行驶，不得剧烈冲撞挡块。停车时，应选择适合地点，不得在坡道上停车。冬季应采取防止车轮与地面冻结的措施。

（7）严禁料斗内载人。料斗不得在卸料工况下行驶或进行平地作业。

（8）内燃机运转或料斗内载荷时，严禁在车底下进行任何作业。

（9）操作人员离机时，应将内燃机熄火，并挂挡、拉紧手制动器。

（10）作业后，应对车辆进行清洗，清除砂土及混凝土等粘结在料斗和车架上的脏物。

6.4.7 皮带输送机

（1）固定式皮带输送机应安装在坚固的基础上；移动式皮带输送机在运转前，应将轮子对称楔紧。多机平行作业时，彼此间应留出 1m 以上的通道。输送机四周应无妨碍工作的堆积物。

（2）启动前，应调整好输送带松紧度，带扣应牢固，轴承、齿轮、链条等传动部件应良好，托辊和防护装置应齐全，电气保护接零或接地应良好，输送带与滚筒宽度应一致。

（3）启动时，应先空载运转，待运转正常后，方可均匀装料。不得先装料后启动。

（4）数台输送机串联送料时，应从卸料一端开始按顺序启动，待全部运转正常后，方可装料。加料时，应对准输送带中心并宜降低高度，减少落料对输送带、托辊的冲击。加料应保持均匀。

（5）作业中，应随时观察机械运转情况，当发现输送带有松弛或走偏现象时，应停机进行调整。作业时，严禁任何人从输送带下面穿过，或从上面跨越。输送带打滑时，严禁用手拉动。严禁运转时进行清理或检修作业。

（6）输送大块物料时，输送带两侧应加装料板或栅栏等防护装置。调节输送机的卸料高度，应在停车时进行。调节后，应将连接螺母拧紧，并应插上保险销。

（7）输送中需要停机时，应先停止装料，待输送带上物料卸尽后，方可停机。数台输送机串联作业停机时，应从上料端开始按顺序停机。

（8）当电源中断或其他原因突然停机时，应立即切断电源，将输送带上的物料清除掉，待来电或排除故障后，方可再接通电源启动运转。

（9）作业完毕后，应将电源断开，锁好电源开关箱，清除输送机上砂土，用防雨护罩将电动机盖好。

6.4.8 施工升降机

（1）施工升降机应为人货两用电梯，其安装和拆卸工作必须由取得建设行政主管部门颁发的拆装资质证书的专业队负责，并必须由经过专业培训，取得操作证的专业人员进行操作和维修。

（2）地基应浇制混凝土基础，其承载能力应大于 150kPa，地基上表面平整度允许偏差为 10mm，并应有排水设施。

（3）应保证升降机的整体稳定性，升降机导轨架的纵向中心线至建筑物外墙面的距离宜选用较小的安装尺寸。

（4）导轨架安装时，应用经纬仪对升降机在两个方向进行测量校准，其垂直度允许偏差为其高度的 5/10000。导轨架顶端自由高度、导轨架与附壁距离、导轨架的两附壁连接点间距离和最低附壁点高度均不得超过出厂规定。

（5）升降机的专用开关箱应设在底架附近便于操作的位置，馈电容量应满足升降机直接启动的要求，箱内必须设短路、过载、相序、断相及零位保护等装置。

（6）升降机梯笼周围 2.5m 范围内应设置稳固的防护栏杆，各楼层平台通道应平整牢固，出入口应设防护栏杆和防护门。全行程四周不得有危害安全运行的障碍物。

（7）升降机安装在建筑物内部井道中间时，应在全行程范围井壁四周搭设封闭屏障。装设在阴暗处或夜班作业的升降机，应在全行程上装设足够的照明和明亮的楼层编号标志灯。

（8）升降机安装后，应经企业技术负责人会同有关部门对基础和附壁支架以及升降机架设安装的质量、精度等进行全面检查，并应按规定程序进行技术试验（包括坠落试验），经试验合格签证后，方可投入运行。

（9）升降机的防坠安全器在使用中不得任意拆检调整，需要拆检调整时或每用满1年后，均应由生产厂或指定的认可单位进行调整、检修或鉴定。

（10）新安装或转移工地重新安装以及经过大修后的升降机在投入使用前，必须经过坠落试验。升降机在使用中每隔3个月，应进行一次坠落试验。试验程序应按说明书规定进行，当试验中梯笼坠落超过1.2m制动距离时，应查明原因，并应调整防坠安全器，切实保证不超过1.2m制动距离。试验后以及正常操作中每发生一次防坠动作，均必须对防坠安全器进行复位。

（11）作业前重点检查项目应符合下列要求：各部位结构无变形，连接螺栓无松动；齿条与齿轮、导向轮与导轨均接合正常；各部位钢丝绳固定良好，无异常磨损；运行范围内无障碍。

（12）启动前，应检查并确认电缆、接地线完整无损，控制开关在零位。电源接通后，应检查并确认电压正常，应测试无漏电现象。应试验并确认各限位装置、梯笼、围护门等处的电器连锁装置良好可靠，电器仪表灵敏有效。启动后，应进行空载升降试验，测定各传动机构制动器的效能，确认正常后，方可开始作业。

（13）升降机在每班首次载重运行时，当梯笼升离地面1~2m时，应停机试验制动器的可靠性；当发现制动效果不良时，应调整或修复后方可运行。

（14）梯笼内乘人或载物时，应使载荷均匀分布，不得偏重，严禁超载运行。

（15）操作人员应根据指挥信号操作。作业前应鸣声示意，在升降机未切断总电源开关前，操作人员不得离开操作岗位。

（16）当升降机运行中发现有异常情况时，应立即停机并采取有效措施将梯笼降到底层，排除故障后方可继续运行。在运行中发现电气失控时，应立即按下急停按钮；在未排除故障前，不得打开急停按钮。

（17）升降机在大雨、大雾、六级及以上大风以及导轨架、电缆等结冰时，必须停止运行，并将梯笼降到底层，切断电源。暴风之后，应对升降机各有关安全装置进行一次检查，确认正常后，方可运行。

（18）升降机运行到最上层或最下层时，严禁用行程限位开关作为停止运行的控制开关。

（19）当升降机在运行中由于断电或其他原因而中途停止时，可进行手动下降，将电动机尾端制动电磁铁手动释放拉手缓缓向外拉出，使梯笼缓慢地向下滑行。梯笼下滑时，不得超过额定运行速度，手动下降必须由专业维修人员进行操纵。

（20）作业后，应将梯笼降到底层，各控制开关拨到零位，切断电源，锁好开关箱，闭锁梯笼门和围护门。

6.5 混 凝 土 机 械

6.5.1 基本要求

（1）混凝土机械上的内燃机、电动机、空气压缩机以及电气、液压等装置的使用，应执行有关规程中的规定。

（2）作业场地应有良好的排水条件，机械近旁应有水源，机棚内应有良好的通风、采光及防雨、防冻设施，并不得有积水。

（3）固定式机械应有可靠的基础，移动式机械应在平坦坚硬的地坪上用方木或撑架架牢，并应保持水平。

（4）当气温降到5℃下时，管道、水泵、机内均应采取防冻保温措施。

（5）作业后，应及时将机内、水箱内、管道内的存料、积水放尽，并应清洁保养机械，清理工作场地，切断电源，锁好开关箱。

（6）装有轮胎的机械，转移时拖行速度不得超过15km/h。

6.5.2 混凝土搅拌机

（1）固定式搅拌机应安装在牢固的台座上。当长期固定时，应埋置地脚螺栓；在短期使用时，应在机座上铺设木枕并找平放稳。

（2）固定式搅拌机的操纵台，应使操作人员能看到各部位工作情况。电动搅拌机的操纵台，应垫上橡胶板或干燥木板。

（3）移动式搅拌机的停放位置应选择平整坚实的场地，周围应有良好的排水沟渠。就位后，应放下支腿将机架顶起达到水平位置，使轮胎离地。当使用期较长时，应将轮胎卸下妥善保管，轮轴端部用油布包扎好，并用枕木将机架垫起支牢。

（4）对需设置上料斗地坑的搅拌机，其坑口周围应垫高夯实，应防止地面水流入坑内。上料轨道架的底端支承面应夯实或铺砖，轨道架的后面应采用木料加以支承，应防止作业时轨道变形。料斗放到最低位置时，在料斗与地面之间，应加一层缓冲垫木。

（5）作业前重点检查项目应符合下列要求：电源电压升降幅度不超过额定值的5%；电动机和电器元件的接线牢固，保护接零或接地电阻符合规定；各传动机构、工作装置、制动器等均紧固可靠，开式齿轮、皮带轮等均有防护罩；齿轮箱的油质、油量符合规定。

（6）作业前，应先启动搅拌机空载运转，应确认搅拌筒或叶片旋转方向与筒体上箭头所示方向一致，对反转出料的搅拌机，应使搅拌筒正、反转运转数分钟，并应无冲击抖动现象和异常噪音。作业前，应进行料斗提升试验，应观察并确认离合器、制动器灵活可靠。

（7）应检查并校正供水系统的指示水量与实际水量的一致性；当误差超过2%时，应检查管路的漏水点，或应校正节流阀。

（8）应检查骨料规格并应与搅拌机性能相符，超出许可范围的不得使用。

（9）搅拌机启动后，应使搅拌筒达到正常转速后进行上料。上料时应及时加水。每次加入的拌合料不得超过搅拌机的额定容量并应减少物料粘罐现象，加料的次序应为石子→水泥→砂子或砂子→水泥→石子。

（10）进料时，严禁将头或手伸入料斗与机架之间。运转中，严禁用手或工具伸入搅拌筒内扒料、出料。

（11）搅拌机作业中，当料斗升起时，严禁任何人在料斗下停留或通过；当需要在料斗下检修或清理料坑时，应将料斗提升后用铁链或插入销锁住。

（12）向搅拌筒内加料应在运转中进行，添加新料应先将搅拌筒内原有的混凝土全部卸出后方可进行。作业中，应观察机械运转情况，当有异常或轴承温升过高等现象时，应停机检查；需检修时，应将搅拌筒内的混凝土清除干净，然后再进行检修。

（13）加入强制式搅拌机的骨料最大粒径不得超过允许值，并应防止卡料。每次搅拌时，加入搅拌筒的物料不应超过规定的进料容量。

（14）强制式搅拌机的搅拌叶片与搅拌筒底及侧壁的间隙，应经常检查并确认符合规定，当间隙超过标准时，应及时调整。当搅拌叶片磨损超过标准时，应及时修补或更换。

（15）作业后，应对搅拌机进行全面清理，当操作人员需进入筒内时，必须切断电源或卸下熔断器，锁好开关箱，挂上"禁止合闸"标牌，并应有专人在外监护。

（16）作业后，应将料斗降落到坑底，当需升起时，应用链条或插销扣牢。冬季作业后，应将水泵、放水开关、量水器中的积水排尽。

（17）搅拌机在场内移动或远距离运输时，应将进料斗提升到上止点，用保险铁链或插销锁住。

6.5.3 混凝土搅拌站

（1）混凝土搅拌站的安装，应由专业人员按出厂说明书规定进行，并应在技术人员指导下，组织调试，在各项技术性能指标全部符合规定并经验收合格后，方可投产使用。

（2）与搅拌站配套的空气压缩机、皮带输送机及混凝土搅拌机等设备，应执行有关规程中的规定。

（3）作业前检查项目应符合下列要求

1）搅拌筒内和各配套机构的传动、运动部位及仓门、斗门、轨道等均无异物卡住；

2）各润滑油箱的油面高度符合规定。打开阀门排放气路系统中气水分离器的过多积水，打开贮气筒排污螺栓放出油水混合物；

3）提升斗或拉铲的钢丝绳安装、卷筒缠绕均正确，钢丝绳及滑轮符合规定，提升料斗及拉铲的制动器灵敏有效；

4）各部位螺栓已紧固，各进、排料阀门无超限磨损，各输送带的张紧度适当，不跑偏；

5）称量装置的所有控制和显示部分工作正常，其精度符合规定；

6）各电气装置能有效地控制机械动作，各接触点和动、静触头无明显损伤。

（4）应按搅拌站的技术性能准备合格的砂、石骨料，粒径超出许可范围的不得使用。

（5）机组各部分应逐步启动，启动后，各部件运转情况和各仪表指示情况应正常，油、气、水的压力应符合要求，方可开始作业。

（6）作业过程中，在贮料区内和提升斗下，严禁人员进入。

（7）搅拌筒启动前应盖好仓盖。机械运转中，严禁将手、脚伸入料斗或搅拌筒探摸。

（8）当拉铲被障碍物卡死时，不得强行起拉，不得用拉铲起吊重物，在拉料过程中，不得进行回转操作。

（9）搅拌机满载搅拌时不得停机，当发生故障或停电时，应立即切断电源，锁好开关箱，将搅拌筒内的混凝土清除干净，然后排除故障或等待电源恢复。

（10）搅拌站各机械不得超载作业；应检查电动机的运转情况，当发现运转声音异常或温升过高时，应立即停机检查；电压过低时不得强制运行。

（11）搅拌机停机前，应先卸载，然后按顺序关闭各部位开关和管路，将螺旋管内的水泥全部输送出来，管内不得残留任何物料。

（12）作业后，应清理搅拌筒、出料门及出料斗，并用水冲洗，同时冲洗附加剂及其供给系统；称量系统的刀座、刀口应清洗干净，并应确保称量精度。

（13）冰冻季节，应放尽水泵、附加剂泵、水箱及附加剂箱内的存水，并应启动水泵和附加剂泵运转 1~2min。

（14）当搅拌站转移或停用时，应将水箱，附加剂箱，水泥、砂、石贮存料斗及称量斗内的物料排净，并清洗干净；转移中，应将杆杠秤表头平衡砣秤杆固定，传感器应卸载。

6.5.4 混凝土搅拌输送车

（1）混凝土搅拌输送车的汽车部分应执行有关规程中的规定；混凝土搅拌输送车的燃油、润滑油、液压油、制动液、冷却水等应添加充足，质量应符合要求。

（2）搅拌筒和滑槽的外观应无裂痕或损伤；滑槽止动器应无松弛和损坏；搅拌筒机架缓冲件应无裂痕或损伤；搅拌叶片磨损应正常。

（3）应检查动力取出装置并确认无螺栓松动及轴承漏油等现象。启动内燃机应进行预热运转，各仪表指示值正常，制动气压达到规定值，并应低速旋转搅拌筒 3~5min，确认一切正常后，方可装料。

（4）搅拌运输时，混凝土的装载量不得超过额定容量。搅拌输送车装料前，应先将搅拌筒反转，使筒内的积水和杂物排尽。

（5）装料时，应将操纵杆放在"装料"位置，并调节搅拌筒转速，使进料顺利。

（6）运输前，排料槽应锁止在"行驶"位置，不得自由摆动；运输中，搅拌筒应低速旋转，但不得停转；运送混凝土的时间不得超过规定的时间。

（7）搅拌筒由正转变为反转时，应先将操纵手柄放在中间位置，待搅拌筒停转后，再将操纵杆手柄放至反转位置。

（8）行驶在不平路面或转弯处应降低车速至 15km/h 及以下，并暂停搅拌筒旋转。通过桥、洞、门等设施时，不得超过其限制高度及宽度。搅拌装置连续运转时间不宜超过8h。

（9）水箱的水位应保持正常；冬季停车时，应将水箱和供水系统的积水放净。

（10）用于搅拌混凝土时，应在搅拌筒内先加入总需水量 2/3 的水，然后再加入骨料和水泥，按出厂说明书规定的转速和时间进行搅拌。

（11）施工作业完成后，应先将内燃机熄火，然后对料槽、搅拌筒入口和托轮等处进行冲洗及清除混凝土结块；当需要进入搅拌筒清除结块时，必须先取下内燃机电门钥匙，在筒外应设监护人员。

6.5.5 混凝土泵

（1）混凝土泵应安放在平整、坚实的地面上，周围不得有障碍物，在放下支腿并调整后应使机身保持水平和稳定，轮胎应楔紧。

（2）泵送管道的敷设应符合下列要求

1）水平泵送管道宜直线敷设；

2）垂直泵送管道不得直接装接在泵的输出口上，应在垂直管前端加装长度不小于20m 的水平管，并在水平管近泵处加装逆止阀；

3）敷设向下倾斜的管道时，应在输出口上加装一段水平管，其长度不应小于倾斜管高低差的 5 倍。当倾斜度较大时，应在坡度上端装设排气阀；

4）泵送管道应有支承固定，在管道和固定物之间应设置木垫作缓冲，不得直接与钢筋或模板相连，管道与管道间应连接牢靠；管道接头和卡箍应扣牢密封，不得漏浆；不得将已磨损管道装在后端高压区；泵送管道敷设后，应进行耐压试验。

（3）砂石粒径、水泥标号及配合比应按出厂规定，满足泵机可泵性的要求。

（4）作业前应检查并确认泵机各部位螺栓紧固，防护装置齐全可靠，各部位操纵开关、调整手柄、手轮、控制杆、旋塞等均在正确位置，液压系统正常无泄漏，液压油符合规定，搅拌斗内无杂物，上方的保护格网完好无损并盖严。

（5）输送管道的管壁厚度应与泵送压力匹配，近泵处应选用优质管子。管道接头、密封圈及弯头等应完好无损；高温烈日下应采用湿麻袋或湿草袋遮盖管路，并应及时浇水降温，寒冷季节应采取保温措施。

（6）应配备清洗管、清洗用品、接球器及有关装置；开泵前，无关人员应离开管道周围。

（7）启动后，应空载运转，观察各仪表的指示值，检查泵和搅拌装置的运转情况，确认一切正常后，方可作业；泵送前应向料斗加 10L 清水和 0.3m³ 的水泥砂浆润滑泵及管道。

（8）泵送作业中，料斗中的混凝土平面应保持在搅拌轴轴线以上。料斗格网上不得堆满混凝土，应控制供料流量，及时清除超粒径的骨料及异物，不得随意移动格网。

（9）当进入料斗的混凝土有离析现象时应停泵，待搅拌均匀后再泵送；当骨料分离严重，料斗内灰浆明显不足时，应剔除部分骨料，另加砂浆重新搅拌。

（10）泵送混凝土应连续作业；当因供料中断被迫暂停时，停机时间不得超过 30min；暂停时间内应每隔 5～10min（冬季 3～5min）作 2～3 个冲程反泵—正泵运动，再次投料泵送前应先将料搅拌；当停泵时间超限时，应排空管道。

（11）垂直向上泵送中断后再次泵送时，应先进行反向推送，使分配阀内混凝土吸回料斗，经搅拌后再正向泵送。

（12）泵机运转时，严禁将手或铁锹伸入料斗或用手抓握分配阀；当需在料斗或分配阀上工作时，应先关闭电动机和消除蓄能器压力。

（13）不得随意调整液压系统压力。当油温超过 70℃时，应停止泵送，但仍应使搅拌叶片和风机运转，待降温后再继续运行。

（14）水箱内应贮满清水，当水质混浊并有较多砂粒时，应及时检查处理。

（15）泵送时，不得开启任何输送管道和液压管道；不得调整、修理正在运转的部件。

（16）作业中，应对泵送设备和管路进行观察，发现隐患应及时处理；对磨损超过规定的管子、卡箍、密封圈等应及时更换。

（17）应防止管道堵塞。泵送混凝土应搅拌均匀，控制好坍落度；在泵送过程中，不得中途停泵；当出现输送管堵塞时，应进行反泵运转，使混凝土返回料斗；当反泵几次仍不能消除堵塞，应在泵机卸载情况下，拆管排除堵塞。

（18）作业后，应将料斗内和管道内的混凝土全部输出，然后对泵机、料斗、管道等进行冲洗；当用压缩空气冲洗管道时，进气阀不应立即开大，只有当混凝土顺利排出时，方可将进气阀开至最大；在管道出口端前方 10m 内严禁站人，并应用金属网篮等收集冲出的清洗球和砂石粒；对凝固的混凝土，应采用刮刀清除。

（19）作业后，应将两侧活塞转到清洗室位置，并涂上润滑油；各部位操纵开关、调整手柄、手轮、控制杆、旋塞等均应复位；液压系统应卸载。

6.5.6 混凝土泵车

（1）构成混凝土泵车的汽车底盘、内燃机、空气压缩机、水泵、液压装置等的使用，应执行有关规程中的规定。

（2）泵车就位地点应平坦坚实，周围无障碍物，上空无高压输电线；泵车不得停放在斜坡上；泵车就位后，应支起支腿并保持机身的水平和稳定；当用布料杆送料时，机身倾斜度不得大于3°；就位后，泵车应显示停车灯，避免碰撞。

（3）作业前检查项目应符合下列要求：燃油、润滑油、液压油、水箱添加充足，轮胎气压符合规定，照明和信号指示灯齐全良好；液压系统工作正常，管道无泄漏；清洗水泵及设备齐全良好；搅拌斗内无杂物，料斗上保护格网完好并盖严；输送管路连接牢固，密封良好。

（4）布料杆所用配管和软管应按出厂说明书的规定选用，不得使用超过规定直径的配管，装接的软管应拴上防脱安全带。

（5）伸展布料杆应按出厂说明书的顺序进行；布料杆升离支架后方可回转；严禁用布料杆起吊或拖拉物件；当布料杆处于全伸状态时，不得移动车身；作业中需要移动车身时，应将上段布料杆折叠固定，移动速度不得超过10km/h。

（6）不得在地面上拖拉布料杆前端软管；严禁延长布料配管和布料杆；当风力在六级及以上时，不得使用布料杆输送混凝土。

（7）泵送前，当液压油温度低于15℃时，应采用延长空运转时间的方法提高油温。

（8）泵送时应检查泵和搅拌装置的运转情况，监视各仪表和指示灯，发现异常，应及时停机处理；料斗中混凝土面应保持在搅拌轴中心线以上。

（9）泵送混凝土应连续作业，当因供料中断被迫暂停时，应按有关规程中的要求执行。

（10）作业中，不得取下料斗上的格网，并应及时清除不合格的骨料或杂物。

（11）泵送中当发现压力表上升到最高值，运转声音发生变化时，应立即停止泵送，并应采用反向运转方法排除管道堵塞；无效时，应拆管清洗。

（12）作业后，应将管道和料斗内的混凝土全部输出，然后对料斗、管道等进行冲洗；当采用压缩空气冲洗管道时，管道出口端前方10m内严禁站人；作业后，不得用压缩空气冲洗布料杆配管，布料杆的折叠收缩应按规定顺序进行。

（13）作业后，各部位操纵开关、调整手柄、手轮、控制杆、旋塞等均应复位，液压系统应卸荷，并应收回支腿，将车停放在安全地带，关闭门窗；冬季应放净存水。

6.5.7 混凝土喷射机

（1）喷射机应采用干喷作业，应按出厂说明书规定的配合比配料，风源应是符合要求的稳压源，电源、水源、加料设备等均应配套。

（2）管道安装应正确，连接处应紧固密封；当管道通过道路时，应设置在地槽内并加盖保护；喷射机内部应保持干燥和清洁，加入的干料配合比及潮润程序，应符合喷射机性能要求，不得使用结块的水泥和未经筛选的砂石。

（3）作业前重点检查项目应符合下列要求：安全阀灵敏可靠；电源线无破裂现象，接线牢靠；各部位密封件密封良好，对橡胶结合板和旋转板出现的明显沟槽及时修复；压力表指针在上、下限之间，根据输送距离，调整上限压力的极限值；喷枪水环的孔眼畅通。

(4) 启动前，应先接通风、水、电，开启进气阀逐步达到额定压力，再启动电动机空载运转，确认一切正常后，方可投料作业。

(5) 机械操作和喷射操作人员应有联系信号，送风、加料、停料、停风以及发生堵塞时，应及时联系，密切配合。

(6) 在喷嘴前方严禁站人，操作人员应始终站在已喷射过的混凝土支护面以内。

(7) 作业中，当暂停时间超过 1h 时，应将仓内及输料管内的干混合料全部喷出。

(8) 如若发生堵管时，应先停止喂料，并对堵塞部位进行敲击，迫使物料松散，然后用压缩空气吹通，此时，操作人员应紧握喷嘴，严禁甩动管道伤人；当管道中有压力时，不得拆卸管接头。

(9) 转移作业面时，供风、供水系统应随之移动，输料软管不得随地拖拉和折弯。停机时，应先停止加料，然后再关闭电动机和停送压缩空气。

(10) 作业后，应将仓内和输料软管内的干混合料全部喷出，并应将喷嘴拆下清洗干净，清除机身内外粘附的混凝土料及杂物。同时应清理输料管，并应使密封件处于放松状态。

6.5.8 插入式振动器

(1) 插入式振动器的电动机电源上，应安装漏电保护装置，接地或接零应安全可靠。

(2) 操作人员应经过用电教育，作业时应穿戴绝缘胶鞋和绝缘手套。

(3) 电缆线应满足操作所需的长度；电缆线上不得堆压物品或让车辆挤压，严禁用电缆线拖拉或吊挂振动器；使用前，应检查各部位并确认连接牢固，旋转方向正确。

(4) 振动器不得在初凝的混凝土、地板、脚手架和干硬的地面上进行试振；在检修或作业间断时，应断开电源。

(5) 作业时，振动棒软管的弯曲半径不得小于 500mm，并不得多于两个弯，操作时应将振动棒垂直地沉入混凝土，不得用力硬插、斜推或让钢筋夹住棒头，也不得全部插入混凝土中，插入深度不应超过棒长的 3/4，不宜触及钢筋、芯管及预埋件。

(6) 振动棒软管不得出现断裂，当软管使用过久使长度增长时，应及时修复或更换。

(7) 作业停止需移动振动器时，应先关闭电动机，再切断电源，不得用软管拖拉电动机。

(8) 作业完毕，应将电动机、软管、振动棒清理干净，并应按规定要求进行保养作业；振动器存放时，不得堆压软管，应平直放好，并应对电动机采取防潮措施。

6.5.9 附着式、平板式振动器

(1) 附着式、平板式振动器轴承不应承受轴向力，在使用时，电动机轴应保持水平状态。

(2) 在一个模板上同时使用多台附着式振动器时，各振动器的频率应保持一致，相对的振动器应错开安装。

(3) 作业前，应对附着式振动器进行检查和试振，试振不得在干硬土或硬质物体上进行；安装在搅拌站料仓上的振动器，应安置橡胶垫。

(4) 安装时，振动器底板安装螺孔的位置应正确，应防止地脚螺栓安装扭斜而使机壳受损；地脚螺栓应紧固，各螺栓的紧固程度应一致。

（5）使用时，引出电缆线不得拉得过紧，更不得断裂。作业时，应随时观察电气设备的漏电保护器和接地或接零装置，并确认合格。

（6）附着式振动器安装在混凝土模板上时，每次振动时间不应超过 1min，当混凝土在模内泛浆流动或成水平状即可停振，不得在混凝土初凝状态时再振。

（7）装置振动器的构件模板应坚固牢靠，其面积应与振动器额定振动面积相适应。

（8）平板式振动器作业时，应使平板与混凝土保持接触，使振波有效地振实混凝土，待表面出浆，不再下沉后，即可缓慢向前移动，移动速度应能保证混凝土振实出浆；在振的振动器，不得搁置在已凝或初凝的混凝土上。

6.5.10 混凝土振动台

（1）振动台应安装在牢固的基础上，地脚螺栓应拧紧；基础中间应留有地下坑道，应能调整和检修。

（2）使用前，应检查并确认电动机和传动装置完好，特别是轴承座螺栓、偏心块螺栓、电动机和齿轮箱螺栓等紧固件紧固牢靠。

（3）振动台不宜长时间空载运转；振动台上应安置牢固可靠的模板并锁紧夹具，并应保证模板混凝土和台面一起振动。

（4）齿轮箱的油面应保持在规定的平面上，作业时油温不得超过 70℃。

（5）应经常检查各部位轴承，并应定期拆洗更换润滑油，作业中应重点检查轴承温升，当发现过热时应停机检修。

（6）电动机接地应良好，电缆线与线接头应绝缘良好，不得有破损漏电现象。

（7）振动台台面应经常保持清洁、平整，使其与模板接触良好，发现裂纹应及时修补。

6.5.11 混凝土真空吸水泵

（1）真空室内过滤网应完整，集水室通向真空泵的回水管上的旋塞开启应灵活，指示仪表应正确，进出水管应按出厂说明书要求连接。

（2）启动后，应检查并确认电动机旋转方向与罩壳上箭头指向一致，然后应堵住逆水口，检查泵机空载真空度，表值不应小于 96kPa；当不符合上述要求时，应检查泵组、管道及工作装置的密封情况，有损坏时，应及时修理或更换。

（3）作业开始即应计时量水，观察机组真空表，并应随时做好记录；作业后，应冲洗水箱及滤网的泥砂，并应放尽水箱内存水。

（4）冬季施工或存放不用时，应把真空泵内的冷却水放尽。

6.5.12 液压滑升设备

（1）应根据施工要求和滑模总载荷，合理选用千斤顶型号和配备台数，并应按千斤顶型号选用相应的爬杆和滑升机件。

（2）千斤顶应经 12MPa 以上的耐压试验。同一批组装的千斤顶在相同载荷作用下，其行程应一致，用行程调整帽调整后，行程允许误差为 2mm。

（3）自动控制台应置于不受雨淋、曝晒和强烈振动的地方，应根据当地的气温，调节作业时的油温。

（4）千斤顶与操作平台固定时，应使油管接头与软管连接成直线。液压软管不得扭曲，应有较大的弧度。

（5）作业前，应检查并确认各油管接头连接牢固，无渗漏，油箱油位适当，电器部分不漏电，接地或接零可靠。

（6）所有千斤顶安装完毕未插入爬杆前，应逐个进行抗压试验和行程调整及排气等工作。

（7）应按出厂规定的操作程序操纵控制台，对自动控制器的时间继电器应进行延时调整。用手动控制器操作时，应与作业人员密切配合，听从统一指挥。

（8）在滑升过程中，应保证操作平台与模板的水平上升，不得倾斜，操作平台的载荷应均匀分布，并应及时调整各千斤顶的升高值，使之保持一致。

（9）在寒冷季节使用时，液压油温度不得低于10℃；在炎热季节使用时，液压油温度不得超过60℃。应经常保持千斤顶的清洁，混凝土沿爬杆流入千斤顶内时，应及时清理。作业后，应切断总电源，清除千斤顶上的附着物。

6.6 钢 筋 加 工 机 械

6.6.1 基本要求

（1）钢筋加工机械中的电动机、液压装置、卷扬机的使用，应执行有关规程中的规定。

（2）机械的安装应坚实稳固，保持水平位置。固定式机械应有可靠的基础；移动式机械作业时应楔紧行走轮。

（3）室外作业应设置机棚，机旁应有堆放原料、半成品的场地。

（4）加工较长的钢筋时，应有专人帮扶，并听从操作人员指挥，不得任意推拉。

（5）作业后，应堆放好成品，清理场地，切断电源，锁好开关箱，做好润滑工作。

6.6.2 钢筋调直切断机

（1）料架、料槽应安装平直，并应对准导向筒、调直筒和下切刀孔的中心线。

（2）应用手转动飞轮，检查传动机构和工作装置，调整间隙，紧固螺栓，确认正常后，启动空运转，并应检查轴承无异响，齿轮啮合良好，运转正常后，方可作业。

（3）应按调直钢筋的直径，选用适当的调直块及传动速度，调直块的孔径应比钢筋直径大2～5mm，传动速度应根据钢筋直径选用，直径大的宜选用慢速，经调试合格，方可送料。

（4）在调直块未固定、防护罩未盖好前不得送料；作业中严禁打开各部位防护罩并调整间隙；当钢筋送入后，手与曳轮应保持一定的距离，不得接近；送料前，应将不直的钢筋端头切除；导向筒前应安装一根1m长的钢管，钢筋应先穿过钢管再送入调直前端的导孔内。

（5）经过调直后的钢筋如仍有慢弯，可逐渐加大调直块的偏移量，直到调直为止。

（6）切断3～4根钢筋后，应停机检查其长度，当超过允许偏差时，应调整限位开关。

6.6.3 钢筋切断机

（1）接送料的工作台面应和切刀下部保持水平，工作台的长度可根据加工材料长度确定。

（2）启动前，应检查并确认切刀无裂纹，刀架螺栓紧固，防护罩牢靠。然后用手转动皮带轮，检查齿轮啮合间隙，调整切刀间隙。

（3）启动后，应先空运转，检查各传动部分及轴承运转正常后，方可作业。

（4）机械未达到正常转速时，不得切料；切料时，应使用切刀的中、下部位，紧握钢筋对准刃口迅速投入，操作者应站在固定刀片一侧用力压住钢筋，应防止钢筋末端弹出伤人；严禁用两手分在刀片两边握住钢筋俯身送料。

（5）不得剪切直径及强度超过机械铭牌规定的钢筋和烧红的钢筋；一次切断多根钢筋时，其总截面积应在规定范围内。

（6）剪切低合金钢时，应更换高硬度切刀，剪切直径应符合机械铭牌规定。

（7）切断短料时，手和切刀之间的距离应保持在150mm以上，如手握端小于400mm时，应采用套管或夹具将钢筋短头压住或夹牢。

（8）运转中，严禁用手直接清除切刀附近的断头和杂物。钢筋摆动周围和切刀周围，不得停留非操作人员。当发现机械运转不正常、有异常响声或切刀歪斜时，应立即停机检修。

（9）作业后，应切断电源，用钢刷清除切刀间的杂物，进行整机清洁润滑。

（10）液压传动式切断机作业前，应检查并确认液压油位及电动机旋转方向符合要求；启动后，应空载运转，松开放油阀，排净液压缸体内的空气，方可进行切筋。

（11）手动液压式切断机使用前，应将放油阀按顺时针方向旋紧，切割完毕后，应立即按逆时针方向旋松。作业中，手应持稳切断机，并戴好绝缘手套。

6.6.4 钢筋弯曲机

（1）工作台和弯曲机台面应保持水平，作业前应准备好各种芯轴及工具。

（2）应按加工钢筋的直径和弯曲半径的要求，装好相应规格的芯轴和成型轴、挡铁轴，芯轴直径应为钢筋直径的2.5倍，挡铁轴应有轴套。

（3）挡铁轴的直径和强度不得小于被弯钢筋的直径和强度。不直的钢筋，不得放在弯曲机上来作弯曲加工。

（4）应检查并确认芯轴、挡铁轴、转盘等无裂纹和损伤，防护罩坚固可靠，空载运转正常后，方可作业。

（5）作业时，应将钢筋需弯一端插入在转盘固定销的间隙内，另一端紧靠机身固定销，并用手压紧；应检查机身固定销并确认安放在挡住钢筋的一侧，方可开动。

（6）作业中，严禁更换轴芯、销子和变换角度以及调速，也不得进行清扫和加油。

（7）对超过机械铭牌规定直径的钢筋严禁进行弯曲；在弯曲未经冷拉或带有锈皮的钢筋时，应戴防护镜。

（8）弯曲高强度或低合金钢筋时，应按机械铭牌规定换算最大允许直径并应调换相应的芯轴。在弯曲钢筋的作业半径内和机身不设固定销的一侧严禁站人。弯曲好的半成品，应堆放整齐，弯钩不得朝上。

（9）转盘换向时应待停稳后才能进行。作业后，应及时清除转盘及插入座孔内的铁锈、杂物等。

6.6.5 钢筋冷拉机

（1）应根据冷拉钢筋的直径，合理选用卷扬机。卷扬钢丝绳应经封闭式导向滑轮并和被拉钢筋水平方向成直角。卷扬机的位置应使操作人员能见到全部冷拉场地，卷扬机与冷拉中线距离不得少于5m。

（2）冷拉场地应在两端地锚外侧设置警戒区，并应安装防护栏及警告标志。无关人员不得在此停留。操作人员在作业时必须离开钢筋 2m 以外。

（3）用配重控制的设备应与滑轮匹配，并应有指示起落的记号，没有指示记号时应有专人指挥。配重框提起时高度应限制在离地面 300mm 以内，配重架四周应有栏杆及警告标志。

（4）作业前，应检查冷拉夹具，夹齿应完好，滑轮、拖拉小车应润滑灵活，拉钩、地锚及防护装置均应齐全牢固。确认良好后，方可作业。

（5）卷扬机操作人员必须看到指挥人员发出信号，并待所有人员离开危险区后方可作业。冷拉应缓慢、均匀。当有停车信号或见到有人进入危险区时，应立即停拉，并稍稍放松卷扬钢丝绳。

（6）用延伸率控制的装置，应装设明显的限位标志，并应有专人负责指挥。

（7）夜间作业的照明设施，应装设在张拉危险区外；当需要装设在场地上空时，其高度应超过 5m；灯泡应加防护罩，导线严禁采用裸线。

（8）作业后，应放松卷扬钢丝绳，落下配重，切断电源，锁好开关箱。

6.6.6 预应力钢丝拉伸设备

（1）作业场地两端外侧应设有防护栏杆和警告标志。作业前，应检查被拉钢丝两端的镦头，当有裂纹或损伤时，应及时更换。

（2）固定钢丝镦头的端钢板上圆孔直径应较所拉钢丝的直径大 0.2mm。

（3）高压油泵启动前，应将各油路调节阀松开，再开动油泵，待空载运转正常后，紧闭回油阀，逐渐拧开进油阀，待压力表指示值达到要求，油路无泄漏，确认正常后，方可作业。

（4）作业中，操作应平稳、均匀。张拉时，两端不得站人。拉伸机在有压力情况下，严禁拆卸液压系统的任何零件。

（5）高压油泵不得超载作业，安全阀应按设备额定油压调整，严禁任意调整。

（6）在测量钢丝的伸长时，应先停止拉伸，操作人员必须站在侧面操作。用电热张拉法带电操作时，应穿戴绝缘胶鞋和绝缘手套。张拉时，不得用手摸或脚踩钢丝。

（7）高压油泵停止作业时，应先断开电源，再将回油阀缓慢松开，待压力表退回至零位时，方可卸开通往千斤顶的油管接头，使千斤顶全部卸荷。

6.6.7 冷镦机

（1）应根据钢筋直径，配换相应夹具。

（2）应检查并确认模具、中心冲头无裂纹，并应校正上下模具与中心冲头的同心度，紧固各部位螺栓，作好安全防护。

（3）启动后应先空运转，调整上下模具紧度，对准冲头模进行镦头校对，确认正常后，方可作业。

（4）机械未达到正常转速时，不得镦头。当镦出的头大小不匀时，应及时调整冲头与夹具的间隙。冲头导向块应保持有足够的润滑。

6.6.8 钢筋冷拔机

（1）应检查并确认机械各连接件牢固，模具无裂纹，轧头和模具的规格配套，然后启动主机空运转，确认正常后，方可作业。

（2）在冷拔钢筋时，每道工序的冷拔直径应按机械出厂说明书规定进行，不得超量缩减模具孔径；无资料时，可每次缩减孔径 0.5~1.0mm 作业。

（3）轧头时，应先使钢筋的一端穿过模具长度达 100~150mm，再用夹具夹牢。

（4）作业时，操作人员的手和轧辊应保持 300~500mm 的距离。不得用手直接接触钢筋和滚筒。冷拔模架中应随时加足润滑剂，润滑剂应采用石灰和肥皂水调和晒干后的粉末。钢筋通过冷拔模前，应抹少量润滑脂。

（5）当钢筋的末端通过冷拔模后，应立即脱开离合器，同时用手闸挡住钢筋末端。

（6）拔丝过程中，当出现断丝或钢筋打结乱盘时，应立即停机；处理完毕，方可开机。

6.6.9 钢筋冷挤压连接机

（1）有下列情况之一时，应对挤压机的挤压力进行标定：新挤压设备使用前；旧挤压设备大修后；油压表受损或强烈振动后；套筒压痕异常且查不出其他原因时；挤压设备使用超过一年；挤压的接头数超过 5000 个。

（2）设备使用前后的拆装过程中，超高压油管两端的接头及压接钳、换向阀的进出油接头应保持清洁，并应及时用专用防尘帽封好。超高压油管的弯曲半径不得小于 250mm，扣压接头处不得扭转，且不得有死弯。

（3）挤压机液压系统的使用应符合有关规定；高压胶管不得载重拖拉、弯折和受到尖利物体刻划。压模、套筒与钢筋应相互配套使用，压模上应有相对应的连接钢筋规格标记。

（4）挤压前的准备工作应符合下列要求：

1）钢筋端头的锈、泥沙，油污等杂物应清理干净；

2）钢筋与套筒应先进行试套，当钢筋有马蹄、弯折或纵肋尺寸过大时，应预先进行矫正或用砂轮打磨；

3）不同直径钢筋的套筒不得串用；钢筋端部应划出定位标记与检查标记，定位标记与钢筋端头的距离应为套筒长度的一半，检查标记与定位标记的距离宜为 20mm；

4）检查挤压设备情况，应进行试压，符合要求后方可作业。

（5）挤压操作应符合下列要求：

1）钢筋挤压连接宜先在地面上挤压一端套筒，在施工作业区插入待接钢筋后再挤压另一端套筒；

2）压接钳就位时，应对准套筒压痕位置的标记，并应与钢筋轴线保持垂直；

3）挤压顺序宜从套筒中部开始，并逐渐向端部挤压；

4）挤压作业人员不得随意改变挤压力、压接道数或挤压顺序。

（6）作业后，应收拾好成品、套筒和压模，清理场地，切断电源，锁好开关箱，最后将挤压机和挤压钳放到指定地点。

复 习 思 考 题

1. 建设工程的安全目标管理主要指哪些内容？

2. 建立各负责人和各级、各部门的安全生产责任制，主要包括哪些负责人和机构？

3．安全施工组织设计的内容主要有哪些？

4．各分部分项工程安全技术交底主要包括哪些项目？

5．工伤事故必须按"四不放过"原则进行处理。"四不放过"的内容是什么？

6．施工现场使用的安全色，必须符合国家标准《安全色卡》（GB 6527.1—1986），目前我国使用的安全色有哪几种？

7．施工现场材料堆放应做到整齐，有哪些堆放规定？

8．施工单位的大门口处应推荐悬挂"八牌二图"，"八牌二图"指的是什么内容？

9．连墙件的构造应符合哪些具体的规定？

10．脚手架应怎样维修？

11．脚手架的验收内容应包括哪些项目？

12．拆除脚手架应注意些什么问题？

13．附着升降脚手架架体构造应符合哪些具体的规定？

14．在基坑（槽）和管沟挖方时，必须符合哪些具体规定？

15．采用钢板桩、钢筋混凝土预制桩作坑壁支撑时，要符合哪些规定？

16．模板安装时的规定有哪些主要项目？

17．垂直吊运模板时，必须符合哪些具体要求？

18．模板工程常使用的材料主要有哪几种？

19．请简述盾构施工法的工作过程。

20．土石方机械进入现场和作业前，应做好哪些工作？

21．挖掘机正铲作业前，应重点检查挖掘机的哪些部位？

22．轮胎式挖掘机远距离行驶前，应做好哪些方面的工作？

23．推土机启动前，应重点检查推土机的哪些主要部位？

24．推土机顶推铲运机作助铲时，应符合什么要求？

25．拖式铲运机作业前，应做好哪些方面的工作？

26．多台铲运机联合作业时，前后距离、左右距离有什么要求？

27．静作用压路机在作业前和作业中应注意哪些事项？

28．振动压路机作业中应注意哪些事项？

29．轮胎式装载机应重点检查装载机的哪些主要部位？

30．装载机施工作业时，应注意哪些事项？

31．蛙式夯实机作业前和作业中应注意哪些事项？

32．柴油打桩锤施工作业时应重点检查哪些项目？

33．螺旋钻孔机安装时应注意哪些要点？

34．振动桩锤在作业前和作业中应注意哪些事项？

35．履带式打桩机在安装前与安装中应注意哪些要点？

36．泥浆泵作业前和作业中应注意哪些内容？

37．转盘钻孔机在作业前和作业中应注意哪些事项？

38．潜水泵启动前检查项目应符合哪些要求？

39．各类起重机应装有哪些色彩标志？

40．履带式起重机启动前重点检查项目应符合什么要求？

41．汽车式和轮胎式起重机在启动前，应做好哪些工作才可开始作业？

42．塔式起重机拆装作业前，检查项目应符合哪些要求？

43．塔式起重机的拆装人员在进入工作现场时，应做些什么工作？

44．塔式起重机的塔身升降时，应符合哪些具体要求？

45. 散装水泥车在装料前应检查哪些项目？

46. 卷扬机在安装与作业前应检查哪些项目？

47. 运输机械在启动前应检查哪些内容？

48. 载重汽车在运载易燃、有毒、强腐蚀等危险品时，应注意哪些事项？

49. 施工升降机启动前，应仔细检查哪些项目才允许施工作业？

50. 混凝土搅拌机械在作业前，有哪些重点检查项目？应符合哪些具体要求？

51. 混凝土搅拌站作业前，检查项目应符合哪些具体要求？

52. 混凝土喷射机工作中发生管道堵塞时应怎样处理？

53. 混凝土泵送管道的敷设应符合哪些具体要求？

54. 插入式振动器作业时，振动棒软管的弯曲半径不得小于多少毫米？

55. 液压滑升设备在寒冷季节使用时，液压油温度不得低于多少度？

56. 预应力钢丝拉伸设备高压油泵启动前，应具体做好哪些事项方可作业？

57. 钢筋冷挤压连接机挤压操作应符合哪些具体要求？

单元 4　市政施工安全科学管理

课题 1　市政施工安全保证体系

1.1　市政施工安全保证要求与安全保证体系

1.1.1　概念

对市政施工过程中的安全要求，从安全生产管理工作和安全技术措施工作上能够提供保证的程度，称为市政施工安全工作的保证性。正常情况下，除了难以预防和抗拒的自然灾害和不可抗力作用事故外，施工企业应当努力避免一切市政施工安全事故的发生，特别是应当杜绝死亡事故以上的重大安全事故的发生。

能否行之有效地避免或减少一般受伤事故的发生、杜绝死亡和重大、特大事故的发生，在很大程度上取决于施工企业安全管理和安全技术保证体系的具体措施。因为对安全施工要求和引发事故产生直接和间接作用的因素很多，所以，市政施工安全工作的保证性就要考虑各种各样相关因素的影响，并将这些因素考虑纳入相关工作环节的保证之中。

因为只有在有事故要素的存在、蕴育、发展、启动和作用时，才能引发事故，所以如果能够通过预防和检查工作及时发现和消除其存在或者阻止其蕴育、发展、启动和作用，就能有效地阻止事故的发生。故按事故发生的内在规律而言，施工安全的保证性就是对施工中可能存在的不安全状态、不安全行为和起因物、致害物能够及时地发现并予以消除或者及时地停（阻）止其发动的程度。

要在施工前尽可能消除或在施工中及时发现和消除不安全状态、不安全行为与起因物、致害物的安全保证要求，需要通过各个安全生产管理工作环节来实现，因此就需要各个安全工作环节都能达到其相应的保证要求。

上述的安全工作环节主要包括：

1）施工方案的制订、安全施工技术措施的编制；

2）安全生产教育、安全作业环境和条件的创造、各级施工管理人员安全责任的落实；

3）安全作业要求和安全措施的交底、对各项安全工作要求落实情况的检查和整改工作；

4）对安全隐患的经常检查和及时消除工作、对异常情况的紧急处置工作；

5）"高、难、新、特"市政工程重要安全环节的管理工作，就是各个安全工作环节对实现及时发现和消除存在的事故要素或者阻止其发展、作用的保证程度。

1.1.2　施工安全保证性的级别

（1）按实现安全施工的要求而言，施工安全的保证性越高则越好，希望能够达到杜绝一切事故发生的保证要求，但这并不是在所有的情况下都能达到的。

（2）按照相应工程、施工部位和作业环节的潜在危险性和发生事故的严重程度，市政施工安全的保证性可分为四个级别。

1）特级保证性是指能达到消除一切严重安全隐患，杜绝出现二级以上工程建设重大事故、确保工程计划严格执行的施工安全保证；

2）一级保证性是指能达到消除一切重大安全隐患，杜绝或极力避免出现二级以上工程建设重大事故的施工安全保证；

3）二级保证性是指能达到消除一切严重安全隐患，极力避免出现四至二级工程建设重大事故的施工安全保证；

4）三级保证性是指能达到致力消除或减少一般安全隐患，避免或减少出现重伤以下各类一般安全事故的施工安全保证。

（3）特级保证性用于有重大的政治性、期限性、国际和社会影响性以及有高危险性并且有特高安全要求、不能出现死亡事故、不能影响工程计划实现的重大工程；一至三级的施工安全保证性，则与前述对施工安全隐患的划分相一致，即当施工场所和作业环节可能危及到30名以上、20～29名或19名以下的现场人员的生命安全时，应分别采取一级、二级或三级的施工安全保证性。

1.1.3　对施工安全保证性的要求

对施工安全保证性的要求实际上是一项工作要求，即对各个安全工作环节要求其达到的保证程度。应做到以下三点：

（1）按保证性的级别提供相应的安全工作保证，级别越高，要求达到的保证程度也就越高。

1）特级保证性，可以说是"绝对级保证"，即要考虑可能出现的最不利情况以超出高标准要求的安全保证（可靠）度、安全储备和应对能力，绝对保证不出现死亡事故以上的工程建设重大事故；

2）二级保证性可以说是"严格级保证"，即要按高标准或者超过标准的安全保证（可靠）度、安全储备和应对能力，为极力避免出现四级至二级的工程建设重大事故；

3）三级保证性可以说是"标准级保证"，即按照现行安全法律、法规和强制性标准规定以及通常的安全生产要求提供的保证；而一级保证性则应介于"绝对级保证"和"严格级保证"之间。

（2）各个安全工作环节的保证性应达到适应相应级别要求的覆盖性、深入性、安全保证（可靠）度、安全储备（安全系数、应急备品等）和应对突事态与异常、意外情况的能力。

（3）保证性的各项要求具有能完全实施的可行性，可以具体落实到施工安全保证体系和安全技术与管理措施之中。

1.1.4　施工安全保证体系

市政施工的安全性需要由相应的安全生产的具体措施工作来保证。实现施工安全保证要求的安全生产工作体系，称为施工安全保证体系，它由施工安全的组织保证体系、制度保证体系、技术保证体系、投入保证体系和信息保证体系所组成。其主要内容分别是：

（1）施工安全的组织要求，即安全施工的组织管理系统及其机构设置和人员配置等；

（2）制度要求，即确保安全生产法律、法规、强制性标准、标准文件、工程施工设计和安全技术措施贯彻执行与圆满实施的管理制度等；

（3）技术要求，即安全可靠性、限控和保险要求以及保护和应急排险处置措施等；

（4）投入要求，即实现安全作业条件和安全施工措施所需要的资源投入等；

（5）信息供应要求，即安全法律、法规、标准信息，安全事故信息，安全技术与管理工作信息等。

以上所述的施工安全保证体系不同于我国工程项目办公室墙上挂的安全工作组织名单（即项目安全负责人、各专业工长和专职安全员等），它是市政施工企业或重大工程项目总承包单位保证施工安全的管理工作体系，具有广泛的工作包容性、管理覆盖性、技术适应性、有机协调性和发展进步性。

（1）工作包容性，就是可以容纳所有施工安全生产工作项目及其工作环节；

（2）管理覆盖性，就是可以将所有施工安全工作项目及其要求纳入其中；

（3）技术适应性，就是可以适应所有工程项目对安全技术的要求；

（4）有机协调性，就是可以将5个单项保证体系有机的结合起来，随时协调配合，形成有机整体；

（5）发展进步性，就是可以将各方面的发展和进步要求融于其中。因此，它是一个科学的体系，是施工安全科学管理工作的体系，容纳了科学管理的基本内容。

市政施工安全技术保证体系容纳了整个市政施工安全技术这一新的科学技术领域的所有内容。

1.2 市政施工安全的组织保证体系和制度保证体系

1.2.1 市政施工安全的组织保证体系

（1）施工安全的组织保证体系是负责施工安全工作的组织系统，包括机构设置、人员配备和工作机制。即安全生产工作的最高权力机构、专职管理机构、企业和项目的主要负责人、专职安全管理人员，企业、项目、施工队主管安全的管理人员以及班组长和班组安全员，形成如图4-1所示的施工安全管理工作的组织机制，即市政施工安全组织保证体系。

（2）按照《建设工程安全生产管理条例》"施工单位主要负责人依法对本单位的安全生产工作全面负责"的规定，企业主要负责人应是施工安全的组织保证体系中的领导和主持者，企业安全生产工作的最高权力机构是企业的安全生产委员会或安全生产领导小组，企业主要负责人应为这个委员会的主任或者领导小组的组长，其他成员一般应包括主管生产、安全和技术的负责人，技术、安全、人事、财务、机械、工会等有关部门的负责人和项目经理的代表，当有上级派驻企业的安全生产监督人员和设置企业安全生产总监理工程师时，他们也理应进入安全生产的最高权力机构。

（3）由于技术工作是安全工作的重要基础，安全施工方案和安全施工技术措施都由技术职能部门编制，因此，市政企业的安全技术职能部门应在市政施工企业主要负责人和安全生产权力机构之下。

1）主抓安全生产管理的企业的安全主管与安全职能部门；

2）主抓安全技术措施工作的企业技术主管与技术职能部门。

（4）上述两条管理线都要一直达到项目经理部的主要负责人，以及项目的安全和技术主管与专职安全管理人员，即项目的安全生产管理则应一直达到班组长和安全员。

（5）工程监理人员现已赋予对工程项目安全生产进行监督的责任，也是组织保证体系中的不可缺少的一环。图中所标出的企业安全生产管理达到的范围是最低要求，可根据安全工作的需要，达到更低的层面。

（6）施工安全组织保证体系应达到以下6项基本要求：

1）体系的岗位设置健全、无遗漏脱节情况；

2）体系所体现的组织管理系统的主线必须是明确，运作合理，无多方领导和职责交叉等问题的存在；

3）体系符合《建设工程安全生产管理条例》的安全责任规定、符合施工企业（单位）的现实条件和符合市政施工安全的管理要求；

4）体系所包含的领导层、管理层、执行层和支持层（承担安全施工措施、文件、资料编制和资源供应）安排合理、相互适应；

5）人员的安全工作素质符合要求，名额配备合适；

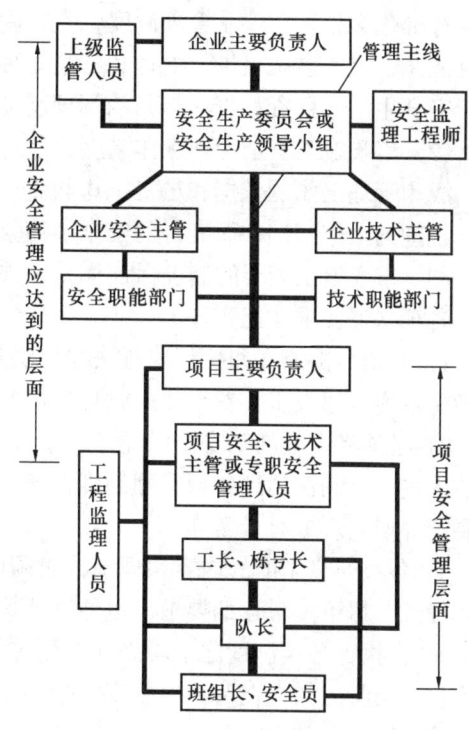

图 4-1　市政施工安全的组织保证体系

6）体系也能适应突发事态的应对处置需要。

（7）施工组织保证体系是施工安全工作的指挥和管理的中枢，在施工安全保证体系的5个组成部分之中居于极为重要的地位，不是简单地排出一个组织管理系统的名单就行了，必须按以上6项要求搞好，以便真正达到对施工安全工作从组织上加以保证的要求。

1.2.2　市政施工安全的制度保证体系

（1）为市政施工安全管理的各个环节提供制度的支持与保证的体系，称为施工安全的制度保证体系，它一般由安全施工的岗位管理、措施管理、投入与供应管理和日常管理等四个部分的管理制度所组成。

1）岗位管理：主要包括安全生产工作的组织制度，安全生产岗位责任制度，安全生产教育制度，安全生产岗位培训、考核、认证制度，安全生产值班制度，特种作业人员管理制度，外协单位和外协人员安全管理制度，专职与兼职安全管理人员管理制度，安全生产奖罚制度；

2）措施管理：主要包括安全作业环境和条件管理制度，安全施工技术措施编制和审批制度，安全技术措施实施的管理制度，安全技术措施的总结和评价制度；

3）投入和供应管理：主要包括安全作业环境和安全施工措施费用编制、审核、办理和使用管理制度，劳动保护用品的购入、发放、管理制度，特种劳动保护用品使用管理制度，应急救援设备和物资管理制度，机械、设备、工具和设施的供应、维修、报废管理制度；

4）日常管理：主要包括安全生产检查和验收制度，安全生产交接班制度，易燃易爆品、有毒化学品和危险品管理制度，安全隐患处理和整改工作情况备案制度，异常情况、事故征兆、突然事态报告、处理和备案管理制度，安全生产事故报告处置、分析和备案制度，安全生产信息资料收集与归档管理制度等。

（2）市政施工安全管理工作制度，是通过规范生产安全管理工作的各项要求和实施细则，成为管理工作的依据和员工工作与生产行为的准则，也是市政施工企业建立良好安全生产氛围的工作基础，而良好的安全生产氛围则是实现生产安全要求的重要条件之一。

（3）市政施工安全的制度保证体系，并不是只要建立一批制度就可以了，而必须满足以下各项保证要求才能实现。

1）必须严格遵守和执行现行法律、法规、强制性标准和相关标准的各项规定，特别是确保落实《建设工程安全生产管理条例》规定的各项安全责任；

2）必须将市政施工安全保证体系中涉及组织、技术、投入和信息保证的工作制度要求纳入进来。确保达到各项管理制度在各有所重的基础上，解决好其间的连接、协调和配合要求，使其形成有机整体；

3）各项安全制度的内容和规定，必须明确、准确并具有可操作性和可检查性，达到具体细致、尽可能量化的要求，以便于严格执行；

4）在执行各项制度之中均必须有相应的责任规定来保证实施。

（4）众所周知，在每一项制度之中，如果涉及有责任的事项而没有规定责任或者规定不明确，则执行就会被打折扣；如果涉及有责任的事项虽然也作了规定，但在出了责任问题后并没有认真地追究责任和作出相应的处理，则制度的执行效果也必将大受影响。

（5）而上述情况恰与建立安全制度保证体系的要求相同，因为市政施工安全制度保证体系的核心就是建立能够全面保证实现各安全生产工作环节要求的、同时又能保证可以严格被执行的制度体系。

1）首先保证（用制度保证各个环节的安全工作要求）需要将建立施工安全保证体系的各项要求纳入制度，给予严格的制度以约束和保证；

2）然后保证（保证制度能够被严格地执行）则需依靠其可行性和责任规定来实现。而纳入制度要求的本身，也是负起安全生产责任的体现。

（6）因此，"明确责任、负起责任、追究责任和承担责任"是建立市政施工安全制度保证体系的基本要求。

1.3 市政施工安全的技术保证体系

1.3.1 施工安全技术的基本概念

（1）市政施工安全技术产生于市政施工技术、以研究施工安全的技术保证为主的施工安全技术，既是施工技术的重要组成部分，也是可以自成体系的新技术领域。它既与施工技术密切联系、互相渗透和影响，又有自身特有的角度和技术的着重点。

（2）施工安全技术由母体技术、安全影响因素、安全保证技术和安全保证管理等4个基本部分组成。

1）母体技术："母体技术"部分由技术要点和适用范围、材料和设备、结构和构造、设置要求、设计和计算、检查（试验、试运行）和验收、劳动组织和施工管理以及常用数据等构成。

2）安全影响因素即影响母体技术使用安全的因素。主要包括：

a. 技术在现阶段尚存在的不够成熟和完善的因素；

b. 反映技术适应范围局限性的因素；

c. 现实施工和工作条件还不能完全满足技术应用要求的因素；

d. 引起技术在某些情况下可能出现事故要素的因素。

搞清楚这些影响因素，则是为施工安全提供技术保证的前提条件。

3）安全保证技术：安全保证技术由设计可靠性技术、限控技术、保险与排险技术和保护技术所组成，形成对施工安全提供四道关键的技术保证。

4）安全保证管理：安全保证管理就是实施包括组织、制度、技术、投入和信息保证的全面的施工安全保证体系的管理，并偏重于确保施工安全技术要求得到圆满实施的管理。由于只有技术而没有相应的管理加以保证是不行的，因此，它也是施工安全技术的基本组成部分。

（3）根据以上所述，就可给施工安全技术下定义，施工安全技术就是以相应施工技术为母体技术、针对其技术和施工的使用情况，从技术和管理两个方面给予施工安全保证的技术。母体技术是施工安全技术的基础，而四个环节的技术安全保证则是其核心，也是施工安全技术有别于施工技术的基本点。

1.3.2 施工安全的技术保证的基本概念

施工安全是安全施工的目的，是市政施工所应达到的作业环境和条件安全、施工技术安全、施工状态安全、施工行为安全以及安全生产管理工作到位的综合结果。施工安全的技术保证，就是为这五个方面的安全要求提供安全技术的保证，也即从判断并确保其安全可靠性、给以确保安全的限制和控制规定，给予安全保险与排险的措施和规定以及给以有效的安全保护。

施工安全的技术保证不是仅针对施工技术的技术安全保证，而是涉及整个施工过程安全的技术保证。

1.3.3 施工安全技术系列和安全技术保证体系

施工安全技术系列有以下四种建立方式：

（1）按工程技术领域建立，如土石方工程安全技术、模板工程安全技术、脚手架工程安全技术等，适合于专项工程或技术的安全管理；

（2）按管理对象建立，如机械使用安全技术、施工用电安全技术、工地防火安全技术等，适合于职能部门和专业管理，比较适应我国现行安全生产管理体制和习惯工作模式；

（3）按防止事故专项治理的要求建立，如防止坠落安全技术、防止坍塌安全技术、防止机械伤害安全技术等，适合用于专项治理；

（4）按提供安全保证的环节建立，即技术保证体系。因从安全生产保障的规律出发，基本上可以覆盖施工安全技术的各个方面，具有综合性和科学性。

为了适应市政施工安全的企业管理、部门管理、项目管理和专项治理的需要，施工安全保证体系可按专项工程、专项技术、专业管理和专项治理的 4 个类别、每个类别有若干项目、每个项目都包括 4 项技术（安全可靠性技术、安全限控技术、安全保险与排险技术和安全保护技术），建立并形成如图 4-2 所示的安全技术保证体系的系列。"步步为荣、层层把关"的四环节安全技术保证体系。犹如四道关口，对施工安全的保证性进行技术把

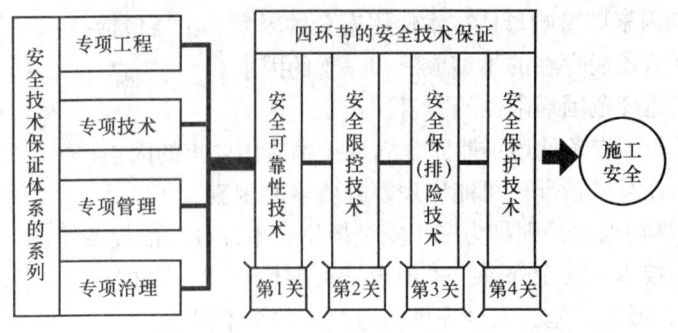

图 4-2　施工安全技术保证体系的系列

关，前一"关"没有把好时，还有后一"关"挡住，但前一"关"的"失守"，同时也增加了后一"关"的"把关"难度，因此需要将每一"关"都认真地把好。

1.3.4　四个环节安全保证技术的定义和任务

（1）安全可靠性技术

1）在"四环节安全技术保证体系"中位居第一环节，也是该体系的基础。安全可靠性技术可定义如下：判断并确保综合或专项市政工程施工技术及其管理措施，在工程施工的全过程及可能出现的情况下，对满足施工安全的保证要求均具有良好可靠性的技术；

2）安全可靠性技术的任务是研究施工技术和管理措施设计对确保安全的可靠性的保证要求，即根据事故发生的内在规律，从研究如何发现和消除各种可能导致"不安全状态"、"不安全行为"存在的涉及因素，扼制"起因物"、"致害物"孕育、启动和预防各种形式伤害与破坏事件的发生着手，通过对安全设计的考虑因素、编制依据、设计计算、实施规定和监控手段的全面性、有效性的判断，确保市政施工安全设计的可靠性。

（2）安全限控技术

1）在安全可靠性设计的基础上，对施工技术及其管理措施中的重要环节、关键事项、使用要求以及其他需要严格控制之处，进一步提出明确的限制、控制规定和要求，以确保施工安全的技术。"安全限控技术"在"四环节安全技术保证体系"中位居第二环节，继安全可靠性技术之后，对重要安全事项予以进一步确保的安全限控技术；

2）安全限控技术的任务是：研究施工技术和管理措施设计中所确定的安全控制点，以明确、具体、硬性的规定加以限控，并同时补充考虑安全可靠性设计中未予涉及和考虑不足的安全控制事项，通过提出设计的安全控制指标、安全文明施工的控制规定、机械作业和安全操作的规定以及监察、检验控制要求的实施，以便继可靠性设计之后，形成对施工安全的第二道保障。

（3）安全保险和排险技术

1）在"四环节安全技术保证体系"中位居第三环节，作为施工安全的第三道保障的安全保险和排险技术，可定义如下：在可靠性设计和限控规定的基础上，对有可能出现的突破设计条件和限控规定、其他意外情况以及异常事态，相应及时采取自行启动保险装置和应急措施，以阻止异常情况发展、事故发生和伤害发生的技术；

2）安全保险和排险的任务是研究施工技术和管理措施执行中有可能出现的危险事态，即事故开始启动的起因物、致害物和危险工况，通过预先安排的保险制动装置的启用、附加保险措施的保障和应急处理措施的实行，最大限度地避免伤害的发生，最大限度地降低其损害的程度。图 4-3 所示为市政安全技术保证与事故要素内在联系示意图。

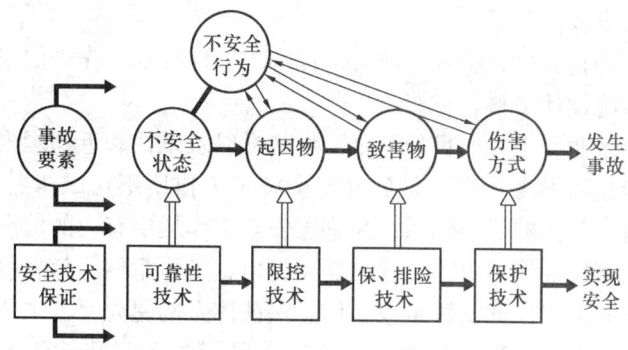

图 4-3　市政安全技术保证与事故要素内在联系示意图

（4）安全保护技术

1）在市政工程施工的全过程中，针对可能出现的各种职业的和意外的伤害，对现场人员的人身安全和工程与施工设施的安全进行预防性保护的技术；

2）安全保护技术的任务是研究如何对现场人员和工程与施工设施的安全进行有效的预防性保护，即通过建立保护制度、设置保护措施、使用劳保用品和提高职工安全素质，做好自我保护等预防性措施，以保护现场人员的人身安全和财产安全。

1.4　市政施工安全的投入保证体系和信息保证体系

1.4.1　市政施工安全的投入保证体系

投入保证体系是确保市政施工安全应有与其要求相适应的人力、物力和财力投入并发挥其投入效果的保证体系。其中，人力投入问题在前述施工安全的组织保证体系中解决，物力和财力的投入则需要解决相应资金问题。安全费用可分为政策性费用和措施性费用，前者已纳入概预算定额之中，后者则可采取向建设单位申请相应费用与自筹相结合的办法解决。

《建设工程安全生产管理条例》明确规定建设单位应当将安全作业环境和安全施工措施费用纳入工程概算并予及时提供，而施工单位必须将其用于施工安全防护用具及设施的采购和更新、安全施工措施的落实、安全生产条件的改善、且不得挪作他用，使这一保证体系显得更加重要。

施工安全的投入保证体系由投入项目和费用测算、落实资金来源、投入决策、投入的实施和监督以及投入效果分析等五个相互衔接的工作所组成。当建设单位纳入工程概算的安全费用不足时，施工单位可与建设单位另行协商解决，而这就需要做好费用的测算工作，由于安全投入包括一次性消耗掉的和可以继续周转使用的，因此施工单位应当承担一部分，包括自投资金的来源和投入安排，都是投入决策工作应予解决的。而投入的具体实施及监督工作，则必须由制度加以保证。

最后对投入效果的分析应包括投入项目的适当性，投入数量的适合性和投入的经济性，这对于以后改进有关工作会大有益处。

1.4.2　市政施工安全的信息保证体系

市政施工安全工作信息包括相关的文件信息、标准信息、管理信息、技术信息、安全施工状况信息以及事故信息等。

企业提供相应的新法律、法规、政策、标准与工作要求，先进的安全工作经验、新的安全技术发展和措施设计资料。

企业提供近期企业和工程项目的安全工作状况以及以往和近期国内发生的施工安全事故，具有重要的依据和参考作用，是搞好安全施工工作所不可缺少的基础性和资源性工作。应当建立起这一工作的保证体系，为施工安全工作提供有力的信息支持。

施工安全的信息保证体系由建立满足需要的信息工作条件、信息收集、信息处理和信息服务等四大部分的工作保证安排组成。信息保证体系的建立要求主要有四项内容。

（1）适应施工企业和工程项目建立施工安全保证体系、提高安全生产技术和管理水平、实现安全生产（施工）要求的需要；

（2）确保达到信息收集的及时性、全面性和深入性要求。其中的全面性包括对信息纲目和信息渠道的相应要求，深入性则主要体现在信息的深度和实用价值上；

（3）确保做好市政施工安全信息工作所需要的人力、物力和财力的投入，并加强对信息工作人员的培养工作；

（4）加强信息工作的日常管理，确保入库的信息量迅速增长。

课题 2　市政施工安全的技术与措施保证

2.1　市政施工技术与措施中的安全可靠性要求

2.1.1　对施工技术与措施安全可靠性的研究和判断

（1）解决安全可靠性要求的三个前后衔接的课题

在市政施工过程中，只要能保证不让事故要素有存在或启动的可能，就能可靠地确保施工的安全，由此安全可靠性必须着力解决好三个课题。

1）确定在技术和措施实施的全过程中，有可能以何种形式出现的显性或隐性的不安全状态、不安全行为、起因物、致害物以及可能导致事故发生的伤害与破坏方式；

2）掌握这些事故要素所存在、孕育和发展的原因及其内在的规律性；

3）在一个市政工程施工的全过程中，彻底消除这些事故要素或避免和遏止它们起作用，也就是实现了安全可靠性的具体要求。

（2）研究安全可靠性要求的切入点

市政施工安全技术和措施的安全可靠性包括了编制依据、考虑因素、设计计算、实施规定和监控手段等五个方面的可靠性，涉及的因素较多，可归纳为八个研究的切入点。

1）工程施工条件的困难性：包括施工场地和周边环境限制、地下设施和地质条件、工期要求和施工季节因素、作业场地和材料、设备进场条件、施工组织和管理条件等；

2）施工作业要求的特殊性：包括高空（处）作业，交叉作业，夜间作业，恶劣环境作业，逆作业和特殊程序作业，水上和水下作业，深基坑和洞室作业，不断交通、不停产和其他难以封闭围护的作业，高温、高压、带电作业，突击性和抢险性作业，对周边建筑物和居民安全的保护要求，对控制施工振动和噪声要求等；

3）施工技术的创新性及其可能存在的还不够成熟的问题：包括新研制、开发、引进的技术，本单位首次采用的技术，原有技术和设备的改造创新，技术和设备应用的条件改变和范围扩大，无应用先例的技术措施，已出过事故的技术措施，尚无标准或工法的技术，尚无成熟、定型设计计算方法的技术，临时加固和应急处理措施等；

4）设计考虑因素的全面性和未知性：包括基本以及相关的设计条件和技术参数，设计中的其他影响因素，在设计因素中具有共生、因果关系的因素，在技术和措施中可能存在的事故要素，具有渐变、突变、难控的设计影响因素等；

5）计算参数的符合性和覆盖性：包括结构与构造参数、动力和运行参数、荷载和其他作用参数、技术和设计指标、安全保证指标、计算系数、材质和加工要求、施工和安装误差要求、自动控制参数、使用的限控规定、合格验收和维修规定等；

6）设计安全储备的合理性及其保证性：包括工程结构的设计规定，脚手架、支架等临时结构的设计规定、施工机械的设计规定、起重设备和吊具索具的设计规定等；

7）设计方法和计算的正确性：包括设计和计算方法的确定、设计条件和计算参数的确定、各项计（验）算的过程和结果、计算和实用图表的编制、验算的结论等；

8）管理规定的严格性和监控手段的有效性：包括具体性的规定，原则性的要求，考核评定办法、指标和要求，消除隐患的整改要求，应急排险和救援措施的安排，组织手段，制度手段，检查手段，评价手段，处理手段，奖惩手段，研究和总结手段等。

（3）安全可靠性的研究程序

对技术和措施安全可靠性的研究，应从分析工程和技术的特点、难点入手，按研究的切入点和事故要素的考虑项目找出在技术和措施中存在的不安全因素，进行分析研究并制定相应措施，在全面核定其考虑因素、编制依据、设计计算、实施规定和监控手段等五个方面的可靠性之后，形成设计计算书和管理规定，其技术和措施安全可靠性的研究程序如下：

工程和技术的特点、难点→研究考虑项目（参考事故要素）→找出不安全因素和不安全点→应对保障措施进行研究→判断五个方面的可靠性→完成设计和措施编制的任务。

（4）安全可靠性的判断标准和审查程序

对技术和措施安全可靠性的判断标准为：

1）考虑全面：包括认真考虑工程的技术和管理特点与难点，充分考虑安全保证要求的重点和难点，给予全过程、全方位考虑、基本无漏项，对潜在影响因素有较为深入的考虑，将技术设计的执行与管理要求综合考虑等；

2）依据充分：包括采用的标准和规定合适，依据的试验成果和文献资料可靠，对前面所作的引伸、变通和调整均有可靠的论证，对首次采用技术的分析研究慎重、细致并留有余地等；

3）设计正确：包括对设计方法及安全保证度选择合适，设计条件和计算简图的确定合理，设计计算正确，计算参数和系数取值无误，按设计计算结果提出的结论和施工要求正确等；

4）规定明确：包括技术与安全控制指标规定明确，对检查和验收要求的规定明确，对隐患和异常情况处理措施明确，管理要求和岗位责任制度明确，作业程序和操作要求规定明确等；

5）便于落实：包括无执行不了和难以执行的规定和要求，有全面落实和严格执行的保证措施，有对执行中可能出现的情况和问题处理措施的能力等；

6）能够监控：内容包括单位的监控要求不低于政府和上级监控要求，措施和规定全面纳入了监控要求，有关施工文件和资料能满足监督管理的要求等。

对于技术与安全可靠性的审查程序方框图如图4-4所示。

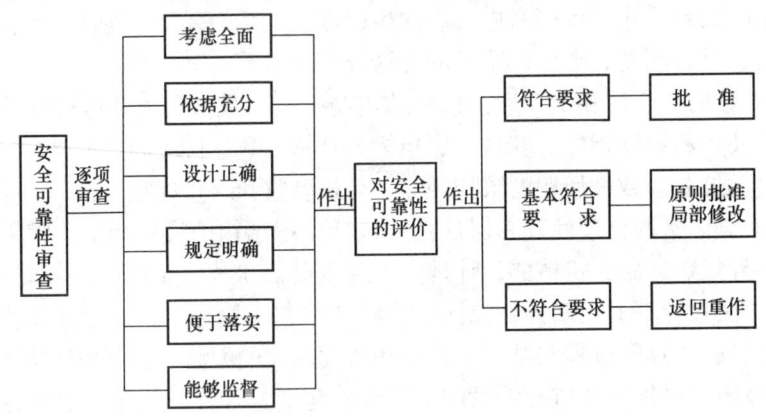

图4-4 技术与措施安全可靠性的审查程序图

2.1.2 对实施安全可靠性要求的注意事项

（1）注意对非常见的因素进行认真考虑。影响安全可靠性要求的因素可分为常见和非常见两大类，常见因素一般多能予以考虑而较少疏漏，而非常见的因素却较难考虑而极易疏漏。避免疏漏的办法，就是树立出现"万一"的意识，将极少出现的、不可能出现的和单位多年以来没有出现的因素考虑进来，做到有备无患。

（2）注意设计计算条件时应符合施工的实际情况。当施工的实际条件、情况与设计计算条件有明显的偏于不安全的因素、而又难以按设计条件和计算参数进行控制时，应按最不利的实际条件和情况进行设计，以避免降低设计的安全保证度。

（3）注意不要对技术发展形成不适当的限制。对于新的技术或者技术创新，应采取积极支持并认真确保其安全可靠性要求的态度，必要时应组织试验，取得可靠的设计依据，并宜在施工中进行认真的检测，以便对其安全可靠性的涉及问题作出有依据的结论。为了确保安全，适当地加大安全保证性和采取一些加强措施是必要的。但不要对新技术的应用形成不适当的限制。

（4）综合考虑安全可靠性和经济可行性的要求。安全性和经济性既是统一的，又存在一定的矛盾，需要综合考虑。一般来说，有多种技术和措施可供选择；而加强管理也可以弥补某些安全保证度之不足，这两方面都有使费用显著降低的可能性。因此，只要认真做好方案比较和加强管理工作，则在确保安全可靠性要求的同时兼顾经济的可行性，是可以做到的。

（5）注意专项技术和措施安全可靠性要求的适用条件。由于工程的性质、施工要求和安全费用投入情况的不同，在安全可靠性要求的掌握尺度上也会有所差异，应当注意其适用条件，不一定都要采用很高的标准来确保安全的可靠性。

2.2 安全的技术和措施中的安全限控要求

2.2.1 概述

施工安全的限控要求，就是针对施工技术及其管理措施在执行中的安全控制点以及在施工中可能出现的其他事故因素，作出相应的限制、控制的规定和要求。

长期以来，为了确保施工的安全，在施工所涉及的各个方面和环节，都毫无例外地采用一些限制和控制的规定，如限高、限载、限速、限位、限时、限压、限变形以及对构造尺寸、使用条件、工作状态、作业程序、上岗条件等所作的各种限制等，不仅已成为安全生产管理的基本要求，也是职工安全生产教育和培训的基本内容。

所不足的是，还没有充分地认识到应将其作为一项安全限控技术来进行研究，根据其内在的规律性建立起科学的体系，不断予以发展和完善，以使其对确保安全的控制更加全面、准确和有效。

2.2.2 安全限控要求和安全控制点

（1）研究安全限控的目的、作用和要求。安全限控的目的，就是通过对涉及施工的工艺程序、设计指标、技术参数、受力状态、运行工况和施工要求等方面的安全关键环节和关键点进行严格的限制和控制，避免出现不安全状态和其他可能引发事故的事态。为此，不仅需要将安全可靠性设计所确定的安全控制点以具体、明确和强制性的规定加以限制和控制，同时还应进一步补充在安全可靠性设计中未能涉及或者考虑不足的安全控制事项。

（2）除为施工安全提供第二道技术保障外，对安全限控要求及其技术措施的研究还具有以下重要作用。

1）有利于全面和细致地确定安全可靠性设计的控制项目及其要求；

2）有利于形成或补充完善建筑施工安全技术标准中的强制性条文规定；

3）有利于形成或完善安全文明施工要求中的通用性限控规定；

4）有利于形成政府主管部门和上级单位对施工安全监督与管理工作中的重点控制要求；

5）有利于形成对职工进行安全教育培训和提高职工安全素质的重点要求。

（3）安全控制点的基本概念。在市政施工过程中的各种状态（自身状态、设置状态、工作状态、转移状态、存放状态、形成状态、受力状态等）都有安全状态和不安全状态之分，按能否发生事故而论，安全状态是不会发生事故的状态，不安全状态是有可能发生事故的状态，两种状态可以相互转化：安全状态因为不安全因素（不安全行为、因内外原因引起的状态变化等）的存在与作用而向不安全状态转化；而不安全状态也会因及时消除了安全隐患或不安全因素而恢复安全状态。

（4）状态变化引发的事故，一般都会有一个发展过程，即先由安全状态进入不安全状态，再由不安全状态发展到状态的危险点，而事故发生后就进入出事（故）状态。

（5）为了避免发生事故，就不能让相应的状态达到或者接近危险点，必须离开危险点一个安全保证距离。这个距离应能够容纳施工中可能出现的不利因素所造成的状态变化、负载增加和承载能力下降的结果，使其不会达到或接近危险点。

2.2.3 实现安全状态的控制要求

（1）实现全过程、全方位的施工安全状态，是安全限控的主要和基本的目标。

（2）需要从分析其自身状态、设置状态与施工状态的各个安全控制方面着手。

（3）通过编制施工组织设计、安全措施和施工安全管理规定（含执行法律、法规和标准），确定（作出）对安全限控的规定和要求，以确保实现施工的各个阶段、各个方位和各个环节都保持安全状态的要求。

以上所述的施工安全状态控制示意图如图4-5所示。

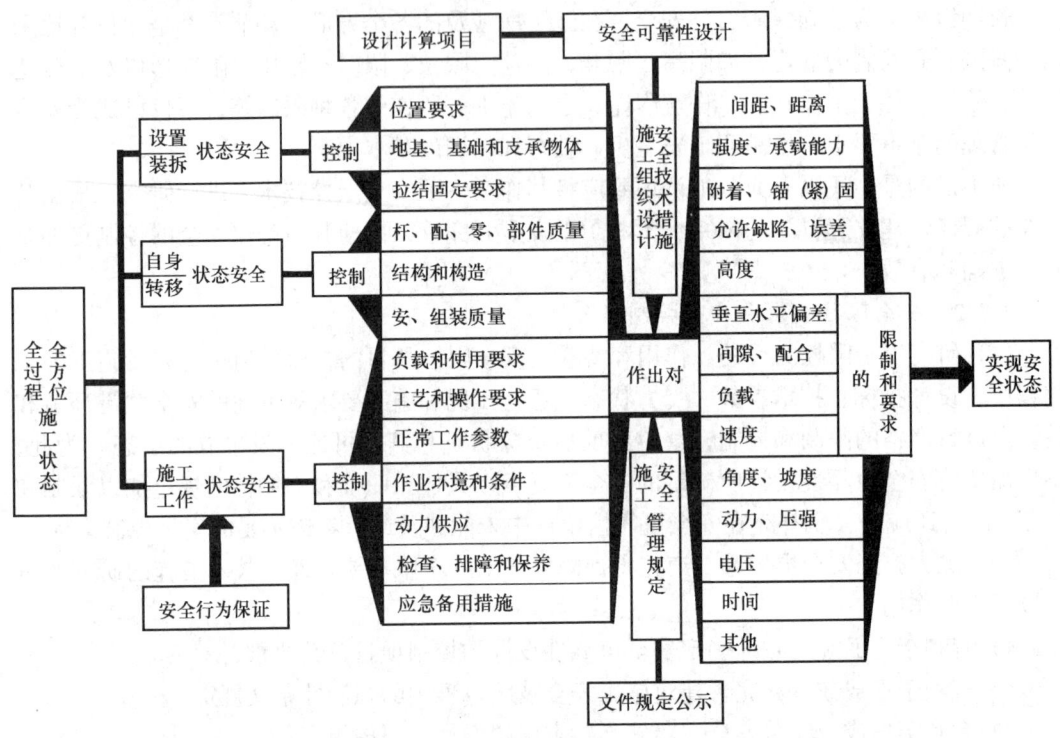

图4-5　施工安全状态控制示意图

2.2.4　主要施工管理环节的安全限控要求

（1）施工机具设备使用安全的限控要求

1）限控机具设备的自身状况。状况是否良好的全面检查要求，安全装置齐全有效要求，新购进的以及经大修、改装、拆装后的测试和试运要求，冬前及其他换季性保养、检查、采取适应季节或气温变化的措施要求等；

2）限控机具设备的装置和使用条件。非固定设置者所需的道路、工作场地和水、电条件，固定设置者的地基、基础、地锚、缆风等，安全接地、避雷、照明和警示要求，与高压线和架高线的安全距离或防护屏障要求，其他设置和使用条件等；

3）限控机具设备的运行工况参数。负载、电压、电阻等电气参数，仰角、俯角、速度、温升、不垂直度和不水平度等；

4）限控机具设备的运行程序与操作要求。对允许或禁止运行的机具设备状况的规定、对作业人员上岗条件与禁止上岗和操作的规定、对运行程序和操作的控制性要求、禁止在运行和操作中的违规行为的规定、对出现异常和危险情况时的处置规定等。

（2）施工设施安全的限控要求

在建设工地现场和施工作业场所设置的、为施工提供所需生产、生活、工作与作业条件的设施，统称为"施工设施"，主要包括：

1）场围挡、安全防护设施和施工用电设施；

2）场地、道路、排水、排污设施、生活、办公和生产用的暂设工程；

3）施工用水设施和现场（工地）消防设施、施工架设和垂直与水平运输设施、现场生产设施以及环境保护设施。

上述共同的特点是临设性，即只供建设期间或相应施工阶段使用，工程建成或相应施工阶段结束时予以拆除。

（3）安全作业环境则为实现施工作业安全所需的环境条件，它主要包括如下内容：

1）安全作业所需要的周围环境条件和施工作业对周围环境安全的保证要求；

2）确保安全作业所需要的施工设施和安全措施；

3）安全生产工作环境（包括安全生产管理工作的状况及其与单位对安全工作的重视程度、职工的安全意识和素质所形成的安全生产氛围）；

4）《条例》第八条规定所指的正是前三项需要投入相当费用的安全作业条件。如：1）项的深基坑支护措施及开挖前先对毗邻建筑物打护基桩的保护措施以及不断交通、不停产要求下对施工安全的保护措施；2）项的有临街防护和对周围建筑物的保护；3）项的为施工场所的安全作业条件，如场地条件、架设条件、垂直和水平运输条件、材料物品存放条件和安全防护、监护条件等。

（4）由于创建和改善安全作业环境的有关要求就是需要解决的安全施工措施或者措施性的施工设施，且在施工设施、安全施工措施和安全作业环境条件这三者之间并无严格的区分，以及我们已经习惯地将脚手架、模板及支架、垂直和水平运输设施这些施工设施归入安全施工技术措施之中。

（5）施工工艺和技术安全限控要求所涉及了较多的方面和环节，其安全控制要求也不同。

2.3 技术和措施中的安全保险与排险要求

2.3.1 安全保险和排险措施制定的基本要求

（1）安全保险和排险措施的研究要求

1）安全保险措施首先是针对事故的致害物，即制止致害物的运作、阻止其实施伤害或减小其伤害的程度。如施工电梯梯笼的断绳保护装置，断绳以后坠落的梯笼就成为事故的致害物，断绳保护装置可以及时将下坠的梯笼制停在导轨架上，从而避免或减小伤害。当致害物不明确，或者即使明确、却又难以某种装置或措施阻止其运作时，保险措施就得前伸一步或者后延一步，前伸至加强限控和可靠性措施，或后延至保护措施，因而三者是不能割离开的。

2）可以说限控措施是前置的保险措施，而保护措施是后置的保险措施。由于安全保险措施中保险装置的覆盖面并不宽，只是一些特定情况，且其本身及其支持物和设置情况也并非"绝对保险"，因此，在研究保险装置和保险措施时，应尽量地将其中的一些要求返回到加强设计的安全可靠性和限控措施上，而保险装置只应用在确有必要设置的地方。

3）排险措施是指及时排除或处置已经出现的险情（包括被保险装置制停住的危险状

态）的措施。其基本要求是：在不引起新的险情和确保排险人员不受伤害的情况下，排除险情或者阻滞、减缓险情的发展。由于排险措施是保险措施的延伸，因此，在研究确定保险措施时，应当同时考虑排险要求。根据以上的认识，对安全的保险和排险技术的研究要求，可归纳成以下几点：

a. 研究各种可能存在的引发事故的危险点及其情况和返回到限控措施和可靠性设计来加以解决的把握性；

b. 在研究应当在保险技术中解决的危险点情况时，应着重研究其异常情况发展、事故发动和伤害发生的"三发"事态的规律性和实施有效控制的途径；

c. 研究阻（停）止、减缓、降低"三发"后果的保险装置或措施以及排险与其他应急处置措施，并使其达到及时和有效的要求。

（2）安全保险措施的类别和安全保险点可大致分为以下几大类型

1）保险制动装置。系装设于施工设备之上的，在设备的正常工况中处于待发状态，在相应突发情况出现时，能自动启动制止危险状态发展的装置；

2）备用设备和措施。在突发情况出现时，能及时启用的、以确保作业正常进行和施工安全的备用设备和应急措施；

3）附加保险措施。在可靠性设计和限控措施之外，另行增设的可以有效抗住或者延缓突然事态变化的措施以及在设置保险装置的同时，另外又增加的保险措施；

4）应急处置措施。在异常和突发事态出现时，紧急采取的避免事态发展和伤害发生的应对措施。

（3）安全保险措施的有效性

安全保险措施必须达到可靠有效的要求，这也是安全保险技术研究的重点。安全保险措施的有效性，需从其各种影响因素的考虑中加以解决和确保。其中，安全保险装置应予考虑的方面有：

1）装置引发机构的灵敏性和装置制动机构的可靠性；

2）制动的延续时间及其事态在该时间内的发展程度；

3）相关设备、构造和人员对制动作用的承受能力和复原机构或方式的方便性；

4）保险装置多次动作（试验要求）之后对其可靠性有否影响；

5）装置允许反复作用的次数与检查并认定其正常有效的方法和标准；

6）部件检修、更换、装置报废的标准与其他涉及因素等。

安全保险措施应予考虑的方面有：可行性、控制效能、执行所需时间的保证性、人员在事态控制过程中的安全、经济性等。

2.3.2 强制性停（制）止作业的基本要求

（1）当出现某种不利于作业的安全或者造成危险的情况时，应立即采取强制性停止作业的措施。这既是一种限控措施，也是一种保险措施。即先要保证不出事，然后查明情况、消除险情或等天气好转以后，恢复正常作业。

（2）当出现施工危险情况时，应当采用强制性停止作业的措施

1）预报有恶劣、灾害性天气即至（如暴风雨等）或施工中突然出现恶劣天气变化；

2）发现有重大安全隐患，必须停止作业进行处理；

3）发现有事故征兆并且发展迅速，必须立即停止作业；

4）发现异常情况，尚不清楚其危险性，需要停止作业，立即查明；

5）发现有严重的违章施工、违章指挥和违章作业情况，必须立即停工进行整顿处理。

（3）以上情况出现时，可根据其危险性的波及范围采用全场停工或局部停止作业的应急处置。必须强制性停止作业的异常和危险情况，可根据前述对重大安全隐患、事故征兆等的阐述、并结合工程的实际情况事前加以研究确定，以免在某些情况出现时，不能果断地作出处置措施。

2.3.3 对排险措施的基本要求

（1）认真研究确定在工程施工中可能出现的各种险情。

（2）认真确定哪些险情是可以组织进行排除工作的，哪些则是不应冒险去排除的。

（3）认真研究确定与各类险情相适合的安全排险措施和紧急处置措施。

（4）在排除险情时应先撤离无关人员，排险人员，必须使用相应安全护品和采取严格的安全保护措施，并设专人负责对排险人员安全的监护工作。

（5）按正确程序进行排险作业，避免引发新的险情。如若一旦出现新的险情或事态继续发展，应立即停止排险作业并撤离作业人员。

2.4 技术和措施中的安全保护要求

2.4.1 概述

在施工安全的技术保证体系中，安全保护技术和措施是针对事故的伤害方式采取的，包括对人员、工程和设备的保护，且以对人员的保护为主，这是实现市政工程施工安全的最后一道保障，对避免或减轻事故的伤害非常重要。

在市政施工过程中，安全保护的范围不仅只是工地之内，而且也包括工地周邻受到涉及的区域。对工地内的工程、施工设备和设施以及周边房屋和其他现有设施的保护，基本上为措施保护，即采用适合的保护措施确保其在整个施工期间内的安全。主要保护措施有打护基桩、设挡墙、搭防护棚、安全加固支撑以及临时转移安置等。对于人员的保护，则有制度保护、设施保护和人员自我保护等三类保护措施，且只有当将这三种保护有机地结合起来时，才能达到最好的保护效果。

（1）对安全保护技术和措施的研究有以下要求

1）不断完善对现场人员不受或少受事故与职业性伤害进行全方位、全过程预防性保护的要求及其措施，确保保护措施的可靠性和可行性；

2）处理好保护人员与保护工程、施工设施的有机协调关系；

3）实现设施和用品保护与提高现场人员自我保护素质的良好结合。

（2）所谓全方位、全过程的保护，就是在整个工程施工期间，对进入现场的所有人员的安全进行不分时间、不分地点和不分人员情况的保护。

2.4.2 制度保护、设施保护、自我保护和职工安全素质

制度保护是按国家安全生产法律、法规和企业安全生产制度执行的安全保护措施和规定，包括使用安全护品、特种作业的安全保护和危险场所与作业的监控保护。设施保护就是按照施工安全技术措施设置的安全保护设施，包括稳固型的（稳固、加固施工场所的承载结构和安全作业条件设施）、阻挡型的（可有效阻挡起因物、致害物动作或事故因素作用的设施）和承接型的（承接事故作用、减轻伤害后果的设施）三种。

自我保护是劳动者自我采取的安全保护措施，包括遵守上岗的身体条件、不在不安全区域逗留、不在无安全保障的条件下作业、不进行不安全的作业、不使用安全不合格的机具和设施以及注意躲避伤害等六个方面。

（1）使用安全护品，包括安全帽、安全带、安全鞋、安全网、防毒面具、口罩、手套、护镜、护帽、绝缘护品、其他安全（劳动保护）护品等。

（2）特种作业保护措施，包括通风、供氧、隔热、降温、加压、减时轮换、使用特种护品；设置保护设施、停止通行和其他施工（作业）活动等。

（3）危险场所和作业的监控，包括危险区域封闭和禁人监管、供应和服务监控、人员替换监控、作业环境条件（温度、有害气体、烟尘等）监测控制、异常情况监控、救助工作监控。

（4）稳固型防护设施，包括深基坑（沟槽）边坡支护地基处理，降水和止水防护，已有建筑及其基础加固措施，立放构件、构架和超高堆物的支撑（顶）稳固，受重载工程结构部位的支撑加固，未达设计强度楼板的多层支撑，机械设备、垂直运输设施的防倾稳固措施等。

（5）阻挡型防护设施，包括施工现场围挡和作业场所防护、机械设备动力、运转和工作部分的安全护罩和保护装置、挡土墙、隔离墙、挡板、围堰、挡水堰、危险品库、临街防护等。

（6）承接型防护设施，包括安全平网设置、洞口和地沟覆盖措施、安全防护棚和安全通道等。

市政工程施工的每一位职工应具有良好的安全工作素质（包括安全意识、知识和技能），不仅是实现自我保护要求的前提和基础，而且也是正确实施和不断完善制度保护与设施保护工作的重要条件等。

2.4.3 安全保护措施的设置要求

安全保护措施按其作用情况，可分为围挡措施、盖护措施、支护措施、加固措施、解危措施、监护措施和警示措施等七大类。其中的解危措施即解除危险的措施，如电气安全防护中的接零、接地和漏电保护措施等。这七大类安全保护措施的设置的范围要求如下：

（1）围挡

1）主要范围：包括现场（工地）周边；危险禁人区域；危险作业需挡护的侧面；脚手架外侧立围挡面；建筑结构临街、临边；作业区域需要设安全隔离之处等；

2）基本要求：即包括高度适当、材料适合、架设稳固、避免倾倒等。

（2）盖（封）护

1）主要范围：包括小型未设围挡的坑、槽、沟、池，机械、设备和设施有安全盖护要求的部位；有被溅落火星点燃可能的易燃物；有碰、压损伤可能的电线（缆）；现场有毒、易燃、易爆物等；

2）基本要求：包括盖（封）护牢固、有足够承载能力、注意通风要求等。

（3）支护

1）主要范围：包括有坍塌、倒塌、倾翻、滑移可能性的房屋、墙体、基础；坑槽边坡、构件、模板、脚手架和其他架设设施、模板、堆物、设备和设施；尚未达到设计承载能力需临时固定、或有过大、集中的施工荷载作用的工程结构、模板和其他设施的支架；

有振动作用或其他需要支护的危险作业场所；已发现有显著裂缝、变形、沉降等现象之处等；

2）基本要求：包括充分考虑各种荷载作用、确保设计具有足够的安全保证度；确保材料、杆构件和施工的质量；确保地基、支垫物和支承结构具有足够的承载能力；支护方案应履行严格的审批手续；设置后严格进行监测或监视；发现有异常变化时立即予以处置等。

（4）加固

1）主要范围：起重、安装、转移、运输等对刚度不足或改变设计受力状态所需的加固；在施工过程中对承受施工荷载作用能力不足的工程结构、基础、地基的加固；按施工措施要求对机械设备和施工设施的加固；在施工过程中对已发现明显变形和其他异常情况的支护结构、脚手架、支架、模板、基础等的涉及部位进行加固等；

2）基本要求：即包括事前有技术积累和预案措施；迅速确定方案而又有严格的技术把关；涉及到工程结构的加固措施应由设计单位提出；加固措施不应有损于结构和设备的正常使用要求；严格按程序要求安全地进行加固施工；加强监测检查，发现问题时立即予以处理等。

（5）解危

1）主要范围：即包括电气安全接地、接零、漏电保护，施工期间避雷与安全电压使用；机械设备的有故障待查；危险作业场所的通风排毒；重要场所的自动灭火装置以及其他化解危险或滞缓事态发展的措施等；

2）基本要求：即包括各执行有关标准规定；注意保护、并可及时反应的状态等。

（6）监护

1）主要范围：即包括爆破作业；器内、封闭空间作业；水上、水下、井下、沉井（箱）作业；隧道、洞室作业；疏浚污水管道和其他有毒气存在、缺氧的环境作业；脚手架、悬空和高处施工设施和模板等的拆除作业；拆除工程作业；有危险性的装卸作业；支护、加固、排险作业；单人高处作业；不停电、不停产情况下电气和机械维修作业等；

2）基本要求：即包括监控作业进行状况；及时提供帮助；有险情时及时报警和救助；及时制止危及作业人员安全的行为和情况等。

（7）警示

1）主要范围：包括有危险的施工禁入区域；有危险的工程结构和危险地点；避免误触、误撞、误入的危险物和坑洞；其他有伤害危险之处等。

2）要求：警示牌、警示灯、警示音响等必须达到可以方便看到、听到而且可以确保安全阻止的要求等。

2.4.4 应急排险救援的要求与原则

（1）在事故已经发生并出现伤亡情况下开展的应急排险救援工作，是一项对时间性、技术性、安全性和人本性要求很高的工作；既要救人，又要护人；既要阻止事态扩大，又要避免新的伤害发生；既要排险、又要保护现场；既要抢时间，又要稳妥。因此，事先制订应急救援预案非常重要，可以避免出现措手不及、忙乱应对的各种问题。

（2）在进行排险救援工作时，应根据实际情况，确定所应遵循如下原则：

1）"先撤人、后排险"的原则，即首先将在危险区域内的所有人员立即撤出，然后才组织人员进行排险工作；

2）"先救人、后排险"的原则，即先将有条件的伤者和亡者救出或撤出而后进行排险工作，以免对这些伤亡人员造成新的伤害。有条件时，"撤人"和"救人"可以同时进行；

3）"先防险、后救人"的原则，即在险情和事故仍然存在和发展的情况下，必须先采取安全支护措施，而后救人，以免救援人员受到伤害；

4）"先防险、后排险"的原则，即在进行排险作业前，先应进行支护等工作，以确保救援工作人员的生命安全；

5）"先排险、后清理"的原则，即只有在彻底制止和排除现场的各种险情之后，才可能进行事故现场的清理工作。

课题3 实现对市政施工安全工作的科学管理

3.1 基 本 概 念

3.1.1 概述

建筑施工安全的科学管理，就是建立在科学基础上的安全施工管理。在前面几课题中分别阐述了施工安全事故发生的内在规律性、全面的建筑施工安全保证体系和四个环节的技术和措施保证之后，本课题将阐述对市政施工安全实行科学管理的要求和具体做法。

市政施工安全的科学管理的核心是："两高"（高度的重视、高度的责任心）和"三性"（科学性、全员性、严格性）。没有高度的重视和高度的责任心，就很难认真地去实现安全生产管理的科学性、全员性和严格性，而疏于对"三性"的要求，则也谈不上具有了"两高"。

3.1.2 市政施工安全管理工作的类别

（1）按管理的性质划分

1）行政管理。它是在行政管辖和隶属关系下，按行政权限、职责、程序和手段实施的管理。包括政府安全生产监管部门和建设行政主管部门的监督管理、施工企业对施工项目的控制管理和施工项目对施工全过程的管理。它既是我国现行市政施工安全管理的基本形式和通行做法；也是在市场经济条件下有共存和协调关系的三类管理（行政、规则和约定管理）之一，因此，它是三类管理之中具有主体地位和主导作用的管理。

2）规则管理。它是按行业规则实行的管理，企业必须遵守所在行业的行为规则和执行行业的标准，即其市场行为必须受所在行业规则和标准的约束，否则将受到来自行业组织的惩罚。随着国内市场（包括市政市场）的逐步对外开放，行业规则管理亦将会随之发展起来，成为建设工程管理的重要支点。

3）约定管理。即合同约定管理，是由合同条件（包括权力、义务和责任条款）形成、存在于缔约方之间的一种管理模式，只执行合同条件约定，而无行政关系的干预。目前在我国工程建设中开始实行的"意外伤害保险"以及施工合同、分包合同中的有关施工安全工作要求的条款，都属于这类管理。

（2）按管理工作的范围和特点划分

1）政府主管部门的监督管理，即政府的安全生产监督管理部门和建设行政主管部门依据法律、行政法规、技术标准和行政权限对施工企业（单位）市政施工安全工作的监督管理，包括监督检查、监督整改、追究责任、给予行政处罚以及相应宣传、指导和服务工作，是国家和政府确保人民生命财产安全要求的相应管理职能；

2）施工企业的控制管理，即施工企业对本企业所属单位安全施工（生产）工作的管理，虽然企业一级的安全生产管理也多有直接掌握或介入施工项目安全管理工作的情况，但多数情况下，还是主要通过组织领导、健全制度、编制和审查措施、工地检查、隐患整改以及奖励惩处这些具有控制性的手段、措施和工作，来实现企业安全生产（施工）的各项要求，因而可按其主要特点称为"控制管理"；

3）工程项目的施工过程管理，即工程项目为确保施工安全所进行的全方位的施工过程管理。由于工程项目应对在开始进行项目施工工作之后，直到工程竣工验收、撤出施工设施和人员这一期间的项目安全要负全面责任，其安全施工的管理工作是针对全过程、全方位、全环节和全员的，因而可按这一特点称其为"施工过程管理"。

（3）按管理工作的对象划分

1）安全护品（又称劳动保护用品）管理。这是对安全护品购入、保管、发放和使用的管理；

2）安全现场管理。这主要是对工地的安全作业环境、环保要求、围挡治保要求、临时设施安全、区块使用安全、各项条件（生产、办公、生活等）安全、施工用电安全、工地防火与消防以及安全宣传工作要求的管理。是施工单位"创建安全文明工地"工作的重要组成部分；

3）用电安全管理。这是针对用电安全、防止触电和其他电气事故的专项管理；

4）工地防火与消防工作管理。这是针对工地动火、防范火灾事故的专项管理；

5）机械设备安全管理。这主要是针对确保自备机械设备完好和使用安全要求的专项管理；

6）安全施工措施、安全检查和整改工作的管理。这主要是针对安全施工方案、安全技术、各类安全检查和整改要求的管理措施的编制、审定和执行工作的专项管理；

7）对外协（单位）人员和分包单位的安全管理。这是依据《建设工程安全生产管理条例》规定和按照合同或分包合同约定对外协人员和分包单位生产安全要求的管理；

8）职工安全教育、培训认证、卫生健康工作管理。这是按照对职工卫生健康保护的有关规定实行的专项管理；

9）应急救援工作管理。这是按照《建设工程安全生产管理条例》对编制应急救援预案及其配备和实施要求的管理，目前还处于初期推行阶段；

10）施工安全事故处置管理。这主要是对事故发生后的报告、排险、救援、保护现场、事故调查和处置工作的管理。

（4）按施工安全保证工作环节划分

1）安全施工的组织保证管理，指对施工安全组织保证体系的建立、健全和实施的管理；

2）安全施工的制度保证管理，指对施工安全制度保证体系的建立、健全和实施的管理；

3）安全施工的技术保证管理，指对施工安全技术保证体系的建立、健全和实施的管理；

4）安全施工的投入保证管理，指对施工安全投入保证体系的建立、健全和实施的管理；

5）安全施工的信息保证管理，指对施工安全信息保证体系的建立、健全和实施的管理。

3.1.3 各类管理在市政施工安全管理体系中所处的位置

（1）行政管理加上规则管理和约定管理，就全面覆盖了市政施工安全的管理工作，并成为建筑施工安全管理的基本框架。那按管理性质划分的行政管理、规则管理和约定管理全面覆盖了市政施工安全管理的各项工作。其中的行政管理，是在同一行政管理系统之内通过行政措施实行的管理，可视情节对违反安全生产法律、法规、强制性标准、制度和要求的行为、后果及责任者给予行政处理或处罚，并对触犯法律者追究法律责任，对犯罪者则移交法律部门追究刑事责任。但行政管理权力的行使只限于本行政系统，不能用于外行政系统，不能用于去处理属于由规则管理和约定管理确定的行业伙伴和合同缔约方的关系，也不能用行政手段去干预本行政系统内单位之间按合同条件确定的关系，而由规则或者合同确定的约束关系，则属于规则管理或约定管理的范畴，对违反者施以规则或合同约定的处罚，且多为经济处罚或涉及其经济利益的处罚。

（2）政府管理、企业管理和项目管理构建了建设工程生产安全的三级行政管理系统，既体现出了行政管理的处置权力关系，也确定了监督、控制和全过程实施的三级管理要求，这三级管理就构成了市政施工安全行政管理的基本框架。由于行政关系明确、管理任务明确且形成有机的整体，非常协调和有效，因此，这一行政管理的基本框架也应当是确定的。

（3）按市政施工安全保证体系建立的五项安全保证管理，由于是在把握安全事故发生的内在规律的基础上提出的，对于实现市政施工安全要求的技术与管理措施具有全面的覆盖性和科学性，是安全施工措施管理的基本框架。由于企业管理和项目管理就是安全施工措施管理，因此，它也就是企业管理和项目管理的基本框架。由于这个基本框架囊括了施工安全技术和管理的全部工作，且具有科学性，因此，这一基本框架也应当是确定的。

（4）各种按工作方面和对象建立的专项施工安全管理，多是对企业和项目管理的细化，完全可以纳入以上三个基本框架所形成的管理体系之中。

3.1.4 市政施工安全科学管理概念

（1）对市政施工安全工作进行科学管理要求的提出

1）将技术和科学连在一起，即"科学技术"，属于科学范畴，管理也是一门科学，有"管理科学"和"科学管理"之称。市政施工安全管理既含有施工安全技术，又含有安全管理工作，因此，它毫无疑问的也是一门重要科学。

2）在施工安全工作方面，我国很早就确定了"安全第一、预防为主"的方针，长期以来所形成的安全生产管理体制和习惯做法，虽然在一定程度上适合我国国情的，也较为有效并取得了显著的成就，但存在的不足之处也不少，其中主要有：

a．对"安全是一门科学"的认识不足，对施工安全内在规律的研究不够；

b．一些做法和规定还与科学管理的要求有距离，管理较重视执行条文，不够重视或忽视对具体情况和实际问题的研究；

c. 对已发事故的引起原因和改进安全工作要求缺少认真、深入和科学的分析研究；

d. 在管理工作中相当程度地存在着重形式、流于表面、应对检查搞突击、工作不扎实的倾向，安全工作人员的知识基础和业务能力不够；

e. 缺少安全生产信息、特别是事故信息和科技发展信息的及时传播；

f. 对安全工作的投入不足，"安全保证体系"只是一个人员名单，还未建立起全面有效的施工安全保证体系等。

3）由于这些问题的存在，就使得多发事故频繁发生，偶发事故还未间断，新的事故又有涌出，并不时地发生重大事故，再加上转制期不规范市场行为的影响，就使得市政工程施工安全工作长期处于相当严峻的局面之下。

4）建设部主管部门领导同志在20世纪末就指出："安全工作最终还是要看结果。你制度建得再多，管理起来再"好"，出了事故，还是说明你的管理没有到位，或是其中内在规律还没有摸透，只是做了些表面文章。因此，我们必须认真地研究安全问题，把它当做一门科学，把安全科学当成一个主要对象，需要认真加以研究"。首次明确地提出应把安全作为科学、认真研究其内在规律、使安全管理工作到位的要求。而真正的管理到位，就是依其内在规律的科学管理到位。这一对市政施工安全应建立科学管理的认识和要求，也正是总结长期以来对施工安全管理工作的经验教训和探求其发展要求的结果。

（2）市政施工安全科学管理的基本概念

1）对于"科学"的含义，至今在世界上还没有一个为大家所满意和公认的定义和解释，但这并不影响我们对科学的信念和追求。当我们抱着执着的想法和期望对"科学"追求和探索时，一般总能有所领悟、获得、甚至发现，但在工作中也肯定会存在着诸多的片面、浮浅、乃至谬误。必竟凡是科学的东西，都需要经过长期的实践检验和证明，并在实际中得以不断的修正、补充与发展。

2）市政施工安全的科学管理，就是建立在更加科学的基础上的管理。"更加科学的基础"并不仅是单独的科技基础，而是应当使其安全技术和安全管理都更加科学，并为所有人员所严格执行。而要达到这一要求，就需要具有高度的重视和高度的责任心，这就是本课题开始所提出的市政施工安全科学管理的主体是"两高三性"。

a. 高度的重视。重视有两个功能：第一层次为重视施工安全；第二层次为重视生产和施工安全的科学管理，而只有达到第二层次，即重视市政施工安全的科学管理要求，并切实去努力时，才能达到高度重视的程度；

b. 高度的责任心，责任心也有两个功能：第一层次是一般地尽岗位职务之责，包括避免因违反法律责任而造成被追究的后果；第二层次是将实现科学管理要求、杜绝和最大限度地减少事故的发生和最大限度地降低伤害与损失程度作为应尽的责任。而凡是可以冠以"科学"的东西，都需要付出比一般要求要多得多的努力，没有相应的责任心是难以做到的；

c. 科学性，包括安全技术措施和安全管理工作的科学性。科学性是依据事故发生的内在规律，预防与制止事故发生和落实制度与措施要求管理此类的内在规律，从而建立对施工安全工作的全面保证。即科学性体现在依据这三个内在规律建立、健全和切实实施市政施工安全保体系以及有机地将行政管理、规则管理与约定管理和政府管理、企业管理与

项目管理结合起来上；

$d.$ 全员性，主要体现在：施工安全工作能够覆盖着全体管理人员，不留"死角"；施工安全工作的各级负责人、职能部门、专职管理人员、班组长和安全员各司其职、各负其责；全部作业人员和现场人员遵守安全施工的各项规定并做好自我保护工作；

$e.$ 严格性，主要体现在：一是各项安全施工的工作制度、技术和管理措施达到了全面、细致和明确的严格要求；二是安全施工的工作制度、技术和管理措施都能得到严格的执行，并有确保严格执行的鼓励、追究和奖惩措施。

3) 以上科学性、全员性和严格性的各项要求，需要在细化、深化、逻辑化和体系化之中，不断改进、提高其可操作性、准确性和简明性，并将细致严格的管理细则和要求分解到各级监督和施管人员的工作分工之中，避免出现多头管理、职责不清、留有死角、浮于表面、落实不了等常见的管理工作弊病。

3.2 市政施工安全科学管理的基本框架

3.2.1 基本框架图

市政施工安全的科学管理要求由以下四个前后衔接的基本环节所组成：

(1) 第一环节为充分掌握三项基本依据，即：安全生产的法律、法规和强制性标准；安全生产工作经验；安全生产事故教训等。

(2) 第二环节为研究掌握三类内在规律，即：事故发生规律；安全防范规律；管理工作规律等。

(3) 第三环节为健全安全保证体系，即由组织、制度、技术、投入和信息等安全保证体系所组成等。

(4) 第四环节为全面落实六项安全工作管理，即：安全教育培训工作管理；对各级人员安全责任的管理；对安全作业环境和条件的管理；对安全施工操作要求的管理；对安全检查与整改工作的管理和对异常、应急事态处置工作的管理等。它们构成了市政施工安全科学管理的驱干或主线，前一环节为后一环节的前提、依据或基础，而后一环节为前一环节的目的或结果，且又可反过来发现前一环节的不足和问题，以促使其改进和完善。

政府主管部门对安全生产的监督管理工作则是站在全局的高度，依据第一、二环节的全局性把握，对施工单位的第三、四环节进行安全生产监督。图4-6所示为市政施工安全科学管理的基本框架。

3.2.2 基本框架的文字表达

图4-6所示市政施工安全科学管理的基本框架可以用以下24个字完整地表达出来，即：

掌握依据→研究规律→完善保障→落实管理→接受监督→预案应急。

(1) 掌握依据。在坚决执行"安全第一、预防为主"方针和高度重视建筑施工安全的工作要求的认识基础上，通过认真学习、领会和掌握我国现行有关安全生产和市政施工安全的法律、法规、强制性标准及其他标准、规定，认真总结、提炼和掌握在安全生产工作方面的成功经验以及认真总结、收集和接受各种生产（施工）安全事故的教训，充分掌握这些进行建筑施工科学管理所必须的基础性依据资料。

(2) 研究规律。在掌握各种施工安全管理依据资料的基础上，深入分析、研究与掌握各

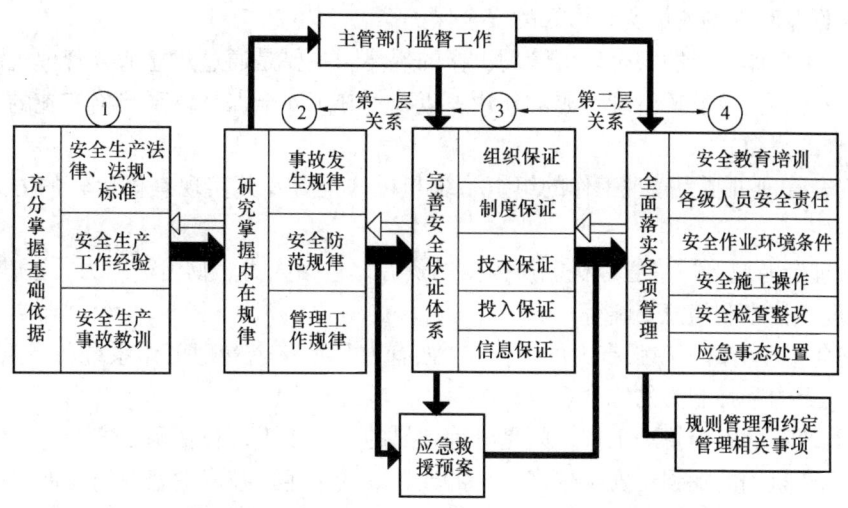

图 4-6 市政施工安全科学管理的基本框架

类事故发生的规律、防范、消除各类生产安全事故发生的规律和有效地推行安全生产防范措施的管理工作规律，以便从内在规律出发制订和实施更为科学、有力的技术和管理措施。

（3）完善保障。在充分掌握和依据施工安全工作内在规律的基础上，建立、健全并不断发展、完善建筑施工安全工作的组织、制度、技术、投入和信息保证体系，形成以"四环节安全技术保证体系"为核心的全方位、全过程的施工安全的条件和措施保障。

（4）落实管理。按照全面保障的措施、规定和要求，全面落实以安全责任管理为中心的和以不断改善安全作业条件与不断提高安全措施有效性为保证的各项安全管理工作，及时消除隐患和处置异常情况，避免蕴发事故、确保施工安全。

（5）接受监督。以扎实的工作和真实的情况，接受政府安全生产监督部门和建设行政主管部门对建筑施工安全工作的监督，及时、认真并举一反三地消除事故隐患和改进安全工作，并将其纳入整个施工安全的管理体系之中。

（6）预案应急。对在施工中可能出现的异常情况的处置措施，突发危险事（状）态的撤人、排险措施和事故发生后的应急救援措施制订预案，并按预案要求做好安全教育、技术交底和人员、设备、物资的备置工作。

3.2.3 基本框架的两层内在联系

在基本框架的第二环节与第三环节之间和第三环节与第四环节之间，存在着两层内在联系，可分别称其为"第一层关系"和"第二层关系"。第一层关系为3项内在规律与5个安全保证体系之间的内在联系；第二层关系为五个安全保证体系与六项安全工作管理之间的内在联系，这两层关系正是管理系统科学性的集中体现。

（1）安全防范规律和安全管理规律：通过预先防止或在施工中及时发现和消除可能存在的事故要素，或者及时制止其蕴育发展，以避免和阻止施工安全事故发生的规律。即防范（止）事故发生有三条规律。

1）消除可能存在的事故五要素（不安全状态、不安全行为、起因物、致害物和伤害方式）；

2）及时发现和制（阻）止事故要素的蕴育发展；

3) 对作业和现场人员实施可靠的安全保护。

(2) 管理工作规律即安全施工管理工作的规律。主要是通过建立适合管理机制、合理配备管理资源、充分发挥管理资源的作用，以确保施工安全保证体系严格实施的有力和有效管理工作的规律。

1) 安全管理机制为管理工作的组织系统与机构设置及其实现有机运转的方式、要求和支持条件；

2) 管理资源应为适应管理机制所需要的资源，包括人力、物力、财力、法律、法规、标准、制度、技术和信息资料等；

3) 安全管理要是一项强有力的工作，"强有力"是整个管理工作系统所具有的活力、调动力、集聚力和强制力的综合表现；

4) "有效"的安全管理工作，则是管理效果的综合表现，包括职工安全生产素质的提高、安全生产氛围的加强、安全生产条件的改善、安全生产技术的普及与发展、生产安全隐患和意外事件的减少等，并最终还得以不发生各类大小事故为其衡量标准。

(3) 在市政施工安全管理工作中，机制与人是其核心和决定的因素。没有适合的机制，人的积极性和能力就发挥不出来；而没有适合素质的管理人员，则管理机制也难以有机地运转起来。顺畅有力是对机制的要求，称职有为是对人员的要求。

(4) 确保机制顺畅有力，就必须不断地解决好仍有不同程度存在的问题：多余或不足的机构设置、岗位重叠和职责不清、职与责脱节或者确定的不合理、"越俎代庖"及其他妨碍或干扰正常职责行使的问题、形式主义管理的各种表现、缺少严格的责任监督机制、缺少维持机制活力的激励措施、以人设岗和保留已不适合的岗位问题、机制与管理工作要求不相适应的其他问题。

(5) 确保人员称职有为，就必须不断地解决好以下问题：主要负责人对安全生产（施工）工作的认识、知识、素质和领导能力与安全工作要求不相适应的问题，称职安全工作人员的配备问题，在职安全工作人员的教育培训和提高问题，在安全工作人员中深入开展安全技术和改进管理的研究工作问题，充分调动安全工作人员尽职尽责的积极性的问题。

3.3 施工安全科学管理工作的实施

3.3.1 实施市政施工安全科学管理的基础条件

(1) 加强对推行科学管理工作的领导和支持。由于推行市政施工安全科学工作涉及的方面很多，因此，这项工作一般都应由施工企业或重大的工程项目指挥部组织进行，并应从以下方面加强对这项工作的领导和支持。

1) 企业或重大项目主要负责人应高度重视这项工作，并亲自担任推行科学管理的领导工作（例如担任推行工作领导小组的组长）；

2) 成立"推行建筑施工安全科学管理领导小组"，确定专门主持这一工作的负责人，配备称职的工作人员；

3) 在开展相应研究工作和信息工作方面给以必要的投入和支持；

4) 调动各相关部门和工作环节，共同努力开展推行工作。

(2) 建立和健全企业的施工安全保证体系。在全面整理、审查企业现有的安全生产制度和管理资料的基础上，按照企业或重大工程的现实情况，全面制订五个施工安全保证体系以及主动接受政府主管部门监督的工作制度和应急救援预案。

（3）按市政施工安全科学管理的基本框架相应调整、充实管理机制，配备所需人力、物力、财力及其他资源调整工作。

1）不完全适应推行施工安全保证体系工作要求的管理机制部分；

2）需要调整、明确或加强的岗位安全责任；

3）职责重叠或模糊不清的多头管理、交叉管理和无人管理的工作项目；

4）加强责任追究方面的详细规定。

（4）深入进行贯彻《建设工程安全生产管理条例》的学习，加强施工安全责任管理和推行科学管理的教育、培训和考核工作。应按不同层次，分级、分批地进行学习、教育、培训和考核工作，特别应做好对管理和技术工作骨干的培训工作。

3.3.2　着力打造强有力的施工安全技术保证体系

施工安全的技术保证体系是全面的施工安全保证体系的核心和主体，而组织、制度、投入和信息等其余四个保证体系，则都是为技术保证体系的实施服务的。

技术保证体系所具有的可靠性技术、限控技术、保险与排险技术和保护技术，是从施工安全事故的发生规律和安全防范规律总结出来的，前后相承、紧密相接、环环相扣，形成了有四道安全保障、已较为成熟的科学体系，是建筑施工安全技术措施的科学架构。

施工安全技术措施只要能够按照安全技术保证体系的架构和要求去编制，则一定能够达到最有力和有效地确保施工安全的要求。因此也可以说，着力打造强有力的施工安全技术保证体系，是能否正确实施建筑施工安全科学管理要求的关键所在。一般情况下，施工安全技术措施都由技术部门或者技术人员编制，因此，推进技术部门和技术人员对技术保证体系的研究工作，就显得特别重要。

3.3.3　着力改善安全施工作业的环境和条件

为施工作业创造安全的环境和条件，是施工安全科学管理工作中的重要环节，不仅在开始施工时要做好，而且在施工的整个过程中都应保持良好的状态。

安全施工作业的环境和条件包括软、硬两个方面。软的环境和条件主要为安全施工的氛围，包括安全宣传环境、安全人员上岗就位、安全防护用品使用、班前的安全交底、班中的安全"三检"（自检、互检、交接检）以及安全警示设施等，共同构成浓厚的施工安全科学管理的整体氛围，这也正是科学管理所要求的"全员性"的体现。若没有全员参与并严格遵守的安全生产氛围，则很难达到科学管理的高度。

必须将营造安全工作的氛围放到十分重要的地位上。至于硬的环境和条件，则必须按照安全施工措施和有关的制度、规定做好。硬的环境和条件则包括现场条件、安全设施条件（架设设施、防护设施、保护设施、隔离设施等）和安全措施条件等。并由软、硬两方面的条件营造出安全文明施工的工地。

3.3.4　在落实各级人员安全责任的基础上实施最为严格的管理

只有一般的要求和教育，很难达到严格管理的要求，必须认真地落实各级人员的安全责任，必须将施工安全科学管理的要求，落实到每一位相关的人员身上。

在编制市政工程安全施工措施中的安全可靠性要求，就必须具体和明确地落实到承担编制和设计计算工作的技术人员身上，而且还应负有监督其实施并及时解决在实施中出现的新问题的责任；有关在市政施工中的各项安全限控要求，也必须落实到相关的施工管理和作业人员身上。严格管理的一个重要方面就是做好有关安全要求执行情况的记录，对不认真做好相应安全工作和不执行安全措施规定的有关人员，应经常性地进行严肃的教育批评、乃至追究其安全责任。

随着施工安全科学管理实践的积累，各项安全技术和管理要求就会逐步充实、细化并达到较为详尽、完善的程度，成为实施科学管理的有力依据。各级施管人员也会逐步达到熟悉有关要求、自觉负起责任的高度。

3.3.5　将审批、检查、整改和验收工作作为实施科学管理要求的保证手段

科学管理必须是严格的管理，而严格的管理必须以严格的审批制度和检查、整改、验收制度作为保证手段。

对市政安全施工的措施、专项施工方案、应急措施与应急救援方案，以及施工中对有关措施的变动等，都应当履行严格的审批手续，审核和批准者都要承担相应的责任，以确保审查的各项要求。

对施工中的各项安全工作和安全施工措施的执行情况，必须按相应的制度规定进行检查、整改和验收工作。企业或项目的检查、整改和验收工作，应依施工的情况和要求，按阶（时）段、部位和环节进行检查，并杜绝漏查。对检查发现的问题，督促其认真整改并严格地进行验收工作。对存在严重安全隐患和整改不认真的当事者，应给以严肃处理，以确保科学管理工作的认真实施。

复 习 思 考 题

1. 什么叫市政施工安全保证要求与安全保证体系？

2. 对市政施工安全保证性的要求实际上是一项工作要求，即对各个安全工作环节要求其达到的保证程度，主要做到哪三点？

3. 市政施工企业或重大工程项目总承包单位保证施工安全的管理工作体系，一般应具有哪"五性"？

4. 市政施工安全组织保证体系应达到哪六项基本要求？

5. 建立施工安全技术系列有哪四种建立方式？

6. 什么叫市政施工安全的制度保证体系？

7. 对安全限控要求及其技术措施的研究还具有哪些重要作用？

8. 安全保险措施的类别和安全保险点可大致分为几大类型？

9. 对安全保护技术和措施的研究有哪些要求？

10. 自我保护是劳动者自我采取的安全保护措施，目前主要有哪六种保护措施？

11. 按市政施工安全保证工作环节可划分哪六大类型？

12. 在施工安全工作方面，我国很早就确定了"安全第一、预防为主"的方针，虽然较为有效，并取得了显著的成就，但存在的不足之处也不少，主要表现在哪些方面？

13. 市政施工安全科学管理的"两高三性"是什么意思？

14. 市政施工安全的科学管理要求由哪四个前后衔接的基本环节所组成？

15. 市政施工安全科学管理的基本框架可以用哪24个字完整地表达出来？

16. 实施市政施工安全科学管理的基础条件是什么？

主 要 参 考 文 献

1　李毅中．安全发展，国泰民安．现代职业安全，2006

2　石少华．建立安全生产法律秩序势在必行．现代职业安全，2005

3　李光天．管理性违章的表现与危害．现代职业安全，2005

4　建设部工程质量安全监督与行业发展司组织编写．建设工程安全生产技术．北京：中国建筑工业出版社，2004

5　中华人民共和国行业标准：建筑施工安全检查标准（JGJ 59—99），北京：中国建筑工业出版社，1999

6　筑龙网编著．建筑施工安全技术与管理．北京：中国电力出版社，2005

7　杜荣军．建设工程安全管理10讲．北京：机械工业出版社，2005

8　国务院法制办农业资源环保法制司建设部政策法规司和工程质量安全监督与行业发展司编．建设工程安全生产管理条例释义．北京：知识产权出版社，2004

9　王素钦，吴慧娟，邓谦等．建设工程重大事故警示录．成都：四川科学技术出版社，2004

10　建设部工程质量安全监督与行业发展司．建筑施工安全法律、法规标准汇编．北京：中国建筑工业出版社，2002

11　杜荣军．建设施工手册（第四版）．北京：中国建筑工业出版社，2003